大眾科學館

Popular Science

黃金比例

1.61803... 的祕密

The Golden Ratio

The Story of PHI, the World's Most
Astonishing Number
By Mario Livio

李維歐／著

丘宏義／譯

永遠備受矚目的黃金比例

洪萬生

　　在數學普及書寫中，黃金比 $\varphi = (1+\sqrt{5})/2$ 是一個相當獨特的角色。如果我們將數學普及的知識活動比喻為美國 NBA 職籃比賽的話，那麼，φ 這個數應該就是最佳第六數。NBA 各隊始終有一個備受矚目的最佳第六人，而 φ 顯然也拒絕成為數學或科普的花絮。的確，φ 不像其他五個可能更重要的數 0、1、$i = \sqrt{-1}$、π 及 e，被漂亮的歐拉等式 $e^{i\pi} + 1 = 0$ 綁在一起，不過，它最容易引發詩意想像，甚至成為數學小說（譬如《達文西密碼》）的主題。

　　《黃金比例》是一本有關黃金比例與費波納奇數列的數學普及書籍。作者李維歐試圖說明人類對黃金比例的迷戀，似乎有其特殊的文化意義，儘管他強調在埃及金字塔或希臘神廟都找不到其蹤跡。這種學者應有的審慎態度，也同樣見諸於本書第七章〈藝術家也瘋狂？〉的論述。另一方面，作者也指出，有關畢氏學派的正五角星形 logos、正多面體與柏拉圖的宇宙生成論，以及歐幾里德的中末比（亦即黃金比）命題、正五邊形作圖，乃至於五種柏拉圖立體存在之證明，都足以說明文藝復興之後的西方學者與藝術家為何如此珍視黃金比例。

　　說得更明確一點，歐幾里德在《幾何原本》之所以引進中末比，顯然是為了正五邊形的尺規作圖，以及只有五種柏拉圖立體之

證明。其中，正五邊形這個核心的概念，當然與畢氏學派的神祕正五角星形息息相關。因此，儘管在建築設計與藝術創作中，被認為相當具有和諧美感的黃金比例並不多見，然而這些扎實的幾何理論，卻成為十五世紀之後科學家與數學家將黃金比例塑造成為「神的比例」（divine proportion）的基石。

　　不過，黃金比例的神聖性是否得利於費波納奇數列的「無所不在」，作者維持一貫的審慎，並未提供進一步的說明。儘管如此，在本書第六章〈神的比例〉中，作者引述法蘭契斯卡、達文西與杜勒對於黃金比例的探索，可以見證當時畫家對此一概念的著迷程度。在這個關聯中，作者特別提及數學家帕西歐里如何將法蘭契斯卡在立體方面的研究，「編入」他的著作《神的比例》，並邀請達文西繪製插圖。如果說這是法蘭契斯卡利用黃金比例透露和諧形體的祕密，那麼，克卜勒也是基於同樣的信念，利用柏拉圖立體建立宇宙模型，因為他相信黃金比例是上帝創世時所使用的一個基本工具。至於黃金比例的現實應用，作者則在股價漲跌模型及宇宙論等研究主題上，找到頗為重要的例證（參見第八章〈從地磚到蒼穹〉）。這說明純粹基於美學考量的黃金比例在數學家與物理學家的手上，最終出現重大的應用意義，從而作者也得以「上帝是一位數學家嗎？」來總結這一趟關於黃金比例的文化史之旅。

　　就數學文化史（cultural history of mathematics）的文類來看，本書類似《從零開始》與《毛起來說無限》，都涉及數學史、哲學史、藝術史與形上學等主題，對讀者的博雅素養有著相當高的期許。不過，本書的內容也可以滿足對數學知識充滿好奇心的讀者。無論如何，這是一本值得高度推薦的數學普及作品。

（本文作者為臺灣師範大學數學系兼任教授）

推薦文
完美的數學史大翻案

賴以威

　　寫數學書有項難處是別的主題所沒有的,它不像心靈勵志書籍,同樣概念可以在不同的著作裡以不同的姿態出現。數學書可就吃虧了,每個概念不僅得用方程式和文字各定義一次,還得安上個專有名詞,怎麼逃也逃不掉。好比說本書的主角、數學界裡最廣為人知的大明星「黃金比例」,喜歡數學的讀者看過一本、兩本、三本關於黃金比例的書籍後,就會開始覺得有點膩,怎麼都是1.618,都有隻讓人看了會暈眩的鸚鵡螺,或是已經出現在許多攝影集裡但自己還是沒存夠錢去的希臘巴特農神殿。這是數學講究精確、清楚的原罪。

　　但《黃金比例:1.61803...的祕密》作者李維歐完美地化解了這個重複論述的難題。

　　幾年前流行歷史翻案文:諸葛亮僅善於內政,曹操是位仁君,劉禪之智不亞於其父,常山趙子龍根本是個女的!這些翻案文有些引起爭論,有些還給當事人公道,有些僅是茶餘飯後一笑置之。但不管怎麼說,都讓我們看到了歷史全新的一面。某種程度上,這本書也扮演了相似的角色,它重新梳理了一遍黃金比例的數學史。

　　這時,數學的精確度又派上用場了。例如渾身上下充滿祕密的金字塔,許多文獻都指出可以從金字塔的三圍裡找出黃金比例、圓

周率的蹤影，還提供了計算過程。對一般讀者來說，算式相當有說服力，但李維歐發揮科學家質疑一切的特質，不僅驗證算式，還檢驗數據是否可靠，他發現文獻中認定金字塔裡藏有黃金比例所使用的數據根本是錯的。不僅如此，因為埃及的金字塔高度與底座周長比例，埃及人普遍被認為能精確掌握圓周率，但說不定埃及人只是誤打誤撞將圓周率和法老王一併埋進了金字塔裡。

　　有別於人文的歷史翻案，李維歐的論述除了有史料佐證，還有更多透過數學檢驗。他脫下了黃金比例被過度神化的面貌，同時又提醒我們抬起腳來或是轉身看看，這兒和那兒也都有黃金比例。我個人最喜歡的是李維歐在書中的旁徵博引，將從古至今的數學家留下的經典格言像珠寶般地散落在段落間。這些偉大的數學家們長期被數學淬鍊出的邏輯、人生觀，有時候比黃金比例更讓人深思。

　　你已經看完這本書最無趣之處了，接下來的部分，只會愈來愈有趣。

　　（本文作者為數學作家，現職中研院博士後研究員。作品常見於聯合報「閱讀數學」、國語日報以及泛科學〔Pansci〕、有物報告、CAREhER 等網路媒體。著有散文集《再見，爸爸》，譯有《平面國》，合著《葉丙成的機率驚艷》。）

推薦文
數學與音樂、藝術、設計的最佳交集
——黃金比例

林信安

　　「黃金比例」對許多學生來說不算陌生。只要課堂上提到相關的題材，例如黃金矩形、黃金三角形、正五邊形、五角星形、費氏數列等，學生們還會列舉更多例子，像是鳳梨鱗片的排列、向日葵小花的排列、黃金比例是最美的比例等等。

　　我發現到，學生普遍對黃金比例感興趣，甚至發出讚嘆之聲，身為數學老師的我總是把握機會，推薦《黃金比例：1.61803... 的祕密》這本書，書中介紹了黃金比例與幾何、音樂、藝術、設計等各領域的糾葛與迷思，希望能藉此引領學生欣賞數學與其他領域產生豐富的交互作用。我自己從事數學與科學教育多年，這本書提供了我很多課堂上發人深省的好問題。

　　此外，本書還蒐集了大量的參考資料以列舉豐富的巧合，像是巴特農神殿、美感與黃金比例的關係、畫作中隱藏的黃金比例等。作者李維歐對這些巧合提出質疑，也對黃金比例的神祕感提供出見解與澄清，這是我覺得《黃金比例：1.61803... 的祕密》最有啟發性與迷人之處。對於熱愛追求知識的讀者而言，這實在是一本值得細細品味的好書。

（本文作者為臺北市立建國高級中學數學科教師）

譯序
從數學到藝術，
及我們所知的數學是否萬能？

從上古到現在的數學

　　本書可是說是一部以黃金比例 ϕ 為核心的數學簡史。黃金比例牽涉之廣，幾乎在所有的數學中都插進一腳，即使插進的份量頂多只是配角而已。本書提到，圓周率 π 擔任配角或主角的機會可能要比黃金比例多得多，可是不管從哪一點來說，π 都太「嚴肅」了，沒有 ϕ 這麼多彩多姿。有許多計算 π 的級數，最準確者的第一項就可以把 π 算到第 48 位小數。而計算黃金比例的公式則只牽涉到 5 的平方根而已〔$\phi = （1 + \sqrt{5}/2）$〕。為什麼老天爺對數字 5 特別青睞，而對其他數字如 3、7 或者 11 這麼平淡呢？我想，這也是為什麼黃金比例會如此吸引人的原因。

　　各種古文化都知道計數。對我們來說，他們計數的方法可能很笨拙——即使對他們的語言最自傲的法國人，也只能對他們到現在還天天在用的 quatre-vengts（四個二十，即八十）抱以苦笑，因為這實在太違背他們發明出的公制的精神了——可是對他們來說，不用「八個十」而用彆扭的「四個二十」乃是天經地義的事。從計數（見第二章）到認為數字可以單獨存在，不需要物件的抽象觀念，最早在希臘成形（中國也在很早建立了這個觀念，可是覺得並不太

重要，以後也沒有像希臘人那樣全心去發展。南美的馬雅人也發展出同樣的觀念，可是要遲得多）。希臘人對數字的抽象觀念的崇拜幾乎到了宗教狂熱的地步；在各種派別之中又以畢達哥拉斯（他的信徒總稱為畢氏學派）為首。他們建立了許多數論，包括證明了無理數的存在。他們認為無理數不應當存在於宇宙中，因此嚴格禁止把這祕密洩露出去。傳說一位名叫希巴蘇斯的畢派信徒把這信息透露出去，因而被畢氏信徒丟在海中淹死（見第一章）。歐幾里德則發現了所謂的「中末比」：把一條直線分割成兩段，當長線段和短線之比等於全線長和長線段之比時，就是黃金比例（不過，黃金比例也是一個無理數）；這是第一個黃金比例的明晰定義。

中末比——現在稱為「黃金比例」或其他帶有「黃金」頭銜的名字——最令人驚奇的地方是，它經常在令人意想不到的地方冒出。一個以 5 的平方根為主的數字，其結果一直延伸到今日，很可能還有許多尚未發現的成果。相比之下，圓周率 π 出現之頻繁，使得有些物理理論家都覺得煩，因此自訂出一個「單位」，$4\pi=1$（請別問我怎樣去應用這單位），可是 π 卻不會像黃金比例不經意冒出。而從另一方面來說，黃金比例——數學遊戲式的直線分割——非但在五邊形，以及西方認為和中國的八卦圖一樣具有避邪功效的五角星形中出現，居然也在植物的葉序、向日葵小花的排列、螺旋星系的漩渦、鸚鵡螺的美麗螺旋貝殼、物理上的準晶體，以及非週期性鋪磚，與兔子繁殖假設和股市的波動起伏等等風馬牛不相及的現象中不請自來，讓人為之驚豔。

最美的矩形，神的比例，文學及藝術的規範

我在上初中時（一九四四年，在福州），一位很好的數學老師

趙省身在幾何課上講到以黃金比例作圖的矩形時，只提了一句，說這是「最美的矩形」。這句話一直銘記於我的心中。我真的拿起筆及直尺來，畫出黃金矩形。可是我嫌它太寬了一點，若能夠再窄一點就好看了。也許我覺得自己的審美觀點不夠格，便沒有再繼續下去，也不敢向「權威」挑戰。一般電影銀幕的長寬比是 1.66：1。所謂 35mm 相機的底片長寬比是 1.46：1，在美國沖洗出來的典型相片尺寸（以英寸計，1 英寸 = 2.54 公分）則分成：5×3、6×4、7×5、10×8、14×11，長寬比各為：1.67、1.5、1.4、1.25、1.27；沒有一個是黃金比例（5×3 的較接近，可是有人嫌太小了一點）。傳統電視螢幕的長寬比是 4：3，即 1.33。有人告訴我，這樣的長寬比會使人看上去要胖些（對性感美麗的女明星來說，這當然是壞消息）。HDTV 則是 16：9 = 1.78：1，比黃金比例又要大上不少。現在美國用的紙張（8.5×11.5 英寸）的長寬比是 1.35，而台灣用的A4 紙是 1.39，都和黃金比例 1.618... 差上一大截。最接近黃金比例的是美國稱為「法律文件紙」的尺寸，8.5×14 英寸，長寬比為1.65，較接近黃金比例，可是一般人都嫌太長。因此從實用面來說，「最美的（黃金）矩形」似乎毫無用武之地。這不禁讓人懷疑，黃金比例是否真的那麼美。如果是，為什麼不用。因此，我很高興，在這本專論黃金比例的書中，作者並沒有吹捧黃金比例，把它看成是「美的至高規範」。按本書所說，心理學研究似乎也決定不出什麼是最美的矩形規範。

　　本書讓我印象最深刻的是，作者不厭其煩地做了許多搜索及考證的工作，證明在古代的偉大建築（如古埃及金字塔和雅典帕特農神廟）、藝術及音樂中都沒有用到黃金比例。倒不如說，因為（第六章）一位中古時代的修士作家帕西歐里寫了一本《神的比例》，

使受了基督教教義薰陶將近兩千年的歐洲人一聽到「神」就「生畏」，而有意識或下意識地認為，既然黃金比例是神的比例，一定神聖不可侵犯。直到現在，如本書所說，有許多黃金比例迷不惜竄改藝術史，以期可以把「神的比例」安在不應當安上的地方。可是，似乎只有少數幾位藝術家真正地用到黃金比例，如第一章所提到的達利名畫《最後的晚餐聖餐》。後來有些法國藝術展甚至抬出了「黃金」的大名，但只是用這名詞來做招牌而已。實質上，和黃金比例並沒有什麼關係。

我們如果能平心靜氣來想一下，會發現絕對的「美的規範」實在是個太籠統的觀念。舉例來說，究竟有沒有一個關於「美麗的女人」的絕對規範？如果你到藝術博物館走一趟，會看到每一個時代都有其獨特的美的規範。若以現代的標準來看，中國歷史上公認的絕色美女楊貴妃，應當上瘦身減肥課程，好好地減去十幾磅，才合乎當代對於美女的要求之一。要說文學（或藝術）有一個絕對的美的規範，那就更可笑了。因為流於形式化的文章，到頭來都會變得千篇一律，毫無創意活力可言。如果把黃金比例硬放進繪畫中，最後也會流於形式化，像是一個模子刻出來的。西洋畫家自文藝復興時期以來，畫風不知道改變了多少。最初把希臘神話的題材用盡後，就開始畫風景、畫災禍，並發展出光與影的技術，再下去是印象派、後期印象派等等；音樂亦然。巴哈建立了音樂的和音風格；海頓則創始了交響樂；莫札特則以他的天賦奇才，集自巴哈以來的音樂形式於大成；到了貝多芬又更進一步開拓出新的音樂風格，跳脫古典音樂的傳統，走出一條新的方向，加上他獨特的音樂旋律及音樂總體之美，難怪博得「樂聖」之名。從這些看來，藝術不在於模仿，而在於創意。在這種前提下，硬要把黃金比例放進去，幾乎

是不可能的事。關於上述種種作者做了詳盡而徹底的分析，證明黃金比例並未如黃金比例迷所想像的在藝術創作中佔有如此顯著的地位。黃金比例的地位乃是上面所說過的，在最意想不到的自然現象及數學中出現，而把一大堆表面上看來風馬牛不相及的事物或學門，聯繫在一起。

我們所知道的數學是否萬能？

現在我要談一下作者在最後一章提出的，數學是否萬能，或者是否有數學之外的其他方法可以瞭解大自然？他提到了渥夫蘭（Stephen Wolfram）的書，《一種新科學》（*A New Kind of Science*）。這本書長達一千二百頁，以通俗的口吻，逐步解釋相當深奧的數學，如碎形幾何、計算式複雜理論、非線形動力學，還有奈米技術，以及最新的所謂「細胞自動機」（cellular automata）的應用等等。我在此先把這本書的內容及數學是否萬能的問題簡述一下。

先說數學萬能的問題。一九七○年代，當美國航太總署（NASA）把太空人送到月球來回數次，都沒有出大漏子後，科技人員當然得意萬分。可是卻也引來幾位電視脫口秀主持人的嘲諷戲謔，其中一位說得很妙：「他們可以把一批笨蛋（按：太空人只做些簡單的操作工作，火箭怎樣飛離地球到月球，都是由上萬的地勤人員在管理）送到月球上去，再把他們接回來，可是他們（指高科技）卻沒有辦法解決我們的交通問題。今天我開車來這裡，花了三小時才走了十英里。」到了一九八○年代末，當 NASA 把旅行者號（Voyager I 及 II）成功送到各行星，逐一探測，直到最遠的海王星，NASA 公關組發出新聞稿說，這代表的是航太科學技術的巨大成功，能越過近乎一百億公里的行星際空間的旅程，非但準時到達

（只差幾分鐘），而且離目標點只差五十公里。但在不久之後，不計其數的人造衛星氣象報告卻不能預測某個暴風雪的光臨，而造成交通阻塞、停電等等。這些巨大的成功、失敗，和無法解決的問題都歸屬於科技的萬能，以及科技的無能。這是怎麼一回事？

　　實際上，去月球的科技雖然非常複雜，費用非常昂貴，可是用到的科學理論卻非常簡單，簡單到牛頓都知道怎樣去做，問題是那個時候沒有火箭、沒有能在太空生存的知識，以及其他所需的科技等等。因此要把這件事留到二十世紀，當科技發達到能造出這樣的火箭時，才能做到。至於驚人的旅行者號的準確性問題，看起來非常驚人，可是這又是牛頓力學的另一應用。只要把旅行者號送出去，就可以應用種種科技方法量出軌道。下一步就是利用牛頓力學去計算應當如何改變軌道、如何利用行星的引力把它加速以到達下一個行星等等。驚人的是造出它及控制它的科技，而不是軌道的科學，因為早在牛頓時代這些就已經做好了，現在不過是在應用而已。因此，從科學眼光來看，把旅行者送到海王星去，只是精確度的問題，現有的科技已經可以做到。非但如此，利用旅行者號的科技再加上現成的科技，我們已經有能力把太空船送到鄰近星系去。唯一的問題就是需要數千年的時間，因此這問題牽涉到的是，人類有沒有這個意願去做（這種工作相當於在漢朝開始一件工程，到現在才有一半的成果，要再等數千年的時間才能看到整個成果。我想以目前的人類意識來看，沒有一個國家願意耗資去做這種事）。

　　上面所說的還僅是人為因素使數學無能的問題而已。現在要談到數學本身的無能為力的問題。氣候是一個最佳的例子，可是還有一個較不為人所知的例子，更為簡單易懂。這和我上面說的行星軌道問題的精確度有關。我說過，行星（或任何在重力場中運動的物

體）的軌道可以計算到非常精確。可是，不是所有的情形都這樣。我在第九章的注裡提到，十九世紀的拉普拉斯研究過太陽系的穩定度問題。這問題一直有人在研究。在二十世紀初，有一個尚未完全解決的力學問題，即三體問題，也就是三個質量（如太陽、地球和月球）在重力的交互作用下的軌道問題。從實用觀點來說，有了電腦的輔助，這個問題已經變得不重要（雖然在理論方面還是很重要）。可是在二十紀末的時候，天文學家發現了一個行星軌道理論的真正危機。這就是冥王星的軌道問題。

　　天文學家無法計算出冥王星未來的軌道。它處於一種和海王星「共振」的處境中，二者之間的距離不能小於十七個天文單位（一天文單位等於地球到太陽的平均距離，約一‧四九億公里）。也許因為這理由，要去定出它的未來軌道，需要有許多小數點的高度精確觀測——高到無法做到。甚至於，這麼多的小數點是否有物理（即實際）上的意義，還成問題（例如，如果要二十位小數的準確度，就等於說要把冥王星的距離測量到一個分子大小的準確度，當然這是沒有意義的數字）。截至目前為止，還沒有方法去解決這個問題，至少在牛頓力學的範疇中不能。這不是說需要廣義相對論，不如說，牛頓的力學與其所本的數學在這方面無能為力。數學上的說法是，牛頓力學的數學系統有不穩定性，可是數學系統呈不穩定性，不見得就可以說實際的系統不呈穩定性。推測起來，冥王星大約和太陽系同時於四十五億年前形成，之後大約就在現在的軌道繞太陽轉。無論牛頓力學的方程式說它有不穩定性，它仍舊繞著太陽在那裡轉（冥王星的例子是特例，其他行星的軌道並沒有這個問題）。在這裡，我們看到了數學無能為力的第一瞥。

　　可是這僅是冰山的一角而已。現在要談氣候問題了。要決定全

球性氣候，我們可以把方程式寫出——如果要寫盡，恐怕有上千個方程式，因為包括了種種的化學反應，如光合作用、空氣中的分子之間的化學反應等等。理論上，只要把這些方程組解出來，就可以預測氣候。可是不需要把所有方程式都寫出來，我們也可以看出這是毫無希望的工作。即使是最簡單的方程式，也會遇到和上面所說的冥王星一樣的問題——要去預測三十天的氣候，必須輸入相當準確的數據——高到甚至於一隻蝴蝶在巴西揮動一下翅膀，兩個月後在中國的青海省就會出現一場風暴。這當然不對，因此這套方程組所代表的是一個有限意義的理論，不能推得太遠去。這種現象並非氣候方程式獨有，在許多複雜的方程組中都可以看見。混沌理論即研究這種現象。這理論開始於，有些數學系統對於初始條件非常敏感，小小的改變就能引發嚴重的後果。換言之，如果初始條件中有些細節不夠確實，就不可能決定這些系統的行為。

一種新科學

到底這些不穩定性是否代表數學的能力的極限，抑或是我們還沒有把我們所知的數學發展到極致？還是我們所知的數學在這些方面無能為力，而有其他新科學出現（換言之，是否在數學之外還有其他科學可以解釋自然界的現象？）它們的形成不是建立在我們熟悉的數學觀念（如數字、微分、積分等）上？這就是作者在第九章中所要探討到的哲學問題，也是作者（及其他許多人）為何會對渥夫蘭提出的「新科學」深感興趣的原因。渥夫蘭用的是一種稱為「細胞自動機」（cellular automata）的電腦運算程式。這種自動機是根據英國數學家涂林（Arthur Mathison Turing, 1912-1954）於一九三六年提出的涂林機而來。渥夫蘭的自動機只用到一個位元（bit）。

看起來，好像沒有什麼可做的，因為一個位元只能有兩個值，1 或 0。可是，不然。我們可以把一個自動機視為是一套記憶位置，而每一個位置只有一個位元。這些位元會在每一個時間步中更改它的值，不過要看它自己及附近的位值而定（參見第八章對碎形的討論）。在渥夫蘭精心鑽研的自動機類型中，所有的位值都安排在一條直線上（一維），每一次更改位值時，所有位值的新值都依賴它現在的位值及鄰近兩個（一左一右）的位值。總計共有二五六種這樣的自動機。渥夫蘭利用電腦的模擬功能有系統地去研究這二五六種自動機，並將結果寫在《一種新科學》中。

其中渥夫蘭最專注在第一一〇號自動機。一九九四年，馬修・庫克（Matthews Cook）證明了，這個一維自動機相當於一個萬能計算機。它可以做出任何涂林機可以做出的計算。它也是這類自動機中最簡單的一種。這個自動機可以產生混沌現象（見第九章）。只要改變它的一個參數，大體說來，就可以從一重複性行為轉換到完全混沌（無序）的行為。

渥夫蘭在書中證明，有些用傳統方法無法處理的問題的重要本質，可以相當程度的為電腦運算程式所捕獲。其中一個是不可逆的觀念。通常物理的過程都是可逆的，即把時間倒流；如果不改變任何因子，就可以回到過去（一般說來，複雜的系統不是不可逆，而是可逆的機率太小。如一瓶香水蒸發，理論上蒸發出去的香水會自動回瓶，可是機率太小，小到一般說來，可以視為是不可逆）。例如，把地球繞日的方向逆轉，地球會再沿著以前轉過的地方一一走過。可是，渥夫蘭卻發現了絕對不可逆的細胞自動機。有些自動機是可逆的，如第五十一號，可是第二五四號卻不可逆。在物理中，要證明不可逆性，必須引用機率，證明可逆的機率太小，這就是熱

力學第二定律的真諦。可是在細胞自動機中,就是不行。渥夫蘭花了一段很長的篇幅去解釋不可逆性和熱力學第二定律,和細胞自動機的模擬。然後接著討論在連續體(如流體)中守恆的量、空間的屬性、時間和空間的關係,以及時間和因果關係的網絡等等,都從細胞自動機著手。他因此認為這是一個可以去追求的方向——以電腦程式來代替數學在物理上的應用。

我覺得這是一種新的思維。如果數學可以預測全面,那麼把地球繞日的微分方程組解了,理論上可以預測到地球在無窮的未來的位置。可是,大自然似乎不是這麼進行的,毋寧說像我們教小孩走路時,「走一步,看一下,再走下一步」。以冥王星為例,它不知道自己在多少年後要走到哪裡去;而它的運動只把它帶到下一點,然後再由下一點的輸入(在這情形下,為引力)決定它的去向。這和我們在街上走路時,絕對不會一成不變地,看也不看地向前開步走。我們看到的其他行人、行動中的汽車和障礙等等,決定了我們下一步往哪裡去。由此來看,冥王星和我們都是一種自動機。當然,我們這類的「自動機」要比渥夫蘭講的一維自動機複雜多了。

當然不能說渥夫蘭已經把問題解決了,甚至於也不能說在三維(或加上時間成為四維)空間中他的結論是正確的。雖然許多書中的構想並非他首創,可是他的想法卻很新穎。平心而論,他也許是第一位敢站出來,向截至目前為止所公認的數學至高權威性挑戰的人。他有可能對,也有可能錯。但無論如何,科學的歷史一次又一次地告訴我們,如果沒有人敢大無畏地向既成的學術思想或理論挑戰,就不會產生一次又一次的重大科學突破,朝無垠的科學新疆界前進。

目錄 黃金比例

第一章

數字的前奏曲

數不清是世界的奇蹟。

索福克里斯（Sophocles, 496-106 B.C.）❶

英國著名的物理學家凱文爵士（Lord Kevin，全名威廉・湯普森〔William Thompson〕，絕對溫度的標度「凱氏溫標」即以他命名）❷ 在一次演講中提到：「當你不能以數字表達時，你的知識與學問就是貧瘠、不合格的一類。」他指的當然是促進科學發展的知識。可是數字和數學似乎有一種癖性，即使對於看似和科學風馬牛不相及的事物，它們都有辦法幫助人們理解這些事物。在愛倫坡的推理小說《瑪莉・羅傑命案》（*The Mystery of Marie Roget*）裡，名偵探杜邦（Auguste Dupin）說了這樣一句話：「機遇到了我們手裡，皆可計算。凡出乎意料以及想像不到的事情，我們就拿出在學校學到的數學公式降服它們。」至於更單純的情況，讓我們思考下面這個你在準備派對時，都有可能會遇到的問題：你打算將一條巧克力棒分成十二塊，你要扳多少次才能成功？答案超乎想像的簡單，幾乎用不到任何計算。因為每扳一次，巧克力就多上一塊，因此，要十二塊，只要扳十一次就可以了。總而言之，無論這條巧克力棒要分成多少塊，你要把它扳成小塊的次數，就是你需要的數目減一。

即使你不是巧克力的愛好者，也知道上面的例子得出了一個簡單的數學定則，而且可以應用在許多其他層面上。可是在數學裡除了屬性、公式及規則之外，還有幾個非常特別的數字，它們無所不在，永遠吸引我們的目光，讓我們大感驚奇。它們當中最著名的非 pi（π）莫屬了，也就是圓周與其直徑比。自古以降，π 值 3.14159... 一直蠱惑著許多不同世代的數學家。雖然 π 一開始被定義在幾何範疇內，但卻出乎意料地經常出現在機率的計算中。一個著名例子便是「布豐投針問題」（Buffon's Needle）——命名自法國數學家布豐伯爵（George Louis Leclerc, Comte de Buffon, 1707-1788）

圖 1-1

❸，以紀念他在一七七七年提出並解決了這個問題。布豐問：假若地板上有一張很大的紙，你在上面畫上若干間隔距離相等的平行線。然後，取一根長度剛好等於此間隔距離的針，隨意拋擲，讓它自由掉落在紙上（參看圖 1-1）。那麼，掉下的針會和這些平行線相交的機率為何？結果令人大吃一驚，最後的答案是 $2/\pi$。因此，理論上，你可以重複這實驗許多次，經由觀測計算得出拋擲的針與直線相交的次數的百分比來計算 π 值（不過，還是有其他較不冗長的方法來計算 π）。如今，π 已經變成了日常用語，甚至激勵了電影導演艾朗夫斯基（Darren Aronofsky），在一九九八年拍出同名懸疑科幻電影（π-Faith in Chaos）。

和 π 相比，另一較鮮為人知的數字是 phi（ϕ）。但從許多方面來說，它都要比 π 有趣得多。你知道令人心神愉悅的紅玫瑰花瓣排列方式、達利（Salvodor Dali）的名畫《最後的晚餐聖餐》（Sacrament of the Last Supper），還有軟體動物華麗的螺旋形貝殼，和兔子的繁殖之間有什麼共同特色嗎？你大概很難相信，這些看似毫無共通點的現象之間竟然共同擁有一個數字，或者說是一個自古代以來即為人熟知的幾何比例；十九世紀時，人們為這個數字取了下面這些讓人聽了莫不肅然起敬的名字：「黃金數字」、「黃金比例」或「黃金分割」；一本於十六世紀初在義大利印行的書籍，甚至稱之為「神的比例」。

在日常生活中，我們使用「比例」（proportion）一詞，無非是以此來表示組成物件相對於整體大小或數量的比較值，或是來描述不同組成物件之間的和諧關係。而在數學上，「比例」則用來描述

這類等式:九比三相當於六比二。稍後我們將會看到,黃金比例把這兩個定義巧妙地結合在一起,也就是說,雖然黃金比例被數學定義,但卻聲稱它擁有令人愉悅的和諧特質。

大約在西元前三百年左右,歐幾里德(Euclid, 325-270 B.C.)為人們後來所熟知的黃金比例下了第一個清楚的定義;歐幾里德創立幾何學成為一個正式的演繹系統。在第四章中,我們還會回來敘述歐幾里德和他驚人的成就,但在這裡請容我提一下詩人米雷(Edna St. Vincent Millay, 1892-1950)❹。由於米雷實在是太崇拜歐幾里德了,終於忍不住在一九二三年寫下〈唯歐幾里德觀看到美之本相〉一詩,來頌讚歐幾里德。歐幾里德只用一條直線的簡單分割就定義出了「中末比」(extreme and mean ratio)。以歐幾里德本人的話來說:

> 一直線按中末比分割的意思是說,該直線的全長和
> 分割後較長線段之比等於長線段和短線段之比。

從圖 1-2,我們看到線段 *AB* 當然要比線段 *AC* 長,而且 *AC* 比 *CB* 長。如果 *AC* 和 *CB* 的長度比等於 *AB* 和 *AC* 之比,我們可以說 AB 已經照中末比的比例來分割,也就是按黃金比例來分割 ❺。

A   C   B

圖 1-2

誰會料到歐幾里德純粹基於幾何目的所定義出的這個看似單純的直線分割,會對下列現象產生重要影響:從植物學中葉子生長位

置的排列，到含有數十億顆恆星的星系結構，以及從數學到藝術等等。黃金比例因此給了我們一個絕佳的例子來說明愛因斯坦所珍視的一種感受，即「全然的驚訝」。以愛因斯坦自己的話來說，「我們所能經驗到的最美妙事物就是不解之謎。就是這種基本的情感孕育了真正的藝術和科學。不知道這一點的人、不再有好奇心也不再感到驚奇的人彷若死人一般，生命的燭火已經熄滅。」

　　我們會在後面看到，「黃金比例」（圖 1-2 內的 AC 與 CB 之比）等於 1.6180339887... 這個無窮小數，而且小數點後的數字不會循環出現；這類「無窮」數字自古以來就激起人們強烈的好奇心。傳說在西元前五世紀，美達龐頓的希巴蘇斯（Hippasus of Metapontum❻）發現，黃金比例既非整數（如我們熟悉的 1、2、3……），甚至亦非兩個整數之比（如分數 1/2、2/3、3/4……，通稱為有理數）時，嚇壞了希臘數學家畢達哥拉斯的其他信徒。畢達哥拉斯學派的世界觀（將在第二章中詳述）主要是建立在對「數」（arithmos）的絕對崇拜之上──arithmos❼ 係指整數或整數比的固有本質──以及它們在宇宙中應當扮演的角色。得悉有黃金比例這類數字存在，而且可以無止盡、永不重複地繼續擴展下去，毫無模式可循，確實引發了一場自然科學上的危機。甚至有傳聞宣稱，畢氏學派的信徒受到驚嚇之餘，殺了一百頭公牛來祭祀消災，不過這很有可能只是道聽途說，因為畢派恪遵嚴格的素食規則；我要在此強調，這些傳說有許多都缺乏嚴謹的歷史考據。發現無理數的精確年代已不可考。但是，仍有某些研究者認為這項發現發生在西元前五世紀，這個年代至少和上面各個故事的日期相符。不過，有一點倒是可以確定的，基本上，畢派份子相信這些令人膽寒的數字的存在，其背後一定代表某種宇宙級的錯誤，因此必須抑制這種知識的發展，使它無法向

外傳播 ❽。

黃金比例不能用一個分數（即有理數）來表示，也就意味著圖1-2所標示的 *AC* 和 *CB* 長度比不能表示成一個分數。換句話說，無論我們如何努力去搜尋，都找不出二者之間有公因數存在，比如說 *AC* 為這公因數的 31 倍，*CB* 為 19 倍等等；像這兩個沒有公因數的長度，我們就稱之為「不可通約」。因此，發現黃金比例為無理數的同時，也發現了「不可通約性」。哲學家暨歷史學家楊布力區斯（Iamblichus, 250-330 B.C.❾，一敘利亞貴族家庭的後裔）在《論畢氏學派的生活》（*On the Pythagorean Life*，約寫於西元三〇〇年）一書中，描述了畢派對此發現的激烈反應：

> 他們說第一位把可通約和不可通約的屬性透露給凡夫俗子者，會被（畢派）所憎恨，而把他從（畢派的）社交圈及生活方式中逐出，甚至為他造一座生塚，猶如這位同儕已離開人間一樣。

在專業的數學文獻中，通常以希臘字母 *τ* 來代表黃金比例。*τ* 來自希臘字 *τομή*，意思是「分割」或「截」。可是到了二十世紀初，美國數學家巴爾（Mark Barr）另外給黃金比例取了這個名字 phi（*φ*），取自希臘最偉大的雕刻家費底亞斯（Phidias, 490-430 B.C.）名字中的第一個希臘字母。費底亞斯最為世人津津樂道的作品是矗立在雅典巴特農神殿裡的雅典娜女神像，以及奧林匹亞神廟中的宙斯像。傳統上，人們也把巴特農神殿中其他雕塑作品的功勞歸給他，雖然有很多可能是出自他的學生和助理之手。巴爾決定向這位偉大的雕塑家致敬，因為有不少藝術史家都承認，費底亞斯經

常在他的雕塑作品中一絲不苟地應用到黃金比例。我將在本書中交叉使用黃金比例、黃金分割、黃金數字這些名詞，以及符號 ϕ，因為它們全都經常出現在趣味性數學文獻中。

　　從古希臘時代的畢達哥拉斯與歐幾里德，到中古世紀義大利數學家李奧納多（Leonardo of Pisa, 1180-1240，後改名為費波納奇〔Fibonacci〕，即著名的費波納奇數列發現者）、文藝復興時期的天文學家克卜勒（Johannes Kepler, 1571-1630），及至現代的牛津大學物理學家潘洛斯（Roger Penrose, 1931- ）等不同世代的最偉大數學家，都曾投注無數時間與心血鑽研這個看似簡單的比例值與其屬性。可是，受到黃金比例蠱惑的人不僅限於數學家而已，生物學家、藝術家、音樂家、歷史學家、建築師、心理學家，甚至連神祕主義者都曾思索、辯論過黃金比例無所不在的原因與魅力。我們或能如此公允地說，在數學史上，黃金比例對不同學門思想家的啟發，沒有任何其他數字能出其右。

　　有非常大量的研究只單單專注於「黃金分割」一詞的起源，尤其是加拿大數學家、也是作家的赫茲－費許勒（Roger Herz-Fischler），大家可參見他極為傑出的著作《黃金數字的數學歷史》（*A Mathematical History of the Golden Number*）。自古以來，黃金比例即引發人們高度的興趣，因此我們可能會想，這名字應該也有個古老的起源。確實，一些頗具權威性的數學史書籍，如拉塞爾（François Lassere）的《在柏拉圖時代數學的誕生》（*The Birth of Mathematics in the Age of Plato*）以及鮑耶（Carl B. Boyer）的《數學的歷史》（*A History of Mathematics*），各自認為這名詞起源於十五世紀和十六世紀，然而，事實似乎並非如此。在細讀了許多相關的歷史文獻之後，就我所知，德國數學家歐姆（Martin Ohm, 1789-1854）

是使用「黃金分割」一詞的第一人；這位歐姆先生是著名物理學家，也是發現電阻定律的喬治・西蒙・歐姆（George Simon Ohm）的兄弟；他在第二版（一八三五年印行）的《基本純數學》（*Die Reine Elementar-Mathematik*）中，首次引用「黃金分割」一詞。歐姆在一條注釋中寫道：「人們習慣把按此方式將任一直線分割成兩部分的方法，稱為黃金分割。」歐姆的描述明顯予人這樣的印象，即「黃金分割」一詞並非他的發明，他用的不過是已被普遍接受的命名。可是，他在第一版（一八二六年出版）中並未使用「黃金分割」一詞這件事實至少暗示我們，「黃金分割」（德文是 Goldene Schnitt）一詞大約在一八三〇年代才開始流行起來。很可能在此之前這個名詞就已經用在口語中了，也許是在非數學的圈子中。但有一點倒是毋庸置疑的，在歐姆的書出版之後，「黃金分割」一詞便經常出現在德國的數學史及藝術史文獻中。在英文，這名詞可能首次出現於蘇利（James Sully）一篇探討美學的文章中，這文章收錄在一八七五年出版的《大英百科全書》第九版內。蘇利提到，這個「由費區那（Gustav Fechner, 1801-1887⓾，十九世紀德國物理學家暨心理學的先鋒）……提出的有趣、實驗性質濃厚的想法宣稱，『黃金分割』在視覺比例上具有所謂的優越性。」（我會在第七章討論費區那的實驗）。在英文數學文本中，最早使用「黃金分割」一詞者似乎為一八九五年一篇刊登在《美國數學月刊》（*American Mathematical Monthly*）上的論文：〈黃金分割〉（The Golden Section，作者是艾克曼〔Ackermann〕），大約在同一時間也出現於著名的教師暨作家克利斯托（G. Crystal, 1851-1911）的著作《代數入門》（*Introduction to Algebra*，出版於一八九八年）。純粹是好奇心作祟，容我摘錄一段對「黃金數字」所下的唯一定義，此定義出

現在一九○○年版的《法國百科全書》（*Nouveau Larousse Illustré*）中：「一個數字，用來指每一個月球週期的時間年數」。它提及在每十九年的月球週期循環中，月球的盈虧相會在同一日再度發生 ❶。顯然，經過了好長一段時間，「黃金數字」才被放進法國的數學專有名詞表裡。

可是，這有什麼好大驚小怪的？是什麼原因使得這個數字如此令人興奮，值得受到這麼多的注意？

首先，黃金比例之所以魅力十足，乃是因為它以一種出奇不意的方式在最令人意想不到的地方冒出。

我們就舉一顆普通蘋果為例。人們經常把這個水果和智慧之樹聯想在一起，因為這個意象在聖經中如此鮮明，象徵人類因屈服於誘惑而失去上帝的恩寵 ❷。把蘋果攔腰切半，你會發現蘋果籽的排列呈五角星形模式（pentagram，見圖 1-3），其中五角星形中的五個等腰三角形，每一個都有下列特性，即長邊對短邊之比等於黃金比例 1.618...。也許，你不認為這有什麼奇怪。畢竟，黃金比例被定義為幾何比例的一種，所以我們對這個比例出現在某些幾何圖形中，無須太過驚訝。

圖 1-3

不過，這僅是冰山的一角而已。按佛家傳說，佛陀釋迦牟尼在某次講道中，他一言不發，只手持一朵花面對信眾。一朵花能教導我們些什麼？譬如說，人們經常拿玫瑰來象徵自然界的對稱性，以及和諧、愛和脆弱等等。在《人的宗教》（*Religion of Man*）一書中，印度詩人暨哲學家泰戈爾（Rabindranath Tagore, 1861-1941）寫下：「不知怎樣地，我們感覺到，愛的語言透過玫瑰到達我們心中。」假設你想要量化玫

瑰花對稱的外觀,你去拿一朵玫瑰來,然後把花瓣一片一片拆開,看看這些花瓣是怎樣層層相疊。如同我將在第五章敘述的,你會發現這些花瓣的位置按某種數學規則排列,而這個規則繫之於黃金比例。

讓我們轉向動物界,我們對許多軟體動物外殼上醒目的美麗螺旋結構都已相當熟悉,如多室的鸚鵡螺(學名 *Nautilus Pompilius*,見圖 1-4)。在印度神話中,即有跳舞的濕婆手持一個鸚鵡螺,作為象徵創世的法器之一 ⓭。這些貝殼也啟發了許多建築師的靈感,例如美國建築大師萊特(Frank Lloyd Wright, 1869-1959)⓮設計紐約古根漢博物館的靈感,就是啟發自鸚鵡螺的多室結構;參觀者沿著館中設計的螺旋形坡道緩緩而上,當他們的想像力被眼前的藝術作品所充盈,就移步向前,猶如軟體動物住不下它的小室時,就再長出一個更大的螺旋形小室。我們會在第五章中看到,牠們的螺旋狀外殼的成長也遵守一個受制於黃金比例的模式。

圖 1-4

現在,我們不必是數字神祕主義者,也能對黃金比例在看似毫不相干的各種場合及現象中出現的特性,感到敬畏。再者,如我在本章一開始就說過的,黃金比例不但出現在大自然現象裡,也可以在各式各樣的人造物件及藝術品中找到。例如,達利一九五五年的畫作《最後的晚餐聖餐》(這幅畫由美國華盛頓國家藝廊收藏展出,見圖 1-5),其長寬比(約 105 1/2 英寸 ×65 3/4 英寸)便是黃

圖 1-5　達利的名畫：最後的晚餐聖餐

金比例；也許更重要的是，一個巨大的十二面體（十二面體的每一面都是正五邊形）的一部分浮在餐桌之上，而將整個餐桌吞沒。我們將在第四章中看到，一個球體內接的正多面體（例如正立方體），特別是十二面體，都和黃金比例有密切關係。為什麼達利要在他的畫中以這麼顯眼的位置來突顯黃金比例？他說：「聖餐一定要呈對稱性」，僅是對此問題回答的開端。如我在第七章中所要描述的，黃金比例在許多藝術家、建築師、設計師，甚至於在著名音樂家的作品中都佔有顯著的地位。廣而言之，某些作品應用黃金比例來達到所謂的「視覺（或聲音）效果」。一個能提供這類效果的屬性即為比例——各部分之間或部分和整體之間的大小關係。藝術史證實了，在探索這個難以捉摸的「完美」比例的漫長過程中，不知為了什麼原因，人們會自動賦予藝術作品賞心悅目的美感元素，而在各種比例中，又以黃金比例最禁得起考驗。為什麼？

　　在更詳盡地審視過自然界及藝術作品的例子後，出現了三個由淺入深的問題。首先，立即而直接的問題有：（一）是否所有文獻中所引用的黃金比例案例，不論是出現在自然界或藝術作品中，它們都禁得起考驗？抑或有些不過是錯誤的觀念或是有問題的解釋？（二）我們是否真能在（一）或其他情況下，解釋這些黃金比例的出現（如果它們是真的）？再來，若按我們對「美」的定義，茲以《韋伯大字典》的解釋為例，美是「一種品質，它以某種方式讓人對某物產生愉悅或滿足感」，不過問題來了：數學中有沒有美的成分在？如果有，這個成分的實質是什麼？這是一個很嚴肅的問題，誠如富勒（Richard Buckminster Fuller, 1895-1983）⓯所言：「當我處理一個問題時，我從來不去思考美的問題。我只想到如何解決眼前的問題。可是一旦完成後，如果我求出的解答一點都不美，那我就知道我錯了。」最後，也最吸引人的問題為：是什麼東西使得數學有這麼大的威力，而且處處皆數學？又是什麼原因使得數學以及像黃金比例這類的數學常數在許多領域裡——從宇宙的基礎理論到股票市場——都扮演著關鍵性角色？甚至如果沒有我們這些發現（或發明）數學原理的凡人，數學是否依然得以存在？是否宇宙的本質就是數學性的？關於這些問題我們可以改寫成著名英國物理學家京斯爵士（Sir James Jeans, 1877-1946）受柏拉圖觀點啟發說的一句話：上帝是數學家嗎？

　　後續我將嘗試用迷人的黃金比例的故事，對這些問題做更透徹的描述。黃金比例一路發展下來，橫跨了數千年、幾大洲，間或夾雜一些糾纏難解的歷史；同樣重要的是，我希望能寫出一個富有人情趣味的出色故事。這個故事有一部分是關於一個時代；在那個時代裡，科學家和數學家選擇讓自己專心一意去追求那些點燃了他們

好奇心的問題。他們經常勞苦工作，然後死去，而不知道他們的成果是否可以改變科學思想的進程，要不就是無聲無息地消失。

　　不過，在我們準備啟程踏上這段主要的旅程之前，我們必須先對數字有一個概括性的了解，特別是黃金比例。說穿了，就是黃金數字最初是怎麼發想出來的？是什麼原因激發了歐幾里德去定義這樣一個直線分割的方式？我希望可以協助讀者從中找到一些線索，得以洞悉這個我們也許可以稱之為「黃金數字主義」（Golden Numerism）的真正根源。要達到這個目的，我們必須先展開一段短暫的探索之旅，穿越數學綻放光明之前的黎明時代。

譯注

❶ 索福克里斯，希臘名戲劇作家，共著有一百二十三部劇本，現倖存者僅七本，其中有《伊迪帕斯王》，現代心理學上的伊迪帕斯情結（男性的戀母仇父變態心理）即來自此劇。女性的戀父仇母情結稱為伊蕾克特拉情結，其典故亦來自他的三部曲之一《伊蕾克特拉》。

❷ 凱文爵士，他在熱力學上貢獻極大，首次證明如果太陽的能源是重力能（逐漸收縮時放出的能量），那麼太陽的光芒只能維持數百萬年之久，為後來的星球核能理論鋪路。

❸ 布豐，法國自然學家，《一般及專門自然歷史》（Histoire naturelle, generale et particuliere）為其最著名著作，可是到他死時這本計劃中的五十卷大作只出版了三十六卷。創古生物學之始；引入科學方法。在數學方面開機率理論之端。

❹ 美國女詩人及劇作家。她在一九二○年代把浪漫的反叛及虛張聲勢的逞強人格化。而她的政治及社會理想也使得她成為當代年輕人的象徵。晚年較為溫和。

❺ 黃金比例的數學定義在第四章中會仔細討論。這裡只把黃金比例之值寫下：$\phi = (1+\sqrt{5})/2$。

❻ 希巴蘇斯，生卒不詳，因為公開提出無理數的存在，而被逐出畢氏學派，有傳聞他被畢派弄到大海中淹死。

❼ arithmos 是希臘文數字的意思，是算術 arithmetic 的字源。

❽ 順便一提，最後的（勝利）笑聲可能是畢派的了。二十世紀末時，物理學家開始研究把愛因斯坦的廣義相對論量子化，一般的意見是空間和時間都具有最小的不可分割量子單位。空間的量子單位約為 10^{-33} 公分，而時間的約為 10^{-43} 秒。如果真的如此，無理數就變成數學家的理想觀念，而世界的空間及時間都將被有理數所描述。因此，從某種意義上來說，畢派的信念也不完全錯。

❾ 楊布力區斯，敘利亞哲學家，為新柏拉圖哲學派的中心人物，在敘利亞創立該學派的分支。對後來的神學影響很大。

❿ 德國物理學家及哲學家，創心理物理學，這是一門科學，探討五官對激發五官反應的刺激之間的量的關係，如多少光能激發眼的多少反應，聲音的強度對耳的反應等。他發現（後來證明在有限範圍內正確）感官對刺激強度的反應並非呈線形，而類似對數式，即光的強度增加一倍，眼的感覺不覺得增加一倍。他在晚年開始研究實驗美學，可是結果並不太理想；本書第七章中會詳細討論。

⓫ 月球繞地球一週的週期是 29.5306 日，十九個太陽年（每太陽年 =365.242199 日）相當於 234.997（非常接近 235）個月球繞地球一週的週期，因此約每隔十九年月球的盈虧相會在同一日再度出現（因此中國人的陰曆生日和陽曆生日每隔十九年會相合一次），稱為默同週期（Meton cycle）。默同為西元前五世紀的希臘人，在西方這週期是他首先發現的。可是在堯帝（約西元前 2500 年）時代中國人就已經發現，不過發現者的名字已佚失。

⓬ 指聖經創世記中，上帝把亞當和夏娃造出後，偷吃能分善惡（智慧）之樹上的果子（即蘋果）而被逐出伊甸園的故事。

⓭ 印度有許多神祇，每個神祇也有許多出現的方法。十一世紀所鑄造出的科拉青銅像中，包括數種不同濕婆神祇的化身。濕婆是印度神話中的三大神祇之一，司破壞及拯救，其中包括梵天及毘濕奴。其中最優雅及壯觀的一座雕像代表每次循環開始時宇宙創世的景象，被稱為「濕婆的宇宙之舞」。這位被稱為那塔羅闍（Nataraja）的「舞蹈之王」神祇有四隻手。祂右上方的手是一面鼓，它的聲音是創世之音。左上方的手是一條火舌，提醒人們剛創造完成的宇宙，於數十億年以後將會完全被毀壞。

⓮ 萊特，為美國在華裔建築師貝聿銘之前最出色及最有創意的建築師。他也是畫家。他的「草原型」（Praires Style）平房建築是美國民屋設計的基礎。他的風格在於材料應用的敏銳度、花飾的細節和俗世色彩的應用。創出「有機建築」風格，指的是建築必須和居民及環境能夠和諧融合。古根漢博物館在他去世後才完成，外面看上去像一個圓形的大螺旋。

⓯ 富勒，美國建築師，發明家。專注於能量的節省。他最成功的設計是一種他稱為「能量—協同幾何」（Energetic-Synergetic geometry）的建築設計。他認為，他所有的發明都是他在秉持其「以少做多」的精神去解決問題時，在無意之中所得到的靈感。

第二章

和諧音與五角星形

我看到了宇宙中有一種秩序在，
而數學是讓它現身的方法之一。

薩騰（May Sarton, 1912-1995）

沒有人確切地知道，人類從什麼時候開始計數——即以某種計量方法來量度大批物件。我們甚至連基數（cardinal number）一、二、三……，是否要比序數（ordinal number）——即第一、第二、第三等——更早出現，或相反，都不知道。簡單來說，基數是定奪一群物件的數量，如一群小孩的數目；序數則指定一群物體中個體的順序，如一個月當中的第幾天，或是音樂廳的座位號碼等等。最初，人們認為發展計數是為了應付簡單的日常需要，這顯然是站在基數先出現的一方。可是，有些人類學家倡議說，數字第一次出現在歷史的舞台上，可能和祭典有關；因為在某些儀典中，需要若干人按某種順序一個接著一個連續排列。如果這項說法為真，無異是在暗示我們，序數的出現可能先於基數。

顯然，人類要從這種對物件的簡單計數，跨越到真的瞭解數字其實為抽象的量，必須在心智上做大幅躍進。因此，雖然人們對數字的最早期觀念可能主要和「比較」有關，而這可能又涉及到生存問題——例如，究竟是一隻狼還是一群狼？可是，理解到兩隻手和兩夜都在表達同一個數字 2，可能也花了人類幾世紀的時間。這個過程勢必經歷了一個辨識過程，能夠識別出「類似」和「對應」之間的異同。當今許多語言都還殘留著簡單的計數行為和抽象的數字觀念之間產生分歧的原始殘跡。例如，在斐濟群島上，十個椰子的說法是 koro，而十艘船則為 boro。同樣的，新幾內亞的陶亞特（Tauade）人在說一對對的男人、女人及男女時，用的字都不同。即使在英文中，也常常使用不同的字眼來形容數目相同的不同集合個體，例如，我們會說「一對同軛的牛」（a yoke of oxen）而不會說「一對同軛的狗」（a yoke of dogs）。

人有多少雙手，就和他們有一雙腳、一對眼睛和一對乳房一樣

的事實，確實有助於人對數字 2 的抽象理解，這是毋庸置疑的。但是要把數字 2 與不同的東西，像是天上有兩道主要的光源——太陽和月亮——串聯在一起，一定花了一段很長的時間。不過，有一件事倒是幾乎可以百分百肯定，那就是古代的人們最先區別出 1 和 2 之間的不同，然後是 2 和「許多」之間。這個結論根據兩項研究而來：一是針對十九世紀當時鮮與主流文化接觸的族群所做的研究；二為研究古今在不同數字用語上的差異。

三為群

最先把凡比 2 大即視為「多」來處理的史實，出現於五千年前。當時，居住在美索不達米亞的蘇美人，用 es 來代表數字 3，也用它來表示複數（如同英文字尾的 s）。某些在一八九〇年針對居住於托列斯海峽（Torres strait，位在澳洲和巴布亞新幾內亞之間）群島上的原住民所做的人類文化學研究，也指出這些土著使用所謂的「二計數」系統（two-counting system）。他們用 urapun 來代表 1，okosa 代表 2，然後用兩兩組合字 okosa-urapun 當作 3，okosa-okosa 為 4，凡比 4 大的數字，這些原住民一律用 ras 來代表（意指許多）。從巴西的波多庫多族（Botocudo）到南非的祖魯族（Zulu）也幾乎都採用同樣的命名法。例如，澳洲土著阿蘭達人，稱 1 為 ninta，2 為 tara，然後用 tara mi ninta 來稱呼 3，tara ma tara 為 4，而稱所有其他數字為「許多」。同時研究人員也發現，這些族群當中許多都有把東西組合成雙的習慣，而不逐個計數。

一個有趣的問題是，為什麼在這些語言中，前述的計數系統和其他計數系統只進展到 4 就止住了（即使 3 和 4 已用 1 和 2 來表示）？一個解釋倡議說，這可能和我們手上恰好有四根手指的位置

都差不多有關。另外一個更不可思議的說法是，問題在於人類的視覺認知有其生理限制。許多研究證實，我們的眼睛可以一眼瞥見的最大數量為四或五。你可能記得在電影《雨人》（*Rain Man*）中，達斯汀·霍夫曼（Dustin Hoffman）飾演一位自閉症患者，可是卻擁有異於常人的目瞥認知和記憶數字的本領。有一幕是，一盒牙籤掉在地上，結果盒中只剩下四根牙籤，而他只瞥一眼就能告訴你地板上有二百四十六根牙籤。喔，大多數的人都沒有這種絕技。如果你有清點選票（不管是哪一類選票）的經驗，應該知道我在說什麼。清點票數時，前面四張選票，我們通常會劃直線來表示，而每唱票至第五張時，就在前面的四條直線上劃上一道橫槓，只因要一眼就能認出大於四條的直線數目確實有困難（譯按：中國人用「正」字來清點選票也是基於同樣的道理）；這也是英國酒吧所熟知的計數方法，「五檻門」（five barred gate，酒保用此來清點訂購的啤酒數量）。引人好奇的是，數學史家單齊格（Tobias Danzig, 1884-1956）於一九三〇出版的《數字，科學的語言》（*Number, the Language of Science*）一書中，提到一項實驗，該實驗倡議鳥類能辨認、區別的物體數量可以到四個。單齊格的故事是這樣的：

　　有個領主打定主意，決意射殺一隻烏鴉，因為這隻烏鴉佔據了他地盤上的一座瞭望台，並在上面築巢。他不斷去驚嚇這隻烏鴉，但都無功而返；因為只要有人靠近，烏鴉就會立刻飛走，棲息在遠方的一顆樹上，緊盯著老巢的動靜，直到人離去，才又飛回來。有一天，領主靈感大發想到了一個計謀：派兩個人一起進入瞭望台，然後留一個人在裡面，另外一個出去。不過這隻烏鴉沒有中計，一

直等到裡面的人也出來。接連好幾天，這個實驗一直重複
進行著，從兩個人、三個人，一直到四個人，烏鴉都沒有
上當。最後，派出五個人，一如之前，五個一起進去，然
後留一個人在裡面，四個出去，到此，烏鴉漏掉了一個。
分辨不出四和五，牠即刻就動身返巢。

　　有更多證據透露出，計數系統係依循「一、二、……許多」的
哲學發展出來。這些證據來源得自不同語言對於分數及多數有不同
的處理方式。例如，在希伯來文中，通常以字尾 im（雄性）或 ot
（雌性）來表示一般的多數，但在碰上如手腳這類由相同組成部件
配對成雙的物件或字彙，如褲子、眼鏡、剪刀時，則用特定字尾
aim 來表示。芬蘭語和直到中古時代以前的捷克文中也有類似的複
數形式。更重要的是，當數字發展到分數時（這當然需要對數字有
更高程度的熟悉與瞭解），分數在語彙表達上的最大特徵是二分之
一以外的分數的命名規則。在印歐語系中，甚至於在某些非印歐語
系（如匈牙利文及希伯來文）中，非二分之一分數的命名，如三分
之一（one-third）、五分之一（one-fifth）這類整數倒數，大都來自
分母（如三、五等等）。例如，希伯來文的「三」是 shalosh，「三
分之一」就是 shlish。在匈牙利文中，三是 Harom，三分之一就是
Harmad。可是，「二分之一」這個數字的命名規則就不是如此了，
它和二毫無關係。例如在羅馬尼亞文中，二是 doi，而二分之一卻
是 jumate；在希伯來文中，二是 shtayim，二分之一是 hesti；在匈
牙利文中，二是 kettö，二分之一是 fél。這暗示人們對於「二分之
一」這個數字的瞭解可能早於其他分數，至於對其他分數係為整數
的倒數的理解及觀念，唯有當計數行動跨越了「三則為群」這道障

礙後，方才有可能發展出來。

數也數不清的手指

即便在計數系統尚未真正發展出來以前，人類已經必須具備記錄某些數量的能力。據信，某些已出土的骨骼化石為最古老的計數考古紀錄；這些骨片上刻有呈規則性間距排列的刻紋。其中最古老的出土化石挖掘自非洲蘭貝多山脈（Lembedo Mountains）的一處山洞裡，這根狒狒的大腿骨可追溯至西元前三萬五千年，上刻有二十九道刻紋。一九三七年，考古學家阿布索龍（Karel Absolon）在捷克斯洛伐克共和國境內的多爾內─維斯東尼斯（Dolné Véstonice），另外發現了同樣採取這類「記帳式」方法的狼骨化石，上面刻有五十五道刻紋（其中一組有二十五道，另一組有三十道，第一組上的刻紋每五道為一組），其年代可追溯至三萬年前的奧瑞納時期（Aurignacian era）。這種每五個一組的分組法，隱約透露出了基數（base）的概念，我在下面立刻要討論這一點。雖然我們不清楚這些刻紋的真正意圖是什麼，仍大致可以猜出它們是用來記錄獵人捕獲的獵物數量。這種分組法有助於獵人計數，他無須每次都要重頭一道一道地去算每個刻紋，就可以知道所獵殺的動物數目。類似的骨骼化石後來也在法國及捷克共和國的佩卡那（Pekarna）境內的山洞中被發現，它們的年代可回溯至一萬五千年前的馬格達林（Magdalenian era）時期。

一根由考古學家德海因澤林（Jean de Heinzelin）在烏干達和薩伊邊境艾勝格（Ishango）發現的骨骼化石，引發了種種臆測（見圖2-1）。這是某種工具的骨製把手，距今九千餘年。上面刻有三列刻紋，按照下面的分組方式依序排列：（一）9，19，21，11；（二）

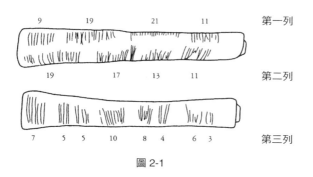

圖 2-1

19，17，13，11；（三）7，5，5，10，8，4，6，3。第一列及第二
列的個別數字和皆為 60，引發某些人推測，它們可能代表了兩個陰
曆月份中月亮的盈虧變化（第三列中可能有一些刻紋被抹掉了，因
為加起來只有 48）。此外，還有一些更複雜難懂的解釋也被人提了
出來，例如，德海因澤林基於下列事實：第二列的數字（19，17，
13，11）含有連續的質數（即只能被 1 和這數字本身除盡的數），
而第一列（9，19，21，11）的數字跟 10 及 20 只差 1，因此下結論
說：艾勝格人已經具備了一些基本的算數知識，甚至知道有質數。
不用說，許多研究者覺得他的解釋有點離譜。

　　西元前九世紀到西元前二世紀之間，中東地區發展出了另外一
套有趣的記錄系統。北從安納托利亞（Anatolia，在土耳其境內）
南到蘇丹，考古學家發現了大量像玩具一樣的黏土小玩意兒。它們
形狀各異，有碟子、圓錐、圓柱和動物等各式各樣的東西。德州大
學奧斯汀分校的考古學家許曼得—貝塞拉特（Denise Schmandt-
Besserat）在一九七〇年代末研究過這些物件後，發展出了一個迷
人的理論。她相信這些黏土做的小東西是市場中通用的交易貨物代
用象徵品。因此，一個小土球可能代表某數量的穀類、一個圓柱代

表一頭牛等等。按照許曼得 - 貝塞拉特的假設，這些史前中東商人懂得記會計帳，只須按照交易貨品的種類排列這些象徵物就可以了。

　　無論是用哪種符號系統來代表不同的數字——骨上的刻紋、黏土象徵品、繩結（南美印加人所用的一種稱為「奎普」〔quipu〕的東西），或是只用手指也好——都會在某個歷史時點面臨一項巨大的挑戰，即如何表示及操控巨大數字。基於實用的理由，沒有一個符號系統可以持久，不管它是不是給每一個數字都取了個獨一無二的名字，或者用不同的代表物件來表示。在某種意義上來說，字母系統中的字母代表的是文字中的最小數字（指最基本的組成部件），因為有了它們，我們才能表達我們的整個字彙與所有文字記錄下來的知識，同樣的，發展出一套最小的符號系統來組合成所有的數字，確有必要。這樣的需求也就引出了基數的觀念——也就是取一個數字單位作層級排列。而我們在日常生活中對基數 10 的熟悉，使我們很難去想像還可以選擇不同的基數。

　　基數 10 的發想其實很簡單，可是這並不是說它不需要花很長的時間就可以發展出來。它的作法是，將每一級的 10 個單位對應至更高一級的一個單位。因此，10 個 1 就對應到一個 10，10 個 10 對應到一個 100，10 個 100 對應到 10 個 1000，如此類推。數字名稱和數字的每個位數也反映出了這種層級式的分組。例如，當我們寫下數字 555 時，雖然我們重複寫下同樣的符號三次，但它每一次代表的意義都不同。依序從右向左過來，第一個 5 代表的是 5 個 1，第二個 5 代表 5 個 10，第三個代表 5 個 100，或者 5 乘以 10 的平方。這個重要的位置規則，即所謂的「位值系統」是巴比倫人在西元前兩千年首度發明出來的（不過，他們用 60 為基數，下面會提到），

然後在一段為時二千五百年的時期中，陸續為中國人、中美洲的馬雅人和印度人再度發明出來。

在所有的印歐語言中，起源於北印度的梵文提供了一些最早期的文字記載。特別是在四本西元前五世紀寫成的印度教古代經典中；這四本經典的書名中都出現了 veda（知識）這個梵文字。在梵文中，數字 1 到 10 都有不同的名稱，分別為：eka，dvau，trayas，catvaras，pañca，ṣaṭ，sapta，aṣṭau，náva，daśa。11 到 19 的數字則都是這些單位數字和 10 的組合。因此，15 是 pañca-daśa，19 是 náva-daśa，以此類推。舉例來說，英文裡也有結構相當的「十幾」（teen）這類數字。也許你會對英文的 11（eleven）及 12（twelve）的由來感到好奇，其實英文的 eleven 來自 an（即 1）及 lif（即剩餘〔left〕或說餘數），twelve 則來自 two 和 lif（結合起來為餘 2 之意）。也就是說，這些數字表示在 10 之後，還餘 1、餘 2。和英文一樣，梵文對「數倍於一個 10」的數字（如 20、30 等等所使用的名稱）包含了這單位數字及 10 的複數（例如，60 是 ṣaṣti），而所有印歐語言在它們的數字字彙中也都有類似的結構。所以，使用這些語言的人顯然都接納基數 10 的系統。

有一件事我們倒是幾乎可以百分之百地肯定，那就是基數 10 之所以放諸四海都廣受歡迎，全拜我們正好有十根手指頭之故。古希臘哲學家亞里士多德（Aristotle, 384-322 B.C.）很早就提出過這個可能性；他在《問題集》（Problemata）中驚訝地問道：「為什麼所有的人，無分未開化的野蠻民族或希臘人都一樣，都只數到十就不再數下去了？」其實，以 10 為基數並不比用其他數字，如 13，好到哪兒去。我們甚至可以從理論上來辯解說：以 13 為基數要比使用 10 更好，因為 13 是一個只能被 1 和它本身除盡的質數，換言

之，在這個基數系統中大多數的分數都不可通約。舉個例來說，在基數 10 的系統中，分數 36/100 也可以表示為 18/50 或 9/25，這類多重表達方式在以質數為基數（如 13）的系統中根本就不存在。無論我們有千百個理由，基數 10 還是贏了，因為在每一個人的眼前都明擺著十根手指，要用隨時可以用。在某些馬來 - 玻里尼西亞語言中，「手」（lima）這個字其實就等同數字「五」。但這是否就意味著，所有已知人類文明都選擇了 10 作為基數呢？當然不是。

除了 10 之外，最普遍的基數系統就屬 20 了，也就是我們所熟知的「二十進位基數」（vigisimal base）。這個計數系統一度席捲西歐大部分地區，簡言之，它以 20 而非 10 作為分組的單位。我們幾乎可以很確定地說，之所以選擇此系統，全來自我們的手指及腳趾加起來形成了一個更大的基數。例如，對於伊努義人（Inuit，愛斯基摩人的一支）來說，用一句話來解釋數字「二十」，就是「一個人完整了」。許多現代語言中仍然可以見到二十進位基數的殘跡；譬如，法文把數字 80 稱為 quatre-vingts（意思是「四個二十」），還有一個古代字 six-vingts（意為「六個二十」）依然保留至今。另一個更極端的例子是，巴黎一家興建於十三世紀的醫院，至今仍被稱為 Lópital de Quinze-Vingts（十五個二十醫院），原來它在興建之初就是要設計成可容納三百張病床來收容老兵。同樣的，在愛爾蘭文中，40 被稱為 daichead，源自於 da fiche（意思是「兩個二十」），而在丹麥文中，60 和 80 分別稱為 tresindstyve 及 firsindstyve，其字面意思就是「三個二十」和「四個二十」。

或許最令人感到不解的古代（或者可以說任何時代）基數是 60，即六十進位系統（sexagesimal system），這個系統可以回溯至西元前四千年，但後來為定居美索不達米亞的蘇美人採用。這個分

組法一直留存到今日，應用在時間中的時、分、秒，以及圓周角度（和把角度數更細分為角分及角秒）。問題是，以六十為基數的數字系統需要大傷腦筋去記憶，因為這類系統原則上需要為從 1 到 60 的每個數字取名。知道有這種困難，這些古代蘇美人發明了一種容易記憶這些數字的巧妙方法——他們引入 10 作為中介。引入 10，就能讓他們可以為從 1 到 10 的每個數字取個獨一無二的名字，然後用這些數字的名稱組合，命名從 10 到 60（以 10 為單位）的數字。例如，蘇美語中的 40，即 nišmin，是 20（niš）和 2（min）的組合。如果我們在一個純六十進位系統中寫下 555 這個數字，我們的意思就是 $5 \times (60)^2 + 5 \times (60) + 5$，也就等於十進位系統中的 18,305。

　　是什麼原因導致蘇美人很不尋常地選擇了 60 作為基數？答案眾說紛紜，不過許多臆測都已經拉升到邏輯學或環境的層面上去。有些臆測則是基於 60 這數字的特別數學屬性：它是第一個可以被 1、2、3、4、5 除盡的數字。其他假設則試圖把 60 和一年當中的月數或日數（去掉零頭，取個整數 360）扯上關係，不知怎麼地就和數字 5 或 6 結合了起來。最近法國作家依夫拉（Georges Ifrah），他也是一位數學老師，在他二千年出版的一本佳作《數字通史》（*The Universal History of Numbers*）中，說數字 60 可能是兩個移民民族混合的結果，其中一個用 5 為基數，而另一個則用 12。基數 5 明顯是源自手指頭的數目，這類系統的殘跡仍然可以在幾種語言中找到，如柬埔寨的高棉族語言，在南美薩拉維加族（Saraveca）的語言中則更加明顯。即使到了今日，我們還是能夠發現許多證據（譬如英制度量衡）顯示，基數 12 可能起源於大拇指之外其他四根手指上的指節數目。

　　順帶一提，奇特的基數在最奇怪的地方出現。在卡洛爾（Lewis Carroll, 1832-1898）所寫的《愛麗絲夢遊仙境》（*Alice's Adventures in Wonderland*）童話故事中，愛麗絲說：「我要試一下，看我還記不記得我以前知道的東西。讓我看看：四乘五是十二，四乘六為十三，而四乘七是──老天爺！以這個速率我永遠到不了二十！」著名的趣味數學作家葛登能（Martin Gardner）在《注釋愛麗絲》（*The Annotated Alice*）中，對愛麗絲的奇怪乘法表提出了絕佳解釋。他說，愛麗絲不過是用了別於 10 的基數系統。例如，我們如果用 18 為基數，那麼 $4 \times 5 = 20$ 就真的要寫成 12 了，因為 20 是一個單位的 18 加上 2 個單位的 1。

數字命理學

　　無論這些古文化選擇了哪個數字作為基數，第一個受到人們重視並獲得某種程度理解的數字群，是為整數（或稱自然數），也就是我們熟悉的 1、2、3、4……。一旦人類理解了、也接受了數字為抽象的量，不需要多久就會開始賦予數字種種特別的屬性。從希臘到印度，人們公認數字具有難以理解的特性和威力。有些古印度文本宣稱，數字幾近神聖，或者「有梵天本性」。這些手本中也清晰可見對數字的崇拜句子（如「向一致敬」）。同樣的，希臘數學家畢達哥拉斯（本章後面會談到他的事蹟及成就）的一句著名箴言也倡議「每件事物都按數字的安排」。從某方面來說，這些觀點帶出了數論上的重要發展，可是另一方面卻也發展出了數字命理學（numerology）──認為宇宙的所有局面都和數字與其獨特屬性有關。對數字命理學者來說，數字是種基礎實體，他們從天與地上人間活動之間的相互關係中描摹出種種象徵意義。再者，幾乎沒有人

視聖書中出現的數字為無關緊要。有些數字命理學的表現形式甚至影響了整個民族。例如，一二四〇年時，西歐地區的基督徒及猶太人都期盼著彌賽亞（即上帝的兒子）會從東方來，因為基督教曆法的一二四〇年正好是猶太曆的五千年。當我們對這些觀點嗤之以鼻，認為它們不過是些浪漫的天真想法，只可能發生在好幾世紀以前，我們應當回想起在上個千禧年將盡之際，各種關於千禧年的鬼話紛紛出籠，叫得震天價響。

一個十分特別的數字命理學版本是猶太教的「希伯來字母代碼」（Gematria❶，很可能是根據希臘文的「幾何數字」而來），在穆斯林和希臘文裡也有類似的數字命理系統，分別為 Khisab al Jumal（意思為計算總數），以及伊索色非（Isopsephy，來自希臘文的 isos〔相等〕及 pséhizein〔計數〕）。使用這種系統的語言（通常為希伯來文、希臘文、阿拉伯文或拉丁文）將每個字母都指定一個數字，只要把組成字母的數值加總起來，就可以得到該字甚或一句短句的靈數。其中希伯來字母代碼在十三世紀到十八世紀期間尤其盛行於猶太教密教「卡巴拉」（cabala）中。有時候，一些希伯來學者會用它來玩一些小把戲，嚇唬在場的聽眾；他們在十來分鐘內任意喊出一串數字，然後可以分毫不差地依序覆誦出這些數字，說穿了，他們不過是將希伯來經文的某個句子轉譯成希伯來字母代碼而已。

一個最有名的靈數例子和被稱為「（惡）獸數字」的 666 有關。這個（惡）獸被人視為是「反基督」❷ 的。聖經啟示錄十三章十八節如此寫道：「在這裡有智慧，凡有聰明的，可以算計獸的數目。因為這是人的數目，他的數目是六百六十六。」這句話「這是人的數目」促使許多基督教的神祕主義者，嘗試按照希伯來字母代

碼或伊索色非的作法，找出哪些歷史人物名字的數字和等於 666。還真的搜索出了不少名字，包括尼羅・凱撒大帝（Nero Caesar）、羅馬皇帝戴克里先（Diocletian, 245-313），兩者都曾迫害過基督徒。尼羅・凱撒的希伯來文寫法從右到左是 נרון קסר，而按希伯來字母代碼指定的字母數值，從右到左依序為：50、200、6、50、100、60、200，加起來正好是 666。同樣的，若只把戴克里先的拉丁名字 DIOCLES AVGVSTVS 中的羅馬數字（D、I、C、L、V）加起來，也得到 666（500 ＋ 1 ＋ 100 ＋ 50 ＋ 5 ＋ 5 ＋ 5）。顯然，所有這些關聯性不僅是異想天開而已，也相當牽強（例如，凱撒在希伯來文的拼音比起較常用的拼音其實少了一個字母，其值為 10）。

令人詫異的是，一九九四年有人發現，即使在（惡）獸和黃金比例之間也有一個關係在（發表於《娛樂數學期刊》〔Journal of Reereational Mathematics〕中）。只需一部口袋型科學用計算機，我們就可以用三角函數中的正弦（sine）及餘弦（cosine）來計算這個展開式：$\sin 666° + \cos (6 \times 6 \times 6)°$。很簡單，先輸入 666，然後按 sin 鍵，並將得出的數字儲存，接著輸入 216（＝ $6 \times 6 \times 6$）再按 cos 鍵，把得出的數字加在之前儲存的數字上，結果得到了一個非常近似 ϕ 的數值。附帶一提，雷根總統夫婦曾將他們在加州的地址號碼從 666 換成 668，希望可以避開 666。在昆汀・塔倫提諾（Quentin Tarantino）執導的電影《黑色追緝令》（Pulp Fiction）中，那個神祕公事包密碼鎖上的密碼也是 666。

關於人類對於整數的一種神祕心態，一個很明顯的來源是，早期的人類文明就已體悟到數字不僅出現於人和動物的身體上，也展現在宇宙中。非但數字 2 在人類的身上到處可見，也出現在像是

眼、手、鼻孔、腳、耳，還有兩性、日-月系統等上面。再者，我
們把主觀時間分成過去、現在及未來三種時態；地球的自轉軸多多
少少都指向同一方向（大約是北極星的方向，雖然如第三章所說，
有些小變化），因此把一年分成了四季。一般說來，在許多情形
下，數字成為宇宙現象和人類日常生活中的仲裁。例如，英文中一
星期七天的命名係依當時所認為的七個行星名字而來：太陽、月
亮、火星、水星、木星、金星和土星 ❸。

　　整數分為奇數及偶數，但沒有人像畢哥拉斯學派那樣特意強調
奇數和偶數間的差異，而且還把這些差異歸納為各式各樣不同的屬
性。最特別的是，畢氏學派對於數字 5 十分迷戀，對五角星形也極
度崇拜，這也引發了他們對黃金比例的興趣 ❹。

畢達哥拉斯和畢氏學派

　　畢達哥拉斯於西元前五七○年左右出生於愛琴海的薩摩斯
（Samos）島，後來在西元前五三○至五一○年間移居義大利南部
（當時稱為「大希臘」〔Magna Graecia〕）的殖民城邦多里安
（Dorian），落腳克羅頓（Croton）。顯然，畢達哥拉斯離開薩摩斯
島是為了逃避波利克拉特斯王（Polycrates，約死於西元前五二二
年）的暴政；波利克拉特斯建立了一支稱霸愛琴海地區的海軍。也
許是聽從了相傳為其良師的數學家塔利斯（Thales of Miletus, 625-
547 B.C.）的忠告，畢達哥拉斯可能在埃及住過一段時間（按照某
些說法，可能達二十二年之久），他在那裡向埃及的祭司們學習數
學、哲學及宗教等科目。

　　波斯征服埃及以後，畢達哥拉斯和一些埃及祭司可能被帶到了
巴比倫，並在那裡學到了美索不達米亞的數學知識。即使如此，埃

及和巴比倫的數學都不能滿足畢達哥拉斯求知的頭腦。對這兩個民族來說，數學是一種實用性工具，提供不同形式的「祕法」應用在特殊計算上。反之，畢達哥拉斯是少數最早掌握住數字為可以獨立存在的抽象實體。

在義大利，畢達哥拉斯開始教授哲學及數學，很快就吸引了一群熱心的追隨者，其中可能包括了美麗的席安諾（Theano，其東道主米羅的千金），後來成了他的妻子。克羅頓的社會氛圍，確實豐富了畢達哥拉斯的教學，因為該地充斥著不計其數的半神祕主義教派。畢達哥拉斯為學生制定了一套極嚴峻的例行常規，尤其注重醒來及就寢前的時間。他要求學生起床時，覆誦這些詩句：

只要一醒來，
就把這一天要做的事列表。

同樣的，夜晚降臨，他們也要誦出：

闔眼就寢之前，
不忘三省吾身。
做得好的是哪些，
哪些則沒做好，
而又有哪些沒做完？

關於畢達哥拉斯生活中的許多細節，以及他在數學上的貢獻，其真實性如何其實都不是那麼確定。傳說中，他的大腿上有一個金色胎記，他的追隨者因此說他是太陽神阿波羅的兒子。所有寫就於

古代的畢達哥拉斯傳記沒有一本存留至今，因此後世的傳記，如由三世紀雷修士（Diogenes Läertius）執筆的《著名哲學家的一生》（*Lives of the Eminent Philosphers*）所經常倚賴的是許多可靠性參差不齊的資料。畢達哥拉斯顯然並未著書論述，可是他的影響廣大，他的一些熱心追隨者就組織了一個祕密會社或說兄弟會聯盟，稱為「畢達哥拉斯學派」。昔蘭尼的阿里斯提普斯（Aristippus of Cyrene）在《自然哲學家記事》（*Account of Natural Philiosophers*）一書中說，畢達哥拉斯一名的由來乃是，當他訴說真理時，猶如德爾菲（Delphi）神廟中的神祇一樣❺。

關於畢達哥拉斯之死，也和他的生平事蹟一樣撲朔迷離。有傳聞說，出於對畢達哥拉斯學派這群精英的妒忌，暴徒縱火燒毀畢達哥拉斯在克羅頓的住屋，迫使畢達哥拉斯向外流亡，當他來到一處遍地灑滿豆子的地方，因為不願意踩豆而過（畢氏學派禁食豆類）以致被殺身亡。希臘科學家暨哲學家狄刻阿曲斯（Dicaearchus of Messana）則有另外一番說法，他說畢達哥拉斯逃到遠在美達龐頓的繆斯女神廟之後，就在那裡展開自發性絕食，而在四十日後氣絕身亡。赫密普斯（Hermippus）的故事又是另外一個完全不同的版本。他說，畢達哥拉斯後來加入阿格里琴托（Agrigento）人的軍隊，在抵禦敘拉古斯（Syracus）人的入侵時不幸殉職。

儘管我們無法確定，該把哪項數學成就記在畢達哥拉斯本人或其追隨者名下，但毫無疑問的，他們確實有功於將數學、人生哲學以及各個宗教等面向相互結合。一個有趣的巧合是，畢達哥拉斯和佛陀釋迦牟尼及孔子皆為同時代之人❻。

人們相信，畢達哥拉斯創造了「哲學」（philosophy，意指喜愛智慧）和「數學」（mathematics，意指那些要學才會的東西）二

詞。對他而言，哲學家是「獻身於發現生命本身的意義和目的……以發現大自然之祕」的人。畢達哥拉斯強調，學習要比其他所有活動都來得重要，因為「大多數的男男女女們，或受制於出身和天性，都缺乏致富和提升權力的手段，可是卻都具備了提升知識的能力。」他也引介了「靈魂轉世」（metapsychosis）的觀念——即靈魂不朽，而重生或輪迴為人或動物。這個觀念導致強烈主張素食主義的結果，因為被殺的動物可能是我們輪迴再生的朋友。為了純淨靈魂，畢派制定了一套非常嚴格的規定，像是禁食豆類，以及極端強調記憶力的訓練等等。著名的希臘哲學家亞里士多德在《論畢達哥拉斯學派》（*On the Pythagoreans*）一書中，提出了好幾個可能的理由來解釋他們為何要戒食豆類，諸如：它們長得像性器官；沒有其他植物的器官，長得像地獄的大門；在宇宙創世期間，豆類和人類同時創生；在寡頭極權政治裡，豆類被用在選舉中等等。

畢達哥拉斯與畢派最為人津津樂道的，是他們在數學發展上以及把數學應用在秩序此一觀念上所扮演的角色，無論是音樂的秩序、宇宙的秩序，或倫理的秩序。每一位入學的孩童都會學習到關於直角三角形的畢氏定理。根據畢氏定理（見圖 2-2 最右邊圖

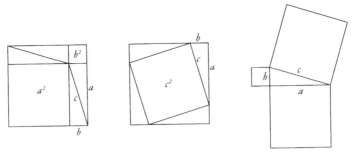

圖 2-2

例），以直角三角形最長邊（即斜邊）構成的正方形的面積，等於以兩個短邊分別構成的兩正方形面積之和。換句話說，如果斜邊長為 c，那麼它構成的正方形的面積等於 c^2，以另外兩邊長（長度分別為 a 及 b）構成的正方形的面積則分別為 a^2 及 b^2。因此，畢氏定理可以如此陳述：在每一個直角三角形中，$c^2 = a^2 + b^2$。圖 2-2 也提示，也許最簡單的畢氏定理證明（有時也稱為中國證明）如下：從某方面來看，從一邊長為（$a + b$）正方形中減去四個全等直角三角形，得到的是一個以三角形斜邊構成的正方形（參圖 2-2 中間圖例）。從另一方面來看，從同樣的正方形中減去四個相同的全等三角形（參圖 2-2 左方圖例），得到的是兩個以短邊構成的較小正方形。因此，得到斜邊形成的正方形面積等於兩個較小正方形的面積和。數學家魯米斯（Elisha Scott Loomis）在其大作《畢氏命題》（*The Pythagorean Proposition*，一九四〇年出版）中，總計列出了三百六十七個關於畢氏定理的證明，包括了達文西（Leonardo da Vinci, 1452-1519）以及美國第二十任總統嘉菲爾（James Garfield, 1831-1881）的證明。

雖然在畢達哥拉斯之前，人們還不知道畢氏定理為一「真理」，體現了所有直角三角形的共同特徵，但早在畢達哥拉斯之前人們就已經認識了畢氏三元數（即構成直角三角形的三個邊）了。一個古巴比倫時期（約西元前一六〇〇年）的巴比倫土板，就包含了十五組這類三元數。

巴比倫人發現，可以用下面這個簡單的步驟或演算法算出畢氏三元數。任選兩個整數 p 及 q，且 p 大於 q。你就可以求出畢氏三元數，分別為 $p^2 - q^2$；$2pq$；$p^2 + q^2$。例如，假設 q 為 1，p 為 4。那麼 $p^2 - q^2 = 4^2 - 1^2 = 16 - 1 = 5$；$2pq = 2 \times 4 \times 1 = 8$；$p^2 + q^2 =$

$4^2 + 1^2 = 16 + 1 = 17$。這個數字集合 15、8、17 就是畢氏三元數，因為 $15^2 + 8^2 = 17^2$（$225 + 64 = 289$）。你可以很容易證明出，這個算法可以應用在任何整數 p 及 q 上（有興趣的讀者，附錄 1 裡有一個簡短證明）。因此，有無窮多的畢氏三元數（已為歐幾里德證明）。可是，在畢達哥拉斯學派的世界中，有規則可循的模式不僅限於三角形和幾何之中。

和諧之音

傳說，畢達哥拉斯因為發現音階的音程以及音調和振動中的弦的長度相應，而發現了音樂中的和諧進行（harmonic progression）。他觀察到，只要把一根弦以一組連續性整數的比例來分段（到某一點為止）就可以發出悅耳的和諧音程。當兩個任意選出的音符一起發音時，發出的聲音通常都很刺耳，只有幾種組合可以發出悅耳的樂音。畢達哥拉斯發現，當發出音符的弦的長度比是依頭幾個簡單整數比來分割時，才能得到這些人間難得幾回聞的和諧樂音。當弦的長度比相等（比例為 1：1）時，發出的是同一個音；弦的長度比為 1：2 時，得到八度音；當長度比為 2：3 時，得到的是五度音；3：4 時，為四度音。換句話說，你可以撥弦發出一個音符。如果你撥弄一個緊繃度相同而長度卻只有一半的弦，你會聽到一個高八度的和諧音。同樣的，一根 C 弦的 6/5 會發出一個 A 音，4/3 發出 G 音，3/2 發出 F 音等等。這些驚人的早期發現成了十六世紀人們更精進理解音樂音程的基礎（老伽利略〔Vincenzo Galileo〕，名物理學家伽利略之父，也涉及這些發展）。一本在一四九二年出版，由加富里斯（Franchinus Gafurius, 1451-1552）撰寫的音樂樂理書中有一幅美妙的插圖，顯示畢達哥拉斯正在做實驗，測試鎚、弦、鐘和笛子

圖 2-3

等不同器具發出的聲音（圖 2-3 左上方所示為聖經人物約伯或土巴，亦即「豎琴及風琴之父」）。可是，畢派份子心裡卻納悶著，如果音樂的和諧音可以用數字來表達，為什麼整個宇宙就不能？他們因此下結論說，宇宙中所有物件的特性都來自數字的屬性。例如，天文觀測提示天體的運動極具規則性，是受了某種具體秩序的管轄。這就導出了這個美麗的「球體之和諧」的觀念——天體的規則性運動，使得它們得以創作出和諧悅耳的音樂。

著作等身（寫了七十餘部關於歷史、形而上學及文學作品）的哲學家波非雷（Porphyry, 232-304）寫了本畢達哥拉斯小傳，題名《畢達哥拉斯的生平》（*Life of Pythagoras*），收錄在他的四大卷《哲學歷史》（*History of Philosophy*）套書中。波非雷如此描述畢達哥拉斯：「他可以聽到宇宙的和諧音，瞭解天球以及那些與它們保持和諧運動的星辰譜出的音樂，然而吾等平凡之輩因為個性軟弱無法聞聽。」在羅列出畢達哥拉斯的許多非凡氣質後，波非雷繼續寫道：「畢達哥拉斯斷言說，九位繆斯 ❼ 為七顆行星、恆星天球以及與地球唱反調的『反地球』（counter-earth）所發出的聲音共同組成。」（按照畢達哥拉斯的宇宙理論，反地球剛好和地球相反，繞著中心之火旋轉）。在二十多個世紀之後，著名的天文學家克卜勒再次精

心鑽研這個「球體和諧」的觀念。克卜勒在有生之年裡，目睹戰爭帶來的殘酷及痛苦，他因此得出結論說：地球其實是由兩個音符所組成，mi 代表悲慘（拉丁文是 *miseria*），fa（拉丁文是 *fames*）代表飢荒。用克卜勒自己的話來說就是：「地球唱出 MI FA MI，因此你可以從這隻字片語中猜想出，在我們居住的這個家中，遍野皆是悲慘和飢荒。」

畢氏學派對數學的狂愛也招來了偉大的古希臘哲學家亞里士多德的小小嘲弄。他在《形而上學》（*Metaphysics*，西元前四世紀）一書中寫道：「所謂的畢氏學派致力於數學，也是第一批建立這門科學的人；深入之後，他們妄想這（數學）原理就是所有萬物的原理。」今天，雖然我們覺得有些畢氏學派的想法異想天開得可笑，我們還是不能忘了，隱藏在這些理念後面的基本思想和愛因斯坦（在一封寫給索爾文〔Solvine〕的信中）所要表達的沒什麼太大不同：「數學不過是一種手段，用來表達統轄大自然現象的定律。」但事實是，物理定律，有時稱為「自然定律」，只是代表了有系統地以數學陳述我們所觀察到的自然現象所遵守的行為而已。例如，愛因斯坦廣義相對論的中心理念是，重力並非某種穿越空間的神祕引力，而是時 - 空幾何結構的表現。讓我用一個簡單的例子來解釋一下，我們可以如何把一個空間的幾何屬性看成是像重力的吸引力。想像有兩個人分別從地球赤道上兩個不同的地點朝正北方向旅行。換言之，這兩個人是沿著平行線（兩個不同的經度）從出發點旅行，然而按照我們在學校裡學到的平面幾何理論，他們絕對不會相遇，因為平行線不相交。但顯然，這兩個人將在北極碰面。如果不告訴他們，他們其實是在一個球面曲面上旅行這個事實，這兩個人肯定會下結論說：他們一定經歷到了某種吸引力，理由是，儘管他

們沿著平行線旅行，最終會抵達同一個點。因此，空間的幾何曲率可以證明空間本身就是一種吸引力。畢氏學派可能最先明白此一觀念，即宇宙的基本力可以用數學的語言來表達。

數字也重男輕女

也許是因為音樂中出現了 1：2、2：3、3：4 這些簡單的和諧音比例，畢氏學派對奇數和偶數間的不同特別感興趣。他們把奇數和男性的屬性連結在一起，而且極端偏見地也將奇數和光及善聯繫在一起，而把偶數和女性的屬性聯繫在一起，也和黑暗及惡聯繫在一起。有些這類對偶數及奇數的偏見持續達數世紀之久。例如，羅馬學者老普林尼（Pliny the Elder, 23-79）在《自然歷史》（*Historia Naturalis*，一套三十七卷的自然歷史百科全書）寫道：「為什麼我們抱有這樣的信念：不管是基於什麼目的，奇數發揮的功效都是最大的？」同樣的，在莎士比亞劇《溫莎的風流娘們》（*Merry Wives of Windsor*）第五幕第一景中，孚斯塔夫公爵說：「據說奇數是神聖的，無關生辰、命運或死亡。」中東地區的宗教也抱持同樣的態度。按照穆斯林的傳統，先知穆罕默德禁食結束後，最先吃的食物是奇數的蜜棗，而猶太人禱告時經常覆誦與自己相關的單數（3,7）禱文。

畢氏學派除了指派角色給一般的奇數及偶數之外，也賦予某些個別數字特別的屬性。例如他們認為數字 1 是創造出所有其他數字的「生成元」，因此不能視之為數字❽。它也被視作理性的象徵。從幾何來看，1 用一個點來表示，它也被視為是其他維度的的生成元。數字 2 是第一個雌性數字，也是意見及分裂之數。在中國的宗教性宇宙論中也以陰陽來表達同樣的想法；陰代表消極負面的本

質，如被動及黑暗，陽則代表明亮、陽剛的本質。直到今日，許多語言仍舊把數字2跟偽善和不可靠等不好品行聯繫在一起，如伊朗文中的「雙面的」（虛偽、偽善之意）以及德文和阿拉伯文中的「雙舌」（即一口兩舌，見人說人話，見鬼說鬼話）等措辭。最初之所以把2和女性、把3和男性連結在一起的原因，很可能是受到了女性乳房和男性生殖器外形輪廓的啟發。這種假設性的結論確實體現在東非剛索（Konso）人的認知裡。在日常生活中，最常見到把事物分成兩大類：好與壞、上與下、左與右等等。從幾何上來看，數字2用一條直線來表示（直線被兩點所定義），而直線只有一維。（畢氏學派）假設3才是第一個真正的雄性數字，也是和諧之數，因為它結合了統一（數字1）和分裂（數字2）。對畢氏學派來說，從某種意義上來說，3才是第一個真正的數字，因為它有「開始」，有「中間」有「結尾」（和2不同，因為2沒有中間）。3的幾何表達是一個三角形，因為三個不在同一直線上的點定義出一個三角形，而三角形的面積為二維 ❾。

有趣的是，3也是聖經中建立軍伍的基礎。例如，在〈撒母耳記下〉第二十三章中，記載了一支最基本軍旅的故事，大衛王有「三個勇士」。在同一章中，也詳細記錄了三十勇士的故事，說他們「下到亞杜蘭洞見大衛」，可是在故事的結尾，編纂這處經文的人卻下結論說「共有三十七人」。顯然，「三十」是這支軍旅的定義，即使實際的成員數目稍有出入。在〈士師記〉第七章，當基甸需要同米甸營作戰時，選了「用舌頭舔水的三百人」，然後又用了更大的單位，在〈撒母耳記上〉第十三章，「掃羅（王）從以色列中揀選了三千人」去和非利士人作戰，同時這些非利士人「聚集，要與以色列人爭戰，有車三萬輛」。最後在〈撒母耳記下〉第六

章，「大衛又聚集以色列中所有挑選的人三萬」去和非利士人作戰。

對畢氏學派來說，4 這個數字代表了正義和秩序。在地表上，東西南北四風或四向提供了人們在空間中定位時所需的方位。在幾何中，不在同一平面的四個點可以形成一個有三維體積的四面體（由四個三角面構成的立體金字塔形）。畢氏學派還賦予數字 4 某種特殊地位，與他們對數字 10 或說「聖四進制」（holy tetractys）的見解有關。1 + 2 + 3 + 4 = 10，使得 10 和 4 之間產生密切的關係。同時，這項關係意味著，10 非但把所有代表維數的數字結合在一起，也兼容了 1、2、3、4 等四個數字所各自代表的種種屬性，即獨一無二、雙極性、和諧，以及空間和物質。因此 10 就是「萬物」的數字，大約在西元前四百年左右，有一位畢氏學派的哲學家對 10 的屬性做了最好的表達：「至高至尊，強而有力，並創造萬物，係關心地球眾生之神的本源及導引。」

6 是第一個「完全數」（perfect number），也是創世之數。「完全」一詞用來形容一個數字剛好等於所有小於它且能除盡它的整數之和，如 6 = 1 + 2 + 3。順便一提，下一個完全數是 28 = 1 + 2 + 4 + 7 + 14，再下一個是 496 = 1 + 2 + 4 + 8 + 16 + 31 + 62 + 124 + 248，截至目前為止，我們已經找到了第九個完全數，其位數已經長到三十七位 ❿。6 也是第一個雌性數字 2，和第一個雄性數字 3 的乘積。主張把希臘哲學和猶太思想結合在一起的古希臘猶太哲學家尤迪厄斯（Philo Judaeus, 20 B.C.- 40 A.D.），提出上帝於六日內創造世界（譯按：第七日是安息日），是因為六為一個完全數。聖奧古斯丁（St. Augustine, 354-430）在《上帝之城》（The City of God）一書中將這理念做了更詳盡的闡述，他說：「6 本身是一個完全數，但其完全性並不是因為上帝在六日內創造了這世界；毋寧

要反過來說，上帝之所以在六日內創造這個世界，是因為 6 是完全的。即便沒有這個六日之作，6 依然保有它的完全性。」某些聖經解經學家也把 28 當作造物主的一個基本數字，因為月亮一個週期有二十八天。對完全數的迷戀甚至滲入到猶太教，一位十二世紀的猶太拉比安金（Yosef ben Yehudah Ankin）在《治療靈魂》（*Healing of Souls*）一書中，大力鼓吹研究完全數。

　　我故意把畢氏學派對數字 5 的看法留在最後，因為它將引領我們進入黃金比例的源頭。5 代表第一個雌性數字 2，和第一個雄性數字 3 的結合，因此 5 成了代表愛情和婚姻的數字。畢氏學派顯然用五角星形──有五個頂點的星形（見圖 2-4）──作為他們兄弟契情的象徵，他們稱呼五角星形為「健康」。路希安（Lucian）這位西元二世紀的希臘作家暨修辭學家在《為致候中失言的辯護》（*In Defense of a Slip of the Tongue in Greeting*）中寫道：

　　　　畢氏學派的人在寫給彼此的正式書信中，一開始一定以「祝你健康」作為對身體和靈魂的最佳致候語，一語即道盡了對人身幸福的祝福。畢氏學派也確實把象徵畢氏學派的五角星形，稱為「健康」。

圖 2-4

　　復約（A. de la Fuÿe）在一九三四年的著作《畢氏學派的五角星形，與其在楔形文字中的分布及用法》（*Le Pentagramme Pythagoricien, Sa Diffusion, Son Emploi dans le Syllabaire Cuneiform*）中，提出了一個想像力十足（不過，可能不太正確）的解釋，說明五角星形和健康的結合。復約說這五角星形象徵了希臘健康女神海姬亞（Hygeia）❶，他用的推論是這五角星形的五個頂點正好對應了一個該女神的卡通表現（見圖 2-4）。

　　五角星形和正五邊形（有五個等邊及等角的平面多邊形）之間有密切的關係（見圖 2-5）；只要把五邊形的頂點以對角線相互連結，就能得到一個五角星形。這些對角線又在此五邊形的中心形成一個更小的五邊形，小五邊形的對角線又形成了一個更小的五角星形（見圖 2-5），如是而下，可以無盡延伸下去，建構出愈來愈小

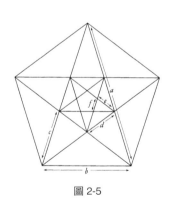

圖 2-5

的相似五邊形及五角星形。這些圖形形成了一個最突出的屬性，假如你由長而短依序來看一下這些線段，如在圖 2-5 中的 *a*、*b*、*c*、*d*、*e*、*f*，只需用初等幾何就可以很容易證明，每一線段都比前一線段要小上一個剛好完全和黃金比例相等的因子 ϕ。換言之，*a* 和 *b* 之比是黃金比例，*b* 和 *c* 之比也是等等。

最重要的是，你可以用這個無止盡的嵌套五邊形及五角星形系列，精確地證明出五邊形的對角線與其邊長之間不可通約，也就是說，它們的長度比（即黃金比例）不能以兩個整數之比來表示。這句話的意義是，五邊形的對角線與其邊長之間沒有任何公因數（有興趣

的讀者，可參考附錄 2 的證明）。還記得不能以整數間之比（即分數，或稱有理數）來表示的數字，就是無理數嗎？黃金比例是一個無理數因此獲得證明。

好幾位學者倡議（包括馮佛利茲〔K. von Fritz〕在一九四五年發表的一篇文章〈梅達龐頓的希巴蘇斯〉，畢氏學派首先發現黃金比例及不可通約性。這些數學史家議論說，畢氏學派對五邊形及五角星形的全神貫注，加上他們在西元前五世紀中葉對幾何的知識，畢氏學派的成員，特別是梅達龐頓的希巴蘇斯，很可能發現了黃金比例，也因此而發現了不可通約性。這些議論似乎至少在敘利亞新柏拉圖學派創辦人楊布力區斯的著作中獲得部分支持。楊布力區斯在提到黃金比例時（在《論畢氏學派的生活》中）如此寫道：

　　這和希巴蘇斯是畢氏學派的一份子有關，因為他最先發表及描述從十二個五邊形形成的球體，他因為不虔誠而喪生於茫茫大海中，可是卻因這項發現而獲得讚揚，雖然真正的功勞應當屬於「祂」（畢派的人不直呼畢達哥拉斯的名諱，而用這樣的稱呼）。

在這句「描述從十二個五邊形形成的球體」中，楊布力區斯講的是（相當不清晰的用字，因為這球體不是真正的球）十二面體（dodecahedron）的作圖；這是一個有十二面的立體，每一個面都是一個正五邊形，是五個所謂柏拉圖立體之一。柏拉圖立體和黃金比率有密切的關係；我們在第四章還會再回到這個話題。無論這些故事中帶有的神祕主義色彩，這位數學史家柏克特（W. Burkert）在他一九七二年出版的《在古代畢達哥拉斯主義中的傳說和科學》

（*Lore and Science in Ancient Pythagoreanis*）一書中如此寫道：「關於希巴蘇斯的傳說，雖然被傳奇所環繞，仍舊講得通。」支持這項說法的主要理由可參看圖 2-5。這個結論說：正五邊形的對角線與邊長不可通約，係根據這個簡單的觀測：愈來愈小的五邊形作圖可以無止盡地繼續下去。因此，相關的證明確定在五世紀時就已通行。

發現無理數

雖然第一次發現不可通約性和無理數的存在，當然有可能（甚至於很可能）是透過黃金比例而來，但比較傳統的看法是，無理數的發現最初仍是經由正方形的對角線與其邊長之比而來。亞里士多德在《先驗分析》（*Prior Analytics*）中寫說：「（正方形的）對角線（和邊長）不可通約，因為假設它們可以通約，奇數就和偶數相等。」亞里士多德在這裡提示了一個不可通約的證明；這項證明是使用所謂的「歸謬法」（reductio ad absurdum，即歸納得出某命題為荒謬或矛盾）所得出的一個極優美例子，我將詳細寫於後。一九八八年時，《數學情報員期刊》（*The Mathematical Intelligencer*）曾邀請讀者依定理的「優美」程度，就該刊選出的二十四條定理來打分數，我下面要給諸位看的證明排名第七。

歸謬法的巧妙之處，就是以證明某一命題的反面為假，來證明這命題為真。中古世紀時期最具影響力的猶太學者邁蒙尼德士Maimonides；Moses Ben Maimon, 1135-1204）⓬甚至嘗試用此方法，證明有一位造物主。邁蒙尼德士寫道：「這個基本原理就是，有一位第一者創造萬物，因為如果祂不存在，就不會有任何東西的存在。」在數學中，歸謬法的應用如下：一開始，先假設要求證明的定律不正確。從這個假設出發，經過一系列的邏輯步驟，最後導出

一些顯然在邏輯上是矛盾的結論，如 1 = 0。而由此斷言，原來的定理不可能為假，故為真。注意，這個方法要能運作，一定要假設一個定理或陳述非真即錯——你現在要不是在讀這一頁，就是不在讀這一頁。

首先，來看一下圖 2-6 的正方形，它的邊長為 1。如果我們要找出對角線的長度，我們可以利用畢氏定理在這個正方形被對角線一分為兩個三角形中的一個。假設斜邊長為 d，根據畢氏定理 $d^2 = 1^2 + 1^2$，或者 $d^2 = 1 + 1 = 2$。如果我們知道一個數字的平方，我們可以開平方根來求出這個數字。例如，如果我們知道某數字 x 的平方是 25，那麼 $x = 5 = \sqrt{25}$。從 $d^2 = 2$ 中，我們得出 $d = \sqrt{2}$。正方形的對角線與邊長之比就是 2 的平方根（按一下計算機得出 $\sqrt{2}=1.41421356...$）。現在我們要證明

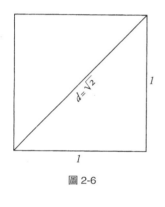

圖 2-6

的是，$\sqrt{2}$ 不能以任何兩個整數之比來表示，因此它是一個無理數。思考一下這樣的情況：我們現在要證明的是，即使有無窮多個整數集合供我們使用，但無論我們試了多久，永遠都找不到有任何兩個整數之比，不多不少剛好等於 $\sqrt{2}$。這不是很叫人吃驚嗎？

（用歸謬法的）證明如下：一開始，假設 $\sqrt{2}$ 真的可以等於兩個整數 a 及 b 之比，即 $\sqrt{2} = a/b$。如果 a 和 b 碰巧有公因數（就像 9 和 6 有一個公因數 3），那麼我們把此分數簡化，也就是用其公因數來除這兩個數字，直到得出沒有公因數的兩個數字（在上面的例子中，最後 9/6 化約成 3/2）。很明顯，p 及 q 都不可能是偶數（否

則它們一定含有一個公因數 2）。因此我們的假設是 $p/q = \sqrt{2}$，在這裡 p 及 q 都是沒有公因數的整數。我們把等式兩邊自乘得到平方：$p^2/q^2 = 2$。我們再把兩邊都乘以 q^2，得到 $p^2 = 2q^2$。注意，等式右邊明顯是偶數，因為它是某數字（q^2）乘以 2，因此一定是偶數。因為 p^2 等於這個偶數，所以 p^2 也是一個偶數。可是，如果一個數字的平方是偶數，這數字本身也一定是偶數（平方是這數字和自己的乘積，而如果這數字是奇數，它和自己的乘積也一定是奇數）。我們因此得知 p 一定也是偶數。回想上面說過的：如果 p 是偶數，q 一定是奇數，因為 p 和 q 之間沒有公因數。可是，如果 p 是偶數，我們可以把 p 寫成 $p = 2r$（因為任何偶數都有 2 這個因數）。上一個方程式 $p^2 = 2q^2$ 就可以寫成（以 $2r$ 代替 p）：$(2r)^2 = 2q^2$，也就是 $4r^2 = 2q^2$。把兩邊以 2 除之，得出 $2r^2 = q^2$。同前所述，因為 q^2 是偶數（因為它等於 2 乘以另一個數字），因此 q 也一定是偶數。我們因此導出一個邏輯上明顯矛盾的結果，因為我們證明了，q 既是奇數又是偶數。這就證明我們最初的假設，「有兩個數字 p 及 q，它們的比值為 $\sqrt{2}$」是不正確的。因此，像 $\sqrt{2}$ 這類數字代表了一種新的數字，即「無理數」。

我們可以用一個非常類似的方法去證明，任何一個非完全平方數的開方都是無理數。像 $\sqrt{3}$、$\sqrt{5}$ 等都是無理數。

無論我們如何強調發現不可通約性及無理數的重要性，都不為過。在這項發現之前，數學家總是假設，如果有兩條線段，其中一個比另一個長，一定可以找到一個更小的通約線段，使得這兩個線段的長度都可以表示成為此更短線段長的整數倍。例如，一線段長等於 21.37 英寸，另一個是 11.475 英寸，那麼我們可以用千分之一英寸為單位長來量度此兩線段，得到第一個線段的長度等於 21,370

個千分之一英寸單位,而第二個線段長等於 11,475 個千分之一英寸單位。對早期的學者而言,要找到這種更小的共同量度,端看你有無足夠的耐心去搜尋。發現不可通約性的意義是,無論是按黃金比例把一條直線分割後的兩線段(如圖 1-2 中的 AC 及 CB),或是正方形的對角線和邊長,抑或是正五邊形的對角線和邊長之間,都找不到可以通約的長度。

如果我們能體認到即使是分數(或說有理數),如 1/2、3/5、11/13 等,都是極重要的人類發現,也就愈發能夠欣賞發現無理數是智能上何等大的躍進。十九世紀的數學家克羅內克(Leopold Kronecker, 1823-1891)一語道盡了這一點:「上帝造出自然數,其餘都是人類的功績。」

我們對於古埃及人熟知分數的知識,大都來自「萊因(或稱阿姆斯)紙草算經」(Rhind〔Ahmes〕papyrus)。這是一個長約十八英尺,高十二英寸的龐大草紙本,約在西元前一六五〇年從更早期的文件抄寫而成,抄錄者為阿姆斯。後來在埃及古都底比斯(Thebes)被人發現,而在一八五八年被蘇格蘭古董珍藏家萊因(Henry Rhind)買下,現收藏於大英博物館中(一些斷簡殘篇意外地出現在美國布魯克林博物館珍藏的一批醫藥文件中)。萊因紙草算經實際上是一本計算手冊,裡面有些簡單單位分數的名稱,如 1/2、1/3、1/4 等等,還有 2/3。一些其他草紙本也出現了 3/4 的單位名。古埃及人把這幾個單位分數加起來,以得出其他分數;例如,他們用 1/2 + 1/5 + 1/10 來代表 4/5,或者用 1/24 + 1/58 + 1/174 + 1/232 來代表 2/29。為了測量一種稱為「海克特」(hekat)的穀物量器(譯按:類似中國的升、斗)的分數量,古埃及人用的是當時被稱為「霍勒斯眼」(Horus-eye)的分數。傳說,俄賽里斯

（Osiris）和愛色斯（Isis）之子霍勒斯與其殺父仇人，叔父塞特（Seth）在某次爭戰中，眼球被扯出，碎裂成碎片。後來，學問與計算之神透特（Thoth）找到這些碎片，想把它們重新修復成眼睛。可是，他只找到那些相當於 1/2、1/4、1/8、1/16、1/32 及 1/64 分數的碎片。這些分數加起來只有 63/64，最後透特施展魔法變出不見了的 1/64，方才大功告成。

奇怪的是，這個埃及的分數單位系統繼續在歐洲沿用了好幾個世紀。為了方便那些在文藝復興時期記不住如何加減分數的人，有些數學教科書作者乾脆把運算規則寫成歌謠。一個有趣的例子是海爾斯（Thomas Hylles）寫的《通俗的分數及整數算術》（*The Art of Vulgar Arithmetic, both in Integers and Fractions*，一六○○年出版）：

加分數，減分數亦然，
首先用簡化方法，
把它們變成完美，
產生相同分母，
一旦有了相同的分母，
就把他們的上面（分子）加或減，
不必管之前的分母是什麼。

無論圍繞在畢達哥拉斯及畢氏學派兄弟會周圍的人的保密功夫如何，也或許正因為如此，人們暫時假定他們確實做出了某些令人欽佩的數學發現，而把功勞歸給他們，當中可能包括了黃金比例及不可通約性。可是，我們已經知道古巴比倫人和古埃及人在數學上面的卓著聲響及成就，而畢達哥拉斯本人可能曾在埃及和巴比倫學

習數學，我們或許會問：是否在畢達哥拉斯之前，這些文明或其他文明就發現了黃金比例？這個問題隨著有文獻爆料在埃及吉薩的古夫（Khufu）大金字塔內可以找到黃金比例，而變得格外吸引人。

要回答這個問題，我們必須展開一段考古數學的長征之旅。

譯注

❶ 希伯來字母代碼，猶太教名詞，指用數字代表希伯來字母。卡巴拉派解經家常用這種方法闡述經文的靈意。根據他們制訂的系統，希伯來文二十二個字母中的前十個依次代表數字 1~10，其次八個依次代表 20~90，最後四個分別代表 100、200、300 和 400。

❷ 反基督是中古歐洲人發明出的魔鬼王，聖經上並沒有。他們按二元論（在這文脈中，意思是善與惡的對立）的說法，上帝和魔鬼對立，因此既然有一個基督，也一定有一個反基督。現在這觀念已不常提到。

❸ 中國用的字「星期」的意思就是「星」的「期」。一星期的七天和星的關係如下（這些關係都來自羅馬時代，在拉丁語系中特別明顯）：星期日，Sunday 是太陽（Sun）的日子；星期一，Monday 是月（Moon）的日子；星期二，Tuesday 是火星的日子（在拉丁語系如法文中，星期二稱為 mardi，意指火星神或戰神，Tuesday 為英文特有，來自古英文 Tiwes daeg，或 Tig's day，英國神話中的戰神是 Tiu）；星期三，Wednesday，法文是 mercredi，水星（Mercury）日，英文來自丹麥語的變音；星期四，Thursday，法文是 jeudi，木星的日子，英文來自北歐雷神 Thor；星期五，Friday，金星的日子，法文是 vendredi，金星（Venus）的日子，英文來自 Freo，即自由（free）的日子；星期六 Saturday，土星的日子。日文更直接，把一週七日稱為曜日：日，月，火，水，木，金，土。

❹ 西方一向把圍繞星星的光芒視為是五角星形，例如在耶誕樹上作為點綴的五角星。可是從物理觀點來說，這是錯的。光芒來自繞射或散射。而繞射或散射出的光芒都呈對稱性，即雙數。因此星星的光芒只能呈兩道、四道、六道等等。認為是五角星形的原因也許和畢派對數字 5 的迷戀有關。

❺ 希臘古都，有太陽神阿波羅的聖殿，以宣示神諭著名。

❻ 孔子其實不信神，儒家也非宗教，可是西方人總認為中國的孔學為宗教。

❼ 九位繆斯是希臘—羅馬司文藝的女神，共有九位：卡莉歐普（經常手持書本）司英

雄或敘事史詩；克莉歐（經常手持卷宗）司歷史；依菈托（經常手持四弦琴）司敘情及愛情詩；尤特碧（經常在演奏橫笛）司橫笛；美耳波美妮（經常手持一悲劇人物面具）司悲劇；波莉妮婭（經常手持一沉思之書）司聖詩及擬態劇；特普西卻爾（經常在跳舞及持四弦琴）司合唱；塔莉婭（經常手持一喜劇面具）司喜劇；尤拉莉婭（經常手持一球儀）司天文。她們都是天王宙斯之女。

❽ 順便一提，十九世紀／二十世紀的大數學家皮亞諾（G. Peano）從戴德金（W. R. Dedekind）的公設集延伸而來、定義數字的皮亞諾公設集，也先定義出數字 1，然後再以此數字為生成元，再定義出其他的數字。

❾ 有幾句如何產生出不同維數的描述：點動成線，線動成面，面動成體。

❿ 歐幾里德證明，如果 n 為質數，而（2^n-1）也為質數時稱為梅森質數（Mersenne prime number），2^n-1 為完全數（可是，不能說所有的完全數都來自這公式）。到現在為止，都還沒有證明出是否有無窮個梅森質數，也沒有證明出是否有無窮個偶數完全數，也沒有證明出是否會有無窮個奇數完全數。

⓫ 希臘健康女神「海姬亞」（Hygeia）的名字後來演變成英文的「衛生」（hygiene）。

⓬ 邁蒙尼德士，生於西班牙，猶太哲學家、法學家及醫生。最重要的著作是他在猶太律法上的注解，以及以阿拉伯文寫出的《對苦惱的指南》。

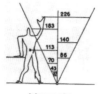

第三章

在一個指向星星，
呈Y形的金字塔之下？

以埃及人鋪造的金字塔為首；
巴比倫的花園次之，為了阿咪蒂斯王妃而造；
下一個是愛與罪的莫所羅墓；
第四個，在以弗所的黛安娜女神廟；
羅德斯島巨像，黃銅鑄成；
第六個，朱比得塑像，費底亞斯所造；
人們說，埃及的法羅斯來得最晚；
或者是用黃金打造的西流士宮殿。

佚名，古世界七大奇觀

本章章名取自著名英國詩人米爾頓（John Milton, 1608-1674）❶
寫於一六三○年的詩作：〈論莎士比亞〉；米爾頓在文學上的
成就已被公認為是僅次於莎士比亞的詩人。他寫道：

> 要榮耀我那已逝去的莎士比亞，需要些什麼？
>
> 是把他一生的辛勞成果刻在堆疊而成的石碑上？
>
> 或者將他可敬的遺體埋葬在
>
> 一個指向星星，呈 Y 形的金字塔之下？

　　如同我們將要討論到的，金字塔的排列確實依據星辰而建。彷
彿這些遺跡還不夠讓人心生敬畏似的，許多作者堅稱大金字塔的長
寬高係依黃金比例興建。對黃金比例的熱衷者來說，這個想法只會
讓圍繞在黃金比例周圍的神祕氣氛更加神祕。可是，他們說的真是
事實嗎？古埃及人是否真懂得 ϕ，如果是，他們是否真的把「黃
金比例」放在古世界的七大奇觀之一中，以使它「不朽」？

　　有鑒於人們對黃金比例的興趣，最初可能是受到它和五角星形
之間的關係的啟發，我們有必要先去追蹤五角星形的早期歷史，因
為它很可能領我們進入到黃金比例的發源地。

　　隨便叫一個小孩畫一顆星星，他最可能畫出的就是一個五角星
形；這是我們穿過地球大氣觀星的結果。因為大氣亂流不斷把星光
彎曲，因此形成了我們熟悉的閃爍。人們試圖用簡單的幾何形狀來
表示這些閃爍引起的光芒，結果得出五角星形（譯按：其實光芒的
數字總是偶數，見第二章註 ❹）。五角星形還有一個吸引人的特
性，即在畫五角星形時，你無須將「書寫」工具（例如筆）從黏土
板、草紙本或紙上提起，就能將它一筆畫出。

隨著許多世代過去,五角星形發展至今儼然變成了卓越(如五星級旅館、電影和書評等)、成就(如明星級)、機會(如摘星)和權威(如「五星」上將)的象徵。我們只需想到這些象徵和星夜的浪漫迷人氣氛,就不會感到奇怪,為什麼全球有六十多個國家的國旗都出現五角星形,而且各式各樣的五角星形也出現在不計其數的商標上(如德士古石油公司和克萊斯勒汽車公司的商標)。

有些已知最早的五角星形,來自西元前四千年的美索不達米亞。這些五角星形出土自烏魯克(Uruk,這裡也發現了最早的書寫文字,在今日伊拉克南部)和簡美特納沙(Jamdet Nasr)。古蘇美城烏魯克可能是聖經舊約(創世紀第十章)裡提到的以力(Erech)城,係為英勇的獵人寧錄(Nimrod)轄下王國中的城市。這個五角星形出現在一塊年代可追溯至西元前三千二百年的黏土板上。在簡美特納沙,五角星形則出現在一個年代相仿的甕及紡錘的錠盤上。在古蘇美文化裡或是它的楔形文字衍生意義,五角星形都意指「宇宙之境」。其他中東地區也出現古老的五角星形,像是在以色列內高夫(Negev)沙漠中的特勒許達(Tell Eshdar),人們在一個銅器時代(4500-3000 B.C.)的燧石刮器上發現了一個五角星形。在以色列的基色(Gezer)及特撒迦利亞(Tel Zachariah)也發現了五角星形,可是它們的年代相當遲(約為西元前五世紀)。儘管在古埃及文物中五角星形圖案相當普遍,但真正的幾何五角星形卻不太普遍,雖然出土自那卡達(Naqadah,近古都底比斯)的一個甕上發現了一個,年代約為西元前三千一百年。一般來說,在象形文字中被一個圓圈住的星,意指「幽冥地府」,或者在薄暮時分星辰的神祕居所,沒有圓圈的星辰則只單純地代表了夜晚出沒的星星。

我們在這一章中要回答的主要問題,不是在這些早期文化中,

五角星形或五邊形是否具有任何象徵或神祕意義，而是這些文化是
否也瞭解這些圖形的幾何意義，尤其是黃金比例的意義。

在巴比倫淪為塵土之前

　　一九三六年，一塊年代可追溯至西元前兩千年的楔形文字泥
板，從伊朗的蘇沙（Susa）出土，根據研究顯示，幾乎沒有人懷疑
這些第一王朝治下的巴比倫人至少知道一個計算五邊形面積的大概
公式。巴比倫人對五邊形的興趣可能來自這個簡單的事實，即如果
把五根手指按在黏土板上，得到的就是這個圖形。蘇沙的泥板上有
一行是這麼寫的：「1 40 是五邊形圖形的常數。」因為巴比倫人用六
十進位，這些數字 1 40 應當解釋為 1 + 40/60，或 1.666... 也就是五
邊形的面積。邊長為一個單位長的五邊形的實際面積等於 1.720，
和這個數字相距不遠。巴比倫人也用類似方法得到 π（即圓周和
直徑比）的近似值。事實上，圓周率 π 和五邊形的面積的近似值
都根據同一個幾何關係而來。巴比倫人假定任何正多邊形（每一邊
邊長和任意兩邊張成的夾角都相等的圖
形）的周長是此多邊形外接圓的半徑的六
倍（見圖 3-1）。對於一個正六邊形而言，
這關係是恰當的，因為如圖 3-1 所示，所
有圖中三角形的邊長都相等。巴比倫人得
到的 π = $3\frac{1}{8}$ = 3.125；還挺不賴的，因為
精確值為 3.14159...。對五邊形而言，「周
長等於半徑的六倍」這個（並不正確的）

圖 3-1

假設給出的近似值（1.666...）就是蘇沙泥板上出現的五邊形面積。
　　儘管有這些數學上的早期發現，以及五角星形 - 正五邊形和黃

金比例之間的密切關係，卻沒有絲毫證據顯示，巴比倫人知道黃金比例。即使如此，還是有些書的作者大肆宣稱，他們在巴比倫及亞述的紀念石柱和淺浮雕上發現了黃金比例。例如許乃德（Michael Schneider）在《建構宇宙的新手指南》（*A Beginner's Guide to Constructing the Universe*）這本有趣的書中指出，在某個繪有幾名僧侶引領一位新入教者進入和太陽神「見面」儀式的巴比倫石柱碑上（見圖 3-2），含有「許多黃金比例關係」。同樣的，藝術分析家希蒂安（Helene Hedian）在她一篇刊載於一九七六年的《費波納奇

季刊》（*Fibonacci Quarterly*）的文章中，也描述了一尊西元前九世紀的亞述有翅半神浮雕（現收藏於紐約大都會博物館）可以完美無缺地安放在一個長寬具有黃金比例的長方形上。希蒂安也指出，它的翅膀、腿、喙等的強烈線條都遵守黃金比例分割。希蒂安對出土自尼尼微的巴比倫作品《死亡中的母獅子》（*Dying Lioness*，可追溯至西元前六百年左右，現收藏於倫敦大英博物館）也做了同樣的斷言。

圖 3-2

　　黃金比例是否真的都在這些美索不達米亞的古物中出現，抑或只是誤會一場？

　　要回答這個問題，我們一定要找出某種標準，可以讓我們判斷那些關於黃金比例出現的主張是否正確。顯然，如果有任何文獻（不論其型式為何）指出確有藝術家或建築師有意識地應用此一比例在其作品中，就可以確定黃金比例確實已經出現。很不幸的是，

已出土的巴比倫黏土板及淺浮雕上，都沒有發現這類文獻。

　　當然，一位熱衷的「黃金數字家」仍舊可以繼續辯說，「缺乏證據並不代表沒有證據」，因為量度出來的尺寸（如長、寬或高）本身就可以提供充份的證據，證明確實用到了黃金比例。但是，我們立即會看到，這種只憑物件中尺寸的比例去找出黃金比例的把戲，容易誤導人產生錯覺。讓我用下面這個簡單的例子來闡明這一點。圖 3-3 顯示的是我放在廚房櫃台上的一部小電視機。我在上面標示出了某些我親自量出的尺寸。你注意到電視機後面突出部分的高度和寬度比是 10.6/6.5 = 1.63，正面的長度和螢光幕高度比則是 14/8.75 = 1.6，都和黃金比例值 1.618... 相當吻合。這是否意謂著電視機的製造商當初在設計時，即決定根據黃金比例？顯然不是。這個例子全然暴露出在建築或藝術品中，只基於物件的尺寸就聲稱黃金比例存在的兩大缺陷：（一）它們牽涉到玩弄數字的把戲；（二）它們忽視了量度的不準確度。

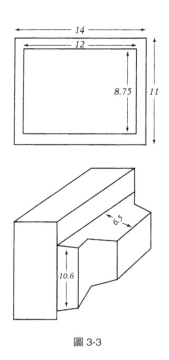

圖 3-3

　　任何時候你想量度某個相對複雜的結構（如石碑上的圖形，或者一台電視機）時，總有一整套長度任你挑選。只要你能恣意得不顧量度物件的某些部分，而且有這個耐心以不同的方法來玩弄及操

縱這些數字，總能夠找到一些有趣的數字。因此，我能從電視機「發現」某些尺寸以得出接近黃金比例的數值來。

第二點經常為黃金比例迷所忽略，即任何長度量度多少總會有些誤差或不精確度。有一件很重要的事情，我們必須瞭解：任何長度量度中的不精確度在計算比例時都會導出一個更大的不精確度。舉個例來說，想像有兩個長度，每個都是 10 英寸長，而且量度的誤差範圍皆為百分之一。也就是說，每個長度量度的結果可能落在 9.9 英寸和 10.1 英寸之間。換言之，這兩個量度的長度比因此可以壞到 9.9/10.1= 0.98，代表 2% 的誤差——為單一量度誤差的雙倍。因此，一位過分熱心的「黃金數字家」可以把原本誤差僅為 1% 的兩個量度值，使其比例值的誤差擴大達 2%。

重新審視圖 3-2 將會發現，譬如說，之所以隨手將垂直線段選入，不僅僅只是為了要將楔形文字含括進來，也是為了將淺浮雕基底納入。同樣的，定出水平長線段長度的兩點之一也是相當隨意地選在浮雕的更右邊，而不是更左邊。

把這些現成材料用此方法重估後，我必須下結論說，若說巴比倫人已經發現了黃金比例，是非常不可能的。

直到很遠的埃及地

關於古埃及的情形則更為複雜，因此需要展開相當多的「偵探」工作。我們在此面對的問題是，許多文件提出壓倒性的「證據」宣稱，可以在諸如大金字塔（Great Pyramid）的比例以及其他埃及遺跡中找到黃金比例。

讓我先從兩個較容易的案例：俄賽里昂（Osireion）神廟和佩脫賽里斯（Petosiris）之墓開始。人們認為俄賽里昂神廟是統治古

埃及第十九朝代賽提一世王（King Seti I，統治期為西元前 1300-
1290）的空塚。為著名考古學家柏特雷（Flinders Petrie）於一九〇
一年發現，並於一九二七年完成大規模發掘。這座神廟興建之初原
打算藉建築的象徵來表達出關於俄賽里斯的神話故事。俄賽里斯是
愛色斯的夫君，埃及的國王。他的兄弟塞特將他謀殺後，把他的屍
塊分散各處。愛色斯後來把所有屍骨收集完好，讓俄賽里斯可以死
而復活。因此，俄賽里斯變成陰間以及主管從死到生的輪迴循環之
王，主宰的範圍從人到宇宙。到了中王國時代（Middle Kingdom，
2000-1786 B.C.），這個死亡宗派獲得更進一步的發展，人們認為俄
賽里斯是審判死後靈魂的判官（譯按：一如中國的閻羅王）。

整個俄賽里昂神廟的屋頂全為泥土所覆蓋，使它看起來像個地
下墓塚。俄賽里昂的平面圖（見圖 3-4a）包含了一個有十根方柱的
中心區域，四周則為一個大概注滿了水的壕溝所圍繞。人們解讀此
一結構為象徵世界從太古原水創生而來。

勞洛（Robert Lawlor）於一九八二年出版了一本有趣的書《神
聖的幾何》（*Sacred Geometry: Philosophy and Practice*），他在書中提
出俄賽里昂的幾何結構係「遵循黃金分割的比例」，因為按照勞洛
的意見，黃金比例是一個超然的「觀念型式」，不證自明，早於所
有時空的演化進程，並永恆存在。為了證明自己所言非假，即黃金
比例 ϕ 顯著出現在神廟的建築設計中，勞洛提出了如圖 3-4b 所示
的詳細幾何分析。再者，勞洛也聲稱：「對於五邊形這個主題的強
調，適當地象徵出這個國王於死後變成一顆星的信念。」

儘管勞洛的分析充滿著視覺上的吸引力，我卻不認為它們可
信。不僅這些暗示有黃金比例存在其中的直線是根據隨意兩點畫出
的，就我來看，甚至連五邊形都是對一個長方形的牽強解釋。勞洛

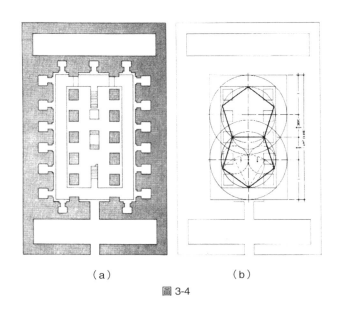

（a）　　　　　　　　　（b）

圖 3-4

對於這座神廟的幾何性質的其他分析，則更進一步證明這些不是唯
一的解釋，而且這些解釋顯得多少有些異想天開。

關於佩脫賽里斯墓的情形也很類似。這座墳塚在一九二〇年代
初被考古學家勒佛布佛（Gustave Lefebvre）所發掘。這墓沒有俄賽
里昂神廟那麼古老，年代僅可追溯至西元前三百年左右，係為透特
神（Thoth，月神，知識與藝術的保護神）的大祭司（即今日所稱
的「主師座」〔Master of the Seat〕）而造。由於此墓完成的年代，已
經知道（至少希臘人知道）有了黃金比例，因此原則上至少可以想
像，黃金比例可以在這墓的幾何結構中出現。事實上，勞洛在《神
聖的幾何》中下結論說：「佩脫賽里斯主師擁有完整且非常高明的
黃金比例知識。」他的這項分析基於兩項幾何分析，一是根據該墓
小教堂東牆上的繪圖淺浮雕。這個淺浮雕顯示一位僧侶把奠酒倒在

這個木乃伊的頭上（見圖 3-5a）。

　　不幸的是，勞洛提出的幾何分析看起來非常牽強（見圖 3-5b），直線隨意地畫在根本不該畫線的地方。再者，有些比值取得太過複雜（例如 $2\sqrt{(1 + \phi^2)}/\phi^2$），使人不能置信。因此我個人的感覺是，固然勞洛的這個斷言：「在法老王時代的葬禮非但要提供一個能接受死者遺體的地方，也要使得這個地方能保留這個人在其一生中所專精的形而上學知識。」是正確的，可是黃金比例不可能是佩脫賽里斯知識的一部分。

　　我不再繼續探討那些相對而言不是那麼著名的歷史遺跡（譬如有人宣稱一個時間大約為西元前二一五〇年的古埃及石碑的尺寸比例是 ϕ），讓我們現在直接轉到「主題」，即古夫大金字塔。

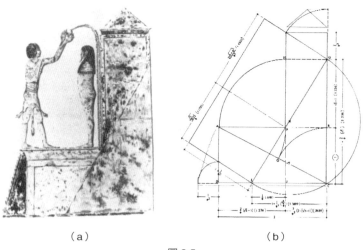

　　　　（a）　　　　　　　　　　　　　　（b）

圖 3-5

數字的金字塔

按照傳統說法，西元前三一一〇年時，上埃及的統治者美內茲（Menes，或稱納美〔Narmer〕）成功征服了敵對的下埃及（位在尼羅河三角洲），因而統一了埃及。在第三王朝（2780-2680 B.C.）的統治下，埃及人引進了一種膜拜太陽的宗教，同時也引進了製作木乃伊的方法並建造大型石碑。大金字塔發展到第四王朝，時間大約在西元前二千五百年左右，臻於最高峰，這也是吉薩著名的三座金字塔興建完成的時代（見圖 3-6）。古夫「大金字塔」不僅是為了紀念該王的紀念碑，也是一個把分裂的古埃及社會成功統一的標誌。孟德遜（Kurt Mendelssohn）在他一九七四年的著作《金字塔之謎》（*The Riddle of the Pyramids*）中斷言，大體來說，古埃及建造金字塔的目的不是去使用最後的成品（即墳墓），而是在於金字塔的建造。換言之，重要的不是金字塔本身，而是金字塔的建造。這就可以解釋兩件明顯不相稱的事：埃及人為什麼要花這麼大的功夫把鑿出的大約二千萬噸重石灰岩堆疊起來，而其唯一目的只是為了埋葬三位法老。

一九九六年，在丹佛自然歷史博物館（Denver Museum of Natural History）的資助下，一位業餘埃及學家維爾（Stuart Kirkland Wier）估計，興建吉薩大金字塔需要的工人大約在一萬名左右。維爾根據把這些石塊從鑿石場運到金字塔所在地，以及把這些石塊搬高到所需的高度二者所需的能量，估計出需要投入的總工作量。假設這計畫持續了二十三年（古夫王在位時間），並合理估計每日每一位埃及工人投入的能量，以及合理的建築日程表，維爾因而估計出埃及金字塔需要的工人數。

圖 3-6

　　一直到最近，判定吉薩金字塔年代的主要依據，主要還是根據
殘留下來的國王統治年表。由於這些年表十分稀有，而且鮮少資料
是完整的，同時也出現了一些不一致，年表的誤差通常在一百年上
下（和用放射性碳定年的精確度差不多）。二〇〇〇年十一月出版
的《自然》期刊中，英國劍橋大學的史本司（Kate Spence）提出了
另一個定年法，把古夫大金字塔的年代定在西元前二四八〇年，誤
差縮減到大約只有五年。史本司的方法最初係由十九世紀中葉的英
國天文學家赫歇爾（William Herschel, 1738-1822）爵士所提出，這
個方法是根據此一事實：金字塔總是對準正北方，而且精確度很高
而來。例如，吉薩金字塔朝正北的方位只偏離正北方向三角分（僅
是一度的百分之五）。毫無疑問的，埃及人是利用天文觀測來定出
這麼準確的正北方向。

　　天北極係指與地球自轉軸成直線排列方向的天上一點；所有的

星星看上去似乎都繞著它們旋轉。可是，地球的自轉軸並非固定於一點不動；相反的，它慢慢地搖擺著，就像轉動中的陀螺或迴轉儀的軸一樣。「進動運動」（precession motion）的結果是，每隔約二萬六千年，天北極似乎就在北方的天上畫出一個大圓。雖然今日的天極標誌是北極星（誤差在一度以內，天文學稱北極星為小熊 α，中國古名是「勾陳一」），但在興建大金字塔的時代它還不是北極星。史本司暫時找出了埃及人用來定出正北方向的兩顆星：大熊 ζ 及小熊 β（譯按：這是計算出來的，是當時西元前二四〇〇年左右最接近天北極的兩顆星），並仔細觀測這八個金字塔的方向，定出古夫金字塔出現的日期為西元前二四八〇年上下五年左右，比起之前的估計少了七十四年。

很少有幾個古建築像大金字塔一樣，能引起這麼多的謎團和議論。紅十字友愛會（Rosicrucians，一四五九年由羅森克魯茲〔Christian Rosenkreuz〕創立）的主要宗旨就是專注於金字塔，或金字塔玄學超自然的一面。這個宗派的成員自稱知道大自然的祕密、巫術的特性等等。共濟會（Freemasonry）則起源於紅十字友愛會的某些支系 ❷。

後來，人們對於金字塔玄學的興趣，可能來自一本英國退休出版商泰勒（John Taylor）於一八五九年出版的《大金字塔：為什麼要造它，誰造了它？》（*The Great Pyramid: Why Was It Built and Who Build It？*），全書充斥著宗教意識。泰勒（時年七十九歲）深信，金字塔在古埃及人所不知道的某些數學真理的啟發下，包含了各種大小尺寸，因此他下結論說，金字塔的建造一定是神介入的結果。他深受當時流行的一個想法所影響，即英國人是以色列某個已「失落」民族的後裔 ❸，他因此倡議，金字塔的基本量度單位是聖經上

說的「肘尺」（cubit，比二十五個英寸要長些，剛好等於二十五個「金字塔英寸」）。傳說諾亞造方舟以及所羅門王造聖殿時，都以肘尺為單位。泰勒接著聲稱，神所揀選的這個神聖單位是根據地球中心到極點這個地球半徑長，而得到「金字塔英寸」是地球極軸的五億分之一長。泰勒的這本古怪書籍找到了一位偉大的崇拜者，蘇格蘭皇家天文學家史密斯（Charles Piazzi Smyth），他在一八六〇年代起碼寫了三巨冊關於大金字塔的書（第一本的書名是《我們在金字塔中的遺產》〔 *Our Inheritance in the Great Pyramid*〕）。激起史密斯熱情的原因，有一部分是他竭力反對把公制引入英國。他的偽科學／神學邏輯如下：這個大金字塔係以英寸為量度單位來設計；而金字塔的數學屬性證實它的建造乃受神之啟發；因此，英寸是上帝賜下的單位，和公分不同；公分是被「最狂妄、嗜殺，以及最無神論的革命所啟發的（意指法國大革命）」。接下去，他描述自己對於這個量度系統的觀點，史密斯如此寫道：

> 所以不是因為那些在議會中捍衛英國度量衡的薄弱雄辯力量，而是這個自負的系統本身的罪惡，使得那些由親法國度量衡鼓吹者所提出的議案一次次被推翻；要阻止一個上帝所揀選的國，一個在歷史上保持完整的國家……一個不注意就被這個可詛咒的東西所劫掠，落入將要到來的反基督者的長袍中；那些以掃只為了一點微不足道的濃湯和短暫的額外商業利益，就要把我們這些亞伯拉罕子孫打算保存、直到上帝的奧理能觸及全人類之時的與生俱來長子繼承權制度丟棄❹。

讀完這一段文字以後，我們就不會奇怪，為什麼作家柯特里爾（Leonard Cottrell）會將《法老的山》（*The Mountains of Pharaoh*）的第十一章標題取為〈大金字塔白痴〉（指的就是史密斯）。

史密斯及泰勒以數字玄學為基礎來分析金字塔，無異再次將畢氏學派沉溺於數字 5 的風氣復活了。他們指出金字塔有五個角、五個面（把底部算進去），本來就如此；說神聖的「肘尺」約相當於二十五（5 的平方）英寸（或更精確地說，25 個「金字塔英寸」）；還說，這個「金字塔英寸」是地球極軸的五億分之一，等等。

作家葛登能找到一個滑稽的例子，證明史密斯的「五論」分析實在荒謬。葛登能在《號稱科學的時尚熱及謬誤》（*Fads and Fallacies in the Names of Science*）一書中寫道：

> 如果有人在《世界年鑑》（*World Almanac*）中尋找關於華盛頓紀念碑的事實，他會發現許多的「五論」。它的高度是 555 英尺 5 英寸。它的底部是 55 英尺見方，窗子的高度從底部計算是 500 英尺。如果把底乘以 60（5 乘上一年的月數），得到 3,300，這正好是壓頂石以英磅計的重量。還有，Washington 這個字正好由 10 個字母（2×5）組成。如果把壓頂石的重量乘以底部之長，得到 181,500 ——相當接近以英里／秒計算的光速值。

可是，葛登能在論及我們對黃金比例感興趣的段落裡，也出現了關於大金字塔的最戲劇化聲明。在同一本書中，葛登能提到了一個陳述：如果它為真，那麼黃金比例就真的是設計在金字塔裡。葛登能寫道：「希羅多德（Herodotus, 485-425 B.C.）說，金字塔在建

造的時候，每一面的面積等於一個正方形的面積，而該正方形的邊長等於金字塔的高。」偉大的羅馬雄辯家西塞羅（Cicero, 106-43 B.C.）尊稱希羅多德為「歷史之父」。雖然葛登能並未領悟到希羅多德陳述的完整涵義，但他既不是第一個也不是最後一位這麼說。

一八六○年四月二十八日一篇發表在《文庫》（*The Athenaum*）的文章〈英國標準長度〉中，著名英國天文學家赫歇爾爵士寫道：

> 同樣的斜度……屬於一個有這樣特殊屬性的金字塔：其面（的面積）等於其高的平方。希羅多德很清楚地告訴我們，把它放進去是建造者的意願，我們現在知道，它確實被放入。

一九九九年，一位法國作家及電訊專家伽查勒（Midhat J. Gazale）在《晷針》（*Gnomon: From Pharaohs to Fractals*）這本饒富趣味的書裡說：「據說，希臘歷史學家希羅多德從埃及僧侶處習得，大金字塔高度的平方和其三角形邊長構成的面積相等。」為什麼這個陳述如此重要？全為了這個簡單的理由：因為這個陳述就等於在說，大金字塔的設計使得它的三角面的高與其底邊的一半之比正好等於黃金比例！

審視一下圖 3-7 顯示的金字塔示意圖。在這圖中，a 代表底邊的一半長，s 是三角面的斜高。如果希羅多德的陳述為真，這就是說 h^2（金字塔的高的平方）等於 $s \times a$

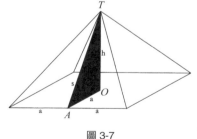

圖 3-7

（三角面的面積）。只需一些基本的幾何技巧，就可以證明這個等式，也就是 s/a 之比剛剛好等於黃金比例（我把證明放在附錄3中，供有興趣的讀者參考）。我的腦海立即浮現一個問號：真的嗎？金字塔的底部並不是真正的正方形，它的邊長從 755.43 到 756.08 英尺不等。平均長度 2a = 755.79 英尺。金字塔的高是 h = 481.4 英尺。從這些數值我們發現（用畢達哥拉斯定理），三角面的高 s = 612.01 英尺。我們因此得到 s/a = 612.01/377.90 = 1.62，非常接近黃金比例（誤差不到 0.1%）。

　　根據這個數值，上述的證據似乎在暗示著古埃及人的確知道黃金比例，因為這個數字不僅出現於大金字塔的長寬高尺寸中，似乎也獲得這個講出設計者意圖的歷史文獻的支持，即希羅多德的陳述。可是，真是如此嗎？或者，我們所目睹到的正是加拿大數學家費許勒所說的：「『科學』史中最聰明的狡猾手法之一？」

　　顯然，因為不能改變這些量度，唯一可以質疑的「證據」就剩希羅多德的陳述了。儘管這句出自希羅多德《歷史》（History）的陳述多次被人反覆引用，即使無法盤問一位活在二千五百年以前的人物，我知道還是有四位研究者毅然決然地投身於這項「偵探」工作中，調查希羅多德到底要說什麼，或者他的意思究竟是什麼。其中費許勒和緬因大學的數學家馬考斯基（George Markowsky）已經分別提出他們的結論。

罪魁禍首：泰勒

　　希羅多德陳述的原文出自《歷史》卷二《尤特碧》（Euterpe，九位謬斯女神之一）的第一二四段。傳統的譯文（根據戈得里〔A. Godley〕及勞林森〔George Rawlinson〕等的英文譯本）如下：「它

的底面為正方形，每一邊的長度是八個普力特拉長（plethra，長度
單位），高度也一樣。」或者：「它是一個正方形，每一邊的長度是
八百英尺，高度也一樣。」每一普力特拉是一百個希臘尺（約等於
一〇一英尺）。

　　這段敘述看上去和一般所引用的希羅多德文字（說高度的平方
與其中一面的面積相等）大不相同。再者，希羅多德所提到的那些
金字塔尺寸的數字也完全不對。大金字塔的實際高度和八百英尺差
了一大截（它的高度大約只有四八一英尺），即使是正方形底面的
邊長（約七五六英尺）顯然也比八百英尺小。所以，這句「引文」
究竟來自何處？關於這個答案的第一條線索來自赫歇爾爵士在《文
庫》裡的一篇文章。赫歇爾提到，是泰勒在《大金字塔：為什麼要
造它，誰造了它？》一書中指出了這個金字塔的屬性並引用了希羅
多德的話。費許勒沿路追蹤，發現之所以會產生這樣的誤解，原來
是泰勒在其（現已名譽掃地的）著作《大金字塔：為什麼要造它，
誰造了它？》中，對於希羅多德的話做了錯誤解釋。

　　泰勒一開始引用一段希羅多德的譯文，它讀起來和上面的譯文
並沒有太大不同：「關於這個金字塔，它有四個邊，每一面的每一
個邊長八個普力特拉，高度一樣。」可是他卻在這裡放任他的幻想
力亂跑，假設希羅多德的意思是說，每一面的平方尺數等於一個正
方形的平方尺數，這個正方形的邊長等於金字塔的高度。即使有了
他的「富於幻想力」的解釋，泰勒還是碰到了一個小麻煩，也就是
他提到的這些數字（八個普力特拉）和實際尺寸相差太大。於是沒
有任何理由，他就宣稱這八個普力特拉一定會被大金字塔東邊一個
小金字塔的底面面積所乘。

　　我們根據上述種種得到的結論是，希羅多德的說法根本不能拿

來作為支持黃金比例出現於大金字塔中的文獻。這個出現在泰勒書中、對於希羅多德的說詞完全毫無根據的解釋（後來被重複引用了不知多少次）真的一點都說不通，它不過是另外一個大玩數字把戲的例子而已。

不是每一個人都同意這個結論。弗希嚴（Hugo F. Verheyen）在他一篇一九九二年的文章〈大金字塔的十二面體的設計〉中提出，故意隱藏在大金字塔設計中，而成為神祕象徵的黃金比例是「給那些能瞭解它的人的信息」。可是，我們會在下面看到，我們還有更多的理由去懷疑：金字塔真的是以黃金比例作為它的設計特色嗎？

當我們瞭解到，市面上討論大金字塔的書在數目上可以和傳說中的亞特蘭提斯城 ❺ 相比美時，一旦知道了 ϕ 不是唯一在金字塔玄學上引用到的特別數字——π 是另外一個，也不會覺得有什麼好大驚小怪的。

π 的理論首次出現於埃格紐（H. Agnew）在一八三八年所寫的一篇文章〈從亞歷山卓來的信，關於求圓的面積在大金字塔外形上的應用〉，可是一般人又把這個理論歸功於泰勒，而他不過是把埃格紐的理論再說一次而已。這項聲明是，底面的周長（使用前述的符號，這等於是 $8a$，a 是底邊長的一半）和金字塔高度 h 之比等於 2π。如果我們用同樣的量度，我們發現 $8a/h = 4 \times 755.79 / 481.4 = 6.28$，等於 2π（精確度很高，誤差大約只有 0.05%）。

因此，第一件要注意的事是，僅僅從大金字塔的尺寸來著眼，絕不可能決定 ϕ 或者 π 中的任何一個（如果是的話）是否含括在金字塔的設計中。一九六八年，加州柏克萊大學的比爾得（R. S. Beard）在一篇發表於《費波納奇季刊》的論文中，下結論說：「丟出骰子，然後選擇你自己要的理論。」如果我們必須在 ϕ 和 π 之

間選擇一個可能在設計金字塔時用到的數字，π 顯然要比 ϕ 更佔上風。理由一，我們瞭解埃及數學知識的主要來源之一，萊因紙草本中說，西元前十七世紀的古埃及人至少知道 π 的近似值，可是沒有任何證據顯示他們知道 ϕ。回想一下，阿姆斯於西元前一六五〇年左右，在希克蘇斯或牧羊王朝時代 ❻ 抄錄這本數學手冊。可是，他引用的原始文獻是在第十二代王朝亞美那米司三世（Ammenemés III）時代，因此在建造大金字塔時就已經知道這文件的內容，是不可能的事。這個紙草本包含了一個分數表，接下來就是八十七個數學問題。有相當多以其他紙草本或紀錄的形式出現的證據說，近兩千年來，這個表一直被拿來作為參考用。阿姆斯在序文中，把此文獻描述為「進入所有現存事物及所有晦澀難解之祕的入門」。埃及人估算得出的 π 出現於萊因紙草本的第五十號問題中。這個問題要解決的是如何定出一個圓形田地的面積，阿姆斯的解建議「把直徑減掉它的 1/9 後，再把它平方」。從這個敘述我們歸納出埃及人得出 π 的近似值等於 256/81 = 3.16049...，和正確值 3.14159... 的差異不到百分之二。

　　使得 π 要比 ϕ 更佔上風的第二個理由是，有一個極有趣的理論指出，興建金字塔的人即使不知道 π 的值，仍然把 π 放入金字塔的設計中。孟德遜在一九七四年出版的《金字塔之謎》一書中提出這個理論。孟德遜根據的邏輯如下。因為沒有任何證據顯示，在古王朝時代的埃及人只知道非常原始的數學知識，因此在金字塔的幾何結構中，π 的出現一定是基於某些非常實用而非純理論的設計理念。孟德遜建議，古埃及人可能不是用同一度量單位來測量垂直和水平的距離。毋寧說，他們可能用棕櫚纖維製成的繩子去量金字塔的高度（用的單位是肘尺），而用（一肘尺單位直徑的）滾筒

測量金字塔底面的長度。如此一來，水平的距離可以用滾筒轉動一周的次數來量度，也許我們可以稱這種單位為「滾肘」。埃及建築師所需要做的就是選出，他要工人們每一個水平「滾肘尺」單位要往上升高多少「肘尺」。因為一個「滾肘尺」長等於 π 個「肘尺」（直徑為一肘尺之圓的圓周長），這個建造法就等於把 π 值銘印於金字塔的設計中，興建金字塔的人甚至可以不知道 π 都沒關係。

當然，沒有方法可以直接測試孟德遜的臆測。可是，有些埃及學家聲稱，的確有直接證據指出，無論是黃金比例或 π 都沒有用在大金字塔的設計中，甚至連不自覺地應用也沒有。這個理論基於「西刻特」（seked）此一觀念而來。簡單來說，西刻特是金字塔斜邊的斜度，或者更精確地說，是每一個垂直的肘尺高所需移動的水平肘尺數。顯然，對建造者來說，這是很重要的實用觀念，因為他們每往上加一塊石頭，都必須讓外形保持不變。在萊因紙草本中的第五十六至六十號問題，處理的就是西刻特的計算，在《法老時代的數學》（*Mathematics in the Time of the Pharaohs*）這本書中，吉林（Richard J. Jilling）對此做了詳細描述。考古學家柏特雷（Flinders Petrie）發現，某個西刻特值賦予了大金字塔這樣一個屬性：「基底的周長和金字塔的高度比，極精確地等於 2π」，可是 π 在設計中不起任何作用。支持西刻特假說者指出，同樣的西刻特值也在米迪安（Medium）的梯狀金字塔中發現，這座金字塔剛好在吉薩大金字塔之前興建。

不是所有的人都同意西刻特理論。建議滾筒假設的孟德遜就在《金字塔之謎》中寫道：「有許多數學解釋被提出，甚至一位著名的考古學家（指的是柏特雷）還提出興建（金字塔）者意外地用了這個 14/11 比例〔＝ 28/22，非常接近 4/π），依然拙劣得不能令人信

服。」另一方面，費許勒在檢視過不下九個關於解釋金字塔設計的理論後，在一九七八年於論文〈數學要點〉中，下結論說：西刻特理論很可能是正確的。

可是從本書的觀點來看，無論是西刻特正確或滾筒假設正確，黃金比例在大金字塔的設計中都無足輕重。

因此，是否可以說，這個有四千五百年歷史的黃金比例和大金字塔案例就此落幕了？我們當然希望如此，不幸的是，歷史告訴我們金字塔和「黃金數字主義」的神祕吸引力，可能要比任何紮實的證據都來得強。柏特雷、吉林、孟德遜和費許勒的主張已提出了幾十年，可是仍無法阻止許多新書前仆後繼的出版，重複這個黃金比例謬論。

就我們的目的而言，我們必須下這樣的結論：若說巴比倫人或埃及人發現了黃金比例及其屬性，這是非常不可能的。這項工作要留待古希臘數學家去解決了。

譯注

❶ 米爾頓，英國最偉大的詩人之一，有人認為他的文才僅次於莎士比亞。年老失明，在家人協助下寫下《失樂園》，敘述亞當及夏娃被逐出天堂的故事，公認為是英國文學中最好的史詩。他的散文在清教徒運動中佔有很重要地位，即使在今日的政治思想及宗教思想中也仍有影響力。

❷ 共濟會（全名 The Free and Accepted Masons）是以互助及友愛為宗旨的祕密團體，會員原來是石匠（mason）工會的會員，可是到了十七世紀時，非石匠也可以參加。該會在世界各處都有分會（lodge）。以捐款給醫院或捐贈房屋給窮人等方式來提倡博愛，實現他們理想社會的目標。

❸ 在領猶太人出埃及的摩西死後，約書亞變成首領，佔領迦南（上帝許諾給以色列人之地），共有十二族人，其中的兩族，猶大及本傑民變成現在的猶太人，因為在西元

前五八六年西流士王允許他們從巴比倫回鄉，組織國家。失落的十族為：Asher、Dan、Ephraim、Gad、Issachar、Manasseh、Naphtali、Reuben、Simeon 及 Zebulun。一般學者都認為後來歷經征戰，這十族都被其他民族同化、吸收或消滅了。可是「最後終會找到這個失落十族的信念」仍然持續到今日。有許多人宣稱自己是這失落十族之一，甚至還包括摩門教徒及日本人在內。

❹ 以掃是聖經舊約創世記中的人物，有一日他從田中回來，又累又餓，看到雅各煮了小扁豆湯，以掃要吃，雅各提出以湯換以掃的長子繼承權，以掃立了誓，把長子繼承權換了麵包和小扁豆湯來吃。現在，這故事用來隱喻貪小失大。

❺ 亞特蘭提斯城是柏拉圖所提出的一座存在於直布羅陀（地中海出口）外的島城，柏拉圖宣稱這城已沉入海中。不知吸引了多少考古學家去探測，但直到現在都毫無結果。有可能是柏拉圖所作的寓言式虛構。

❻ 希克蘇斯是遊牧民族，於十三到十八王朝時佔領了埃及，統治期約為西元前 1700-1580 年。因為他們本來是遊牧民族，因此他們的統治時代就稱為牧羊王朝時代。

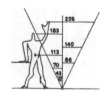

第四章

黃金比例方程式

幾何擁有兩件至寶：一件是畢達哥拉斯定理；
另一件是把線段做中末比分割。第一件足以和黃金媲美；
第二件我們或可稱之為珍貴的珠寶。

克卜勒（Johannes Kepler, 1571-1630）

談到數學、科學、哲學、藝術及文學，毫無疑問的，任何在西方或中東文化長大的人都受到希臘文化的薰陶。德國詩人歌德（Goethe, 1749-1832）說：「在所有希臘人想像虛構的人物中，生命之夢最好。」只不過是他對希臘人的一個小小讚賞，讚美他們在其發明及主宰的知識領域上所做的種種開拓性努力。

可是，和他們在數學上令人生畏的成就相比，希臘人在其他領域上的貢獻顯然要遜色許多。例如，在短短的四百年內，從米利都的塔利斯（西元前六百年的人物）到這位「偉大的幾何學家」，佩爾加（Perga）的阿波羅尼奧斯（Apollonius, 約生活於西元前二百年），希臘人把幾何理論的要旨都完成了 ❶。

希臘人在數學方面的卓越成就大都來自他們對知識的熱愛，即「為知識而知識」的直接後果，而不是為了實用的目的。有這麼一個故事：一位學生從歐幾里德那兒學到一條幾何上的命題後，問道：「可是，我可以從這裡面得到什麼好處呢？」於是，歐幾里德特吩咐家奴給這位男孩一枚金幣，好讓這位學生可以看到實際的好處。

在柏拉圖的時代，政治家的教育課程表包括了：算術、幾何、立體幾何、天文和音樂。畢氏學派的阿基塔斯（Archytas）告訴我們，這些課程都被編納入一般定義為「數學」的學科中。根據傳說，當亞歷山大一世問他的老師梅納赫莫斯（Menaechmus, 375-325 B.C.，據稱他發現了橢圓、拋物線及雙曲線等曲線），有沒有學習幾何的捷徑時，得到的回答是：「王啊，在國內旅行，皇家有皇家專用的道路，平民有平民專用的道路；可是在幾何學裡，僅有一條道路供所有的人行走。」

柏拉圖立體

　　欲對此學術環境有所瞭解，我們必須先從柏拉圖（428/427-348/347 B.C.）開始探討起。一般說來，柏拉圖是古希臘及西方文化中最具影響力的人物之一。傳說柏拉圖跟隨畢氏學派的泰奧多勒斯（Theodorus of Cyrene, 465-398 B.C.）學習數學。泰奧多勒斯是第一位證明除了 $\sqrt{2}$ 之外，連像 $\sqrt{3}$、$\sqrt{5}$……一直到 $\sqrt{17}$ 的數字都是無理數的人（沒有人確實知道為什麼他到 17 就停下了，可是他顯然沒有發現一般性的證明）。有些研究者宣稱，泰奧多勒斯可能也藉由以黃金比例分割一直線，來證明不可通約性（其發想基本上和附錄 2 提出的證明相同）。

　　如同柏拉圖在《共和國》（The Republic）一書中所言，數學絕對是所有國家領導人及哲學家必修的教育。因此，在柏拉圖學院的入口銘刻著：「缺乏幾何知識者禁止入內」的警語。數學史家史密斯（David Eugene Smith）在《我們欠希臘及羅馬的債》（Our Debt to Greece and Rome）中，把此銘詞描述為史上第一個大學入學必備條件。柏拉圖談到埃及的數學時所露出的羨妒，顯露出了他對數學的崇仰，他說埃及「發明了只給小孩們用的算數遊戲，他們把它當作一件樂事和娛樂來學習」。

　　當我們斟酌思量柏拉圖在數學上所扮演的角色，特別是和黃金比例有關的角色時，我們不僅僅只是看他在純數學上的貢獻（其實它們沒有那麼重要），還要看他對當時及後代在數學和其他方面的影響，以及他所產生的激勵作用。從某種角度來看，我們或許可以把柏拉圖看成是最早的真正理論家之一。最明顯的例子就是他對天文學的態度；他不觀測在運動中的星星，反而大力提倡「不要去管

蒼穹」，勸人把心思專注於更為抽象的「數學的」蒼穹。按照柏拉圖的說法，實際的星辰只不過是數學的一種表達，就如（數學上）抽象的點、線及圓被幾何圖形所表達一樣。

我是一位理論天體物理學家，必須說，我對於柏拉圖中心思想所表達出的某些觀點感到非常親切。前面提到的係指宇宙本身之美和解釋宇宙的理論之美間的不同。讓我以一個簡單的例子來闡明這一點，這個原則最先被著名的德國畫家杜勒（Albrecht Dürer, 1471-1528）所發現。

你可以拿六個五邊形湊成一個大的五邊形（見圖 4-1），可以看到有五個洞出現在黃金三角形裡（黃金三角形是等邊三角形，邊和底之比是黃金比例）。六個這些五邊形再繼續形成另一個更大（看上去有更多的洞）的五邊形，如此無止盡下去。

我想每一個人都會同意，如此得到的圖形非常美。可是這個圖形還有另外一個隨之而來的數學之美，也就是構成它的基礎原理的簡單之美。我想，這就是柏拉圖講到的「數學的蒼穹」。

幾無疑問，柏拉圖的身先士卒要比他直接做出的貢獻重要的多。第一

圖 4-1

世紀的菲洛德穆（Philodemus, 110-35 B.C.）❷ 說（人們認為應該是他說的）：「在柏拉圖的帶領和發問下，加上數學家的合力熱心研究，那個時代做出了極了不起的數學進展。」

即使如此，柏拉圖本人一定也對數字的屬性與幾何圖形有極大興趣。例如，他在《法典》（Law）一書中建議，一個國家的最理想

人數是 5,040 人，因為：（一）它是 12、20 及 21 的乘積；（二）它的十二分之一仍舊可以被 12 除盡；（三）它有 59 個因數，包括所有從 1 到 12 之間的整數（唯一的例外是 11，可是很接近 5,040 的 5,038 可以被 11 除盡）。選了這個數字及其屬性，柏拉圖就可以發展他的社會經濟願景。例如，這個國家的土地被分割為 5,040 塊，國家分成 12 族，每族可分配到 420 塊土地。這類國家的人民被分為四個等級：自由公民和他們的妻兒；奴隸；長住的外國人；以及來此訪問的各種外國人。在議會選舉時，來自這四個等級的成員，從每一等級中投票選出九十位議員。

另一個常常和柏拉圖扯上關係的數字是 216。柏拉圖在《共和國》一書中，在一個晦澀難懂的段落中非常婉轉地指出，216 等於 6 的立方，而 6 代表婚姻（為代表女性的數字 2 和男性的 3 的乘積）。柏拉圖本人師承畢氏學派，當然知道下面這個事實，即著名的 3-4-5 畢氏三角形之邊的立方和也等於 216。柏拉圖和黃金分割的聯繫主要來自兩個縈繞於他心懷的兩個命題：（一）不可通約性；以及（二）柏拉圖立體。在《法典》一書中，柏拉圖對於自己一直到了晚年才知道有不可通約長度及無理數存在深以為恥，也替他那一代許多還不知道這些數字的希臘人感到悲哀。

柏拉圖看出，就如一個偶數可以是兩個偶數或奇數之和一樣，兩個無理數之和也可以是無理數或有理數。一條長度原為有理數（如一單位）的直線被黃金分割，正是後者的實證，雖然柏拉圖當時可能並不知道這個事實。有些研究者主張，柏拉圖本來就對黃金分割有興趣。他們指出，當普羅克洛斯（Proclus Diadochus, 411-485）在《評論歐幾里德幾何原本第一卷》（*A Commentary on the First Book of Euclid's Elements*）中寫道：「歐多克索斯（Eudoxus,

408-355 B.C.）……把柏拉圖創始的關於此一『分割』的理論數目
擴充了許多倍。」他可能也提到了柏拉圖（及歐多克索斯）和黃金
分割的關係。可是，自十九世紀下半葉開始，這個解釋一直存在著
一個很嚴重的爭執點，因為許多研究者斷言，「分割」一詞可能和
黃金分割毫無關聯，反而與立體或一般直線的分割有關。不過，有
一件事倒是沒有什麼人懷疑，那就是許多導致定義出及瞭解黃金比
例的基礎研究恰好就在柏拉圖學院開始營運（西元前三八六年）之
前做出，並貫穿學院運作的整個期間。其中，建立起黃金比例幾何
定理的幕後最關鍵人物和推手，大概要屬泰提特斯（Theaetetus,
417-369 B.C.）了，根據一本拜占庭時期的選集作品《蘇伊達司》
（Suidas）的描述，他「最早建構出這五個所謂的立體」而且「也
有能力可以區別哪些的長度具有通約性」。泰提特斯不隸屬於這個
學院，但是可以確定他和柏拉圖學院之間有些非正式的來往❸。

　　在《提瑪友斯》（Timaeus）一書中，柏拉圖著手進行這個鉅大
的工程，討論宇宙的起源及運作。尤其，他嘗試用五個正規立體
（或多面體）去解釋物質的結構。這些問題畢派已研究到某種程
度，到了泰提特斯則已徹底研究過。這五個柏拉圖立體（圖 4-2）
以下列性質著稱：（一）在所有立體中，它們是每一面都相同且等
邊的僅有立體；以及（二）每一個立體都可以內接於一個圓球內
（所有的頂點都在圓球的球面上）。柏拉圖立體分別是：四面體（有
四個三角形面，圖 4-2a）；立方體（有六個正方形面，圖 4-2b）；
八面體（有八個三角形面，圖 4-2c）；十二面體（有十二個五邊形
面，圖 4-2d）；以及二十面體（有二十個三角形面，圖 4-2e）。

　　柏拉圖把恩培多克利斯（Empedocles, 490-430 B.C.）❹的理念，
即四個物質的基本元素分別為：土、水、空氣及火，和德謨克利特

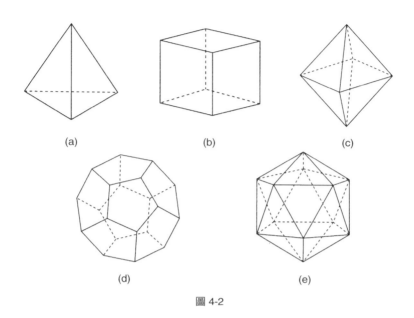

(a)　　　　　　　　(b)　　　　　　　　(c)

(d)　　　　　　　　(e)

圖 4-2

（Democritus, 460-370 B.C.）的物質「原子」理論（不可被分割的粒子）結合在一起，建議這四種元素中的每一種都對應一種不同的基本粒子，並用一個柏拉圖立體來代表。我們必須理解到，柏拉圖的基本理念雖然在細節上被改了很多，但它和道爾吞（John Dalton, 1766-1844）於十九世紀形塑的現代化學並沒有什麼不同。按照柏拉圖的說法，地球對應穩定的立方體，火的能「深穿一切」的品質對應相當簡單的四面體，空氣則和八面體「流動性」的外表相合，水則對應二十面體。第五種立體，即十二面體，在《提瑪友斯》一書中被柏拉圖指定為宇宙的整體，或者以他自己的話來說，十二面體「被神祇用來潤飾整個蒼穹的眾星座」。這就是為什麼畫家達利會在他的名畫《最後的晚餐聖餐》中，在餐桌上面浮著一個巨大的十二面體的原因。

不是所有柏拉圖的信徒都能接受沒有一個基本元素可以和十二面體相對應，因此有些人假設有一個第五元素在。就以亞里士多德來說吧，他認為以太為天體的組成，而且瀰漫整個宇宙；他認為以太就是宇宙中的第五要素（quintessence）。他假定這第五要素以瀰漫所有物質的方式，使運動及變化能按照自然定律發生。這種必須要有個能瀰漫整個空間的物質以作為介質，光才能傳播的觀點一直要持續到一八八七年，在那一年美國物理學家邁克生（Albert Michelson, 1852-1931）及化學家莫雷（Edward Morley, 1838-1923）在他們著名的實驗中證明了這個介質並不存在（現代的光理論也不需要）❺。邁克生—莫雷的實驗把愛因斯坦帶到相對論的道路上。一九九八年有兩組天文學家發現，我們的宇宙不僅在膨脹中（早在一九二〇年代哈伯〔Edwin Hubble, 1889-1953〕就已經發現了這個事實），而且是在加速膨脹中 ❻！這個發現真令人震驚，因為天文學家一向都以為，由於重力之故，這個膨脹理所當然會減慢。就像把一個球從地球表面向上拋，由於地球重力的拉扯，它會慢下來（最後還會把運動的方向逆轉），同理，宇宙全體物質的重力也會減緩宇宙的膨脹。如今發現膨脹在加速而非變慢，也暗示著宇宙中存在著一種「暗能量」，展現在外就是一種斥力；在今日的宇宙中，這個斥力大於重力的引力作用。有一種說法是，這能量和某種瀰漫全宇宙的量子力場有關，該量子力場有點像我們熟悉的電磁場。人們借用亞里士多德不可見介質的名稱，把這個場取名為「第五要素」。順帶一提，法國導演盧貝松（Luc Bession）於一九九七年執導了一部科幻電影《第五元素》（The Fifth Element），只不過他之所以把電影取名為「第五元素」，是用來指生命力本身，也就是能使無生命物體具有生命之力。

　　柏拉圖的理論還不僅止於符號邏輯而已。他注意到，前四種立體可以由兩類直角三角形構成，這兩種是：等腰三角形 45°、90°、45° 及直角三角形 30°、90°、60°。柏拉圖接下去解釋如何用這些屬性來描述基本的「化學反應」。例如，在柏拉圖的「化學」中，當水被火加熱時，它產生出兩個蒸氣（空氣）粒子和一個火粒子。以化學方程式表示則如下：

〔水〕→ 2〔空氣〕＋〔火〕

　　或者，以代表這些元素的個別柏拉圖立體的面數來表示並加總起來，得到：20 = 2×8 ＋ 4。雖然這個描述顯然迥異於當代對物質構造的瞭解，可是它的中心理念——我們宇宙中的最基本粒子及其交互作用，可以帶有某種對稱性的數學理論來描述——卻是今日粒子物理研究的基礎之一。

　　對柏拉圖而言，我們所觀察到的宇宙複雜現象並非最重要，真正重要的是事物內含的對稱性，以及那些永遠不會改變的東西。這個觀點和當代對大自然定律的想法十分一致。例如，在宇宙中，自然定律不會隨地點而變。如此一來，我們得以應用在實驗室中得出的相同定律，去研究地球上的氫原子，或數十億光年（一光年是光在一年內行經的距離，約六兆英里，或十兆公里）外的星系中的氫原子。大自然定律（在空間中）的對稱性在下列現象中彰顯出來：也就是我們所稱的直線動量（linear momentum，等於質量乘以速率，其方向為運動的方向）守恆，也就是說，無論我們今天去測量它或一年後去測量它，這個量都一樣。同樣的，因為大自然的定律不會隨著時間而改變，我們稱為能量的東西也守恆。我們不能從無

中得到能量（這就是為什麼我們有時要在加油站中多付些錢，或者多付些錢給煤氣或電力公司）。因此，基於對稱性及守恆定律的現代理論，可說是真正的「柏拉圖」式理論 ❼。

畢氏學派對多面體的迷戀，一開始可能起源於他們對於地處的南義大利的黃鐵礦的晶體的觀察。黃鐵礦即一般人熟知的「愚人金」❽，它的晶體通常呈十二面體狀。可是柏拉圖立體和它們的美及數學屬性，依然繼續擄獲了柏拉圖之後許多世紀人們的想像力，在最出人意料之外的地方出現。例如西哈諾（Cyrano de Bergerac, 1619-1655）❾ 在科幻小說《航向月球》（A Voyage to the Moon）中，用了一個二十面體形狀的飛行器從高塔上的監牢中逃出，降落在太陽黑點上。

黃金比例 ϕ 在某些柏拉圖立體的特質及對稱性中，扮演著關鍵性的角色。特別是，邊長為一個單位長的十二面體的表面積之和為 $15\phi/\sqrt{3} - \phi$，體積為 $5\phi^3/（6-2\phi）$。同樣的，邊長為一個單位的二十面體的體積是 $5\phi^5/6$。

柏拉圖立體的對稱性也導出了其他有趣的屬性。例如，正立方體和八面體有同樣數目的邊（12 個），可是它們的面數和頂點的數目正好顛倒過來（正立方體有六個面和八個頂點，而八面體有八個面及六個頂點）。十二面體和二十面體亦然；二者都有三十個邊，可是十二面體有十二個面及二十個頂點，二十面體正好反過來。柏拉圖立體的這些似對稱性可以產生一些有趣的映射，把一個立體映射成為它的「對偶」或者「倒易」立體。把立方體各面的中心點都連接起來，會得到一個八面體（見圖 4-3），如果繼續把一個八面體各面的中心點都連接起來，將會得到一個立方體。同樣的步驟也可以應用在把一個二十面體映射為一個十二面體上，反之亦然。而

這兩個（一個套住另一個的）立體的邊長之比，又再一次可以用黃金比例來表達，是為 $\phi^2/\sqrt{5}$。四面體則自我倒易——把一個四面體的每一面的中心點連接起來，得到的是另一個四面體。

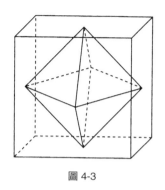

圖 4-3

雖然古代的人並不完全知道柏拉圖立體的所有屬性，可是柏拉圖和他的門徒卻看到了它們的全然之美。從某方面來說，即使一開始在建構這些圖形時遭遇到了困難（直到後來，找到了用黃金比例建構它們的方法），還是可以視此為它們的屬性之一。畢竟，柏拉圖在《希比亞斯一世》（*Hippias Major*）的最後一句是這麼寫的：「所有美麗的東西都不好理解。」在〈論神諭之衰微〉一文中，希臘史學家普魯塔克（Plutarch, 46-120）寫道：

> 柏拉圖所預言的原始圖形，即金字塔（四面體）、八面體、二十面體、和十二面體等之所以皆美，得歸功於它們之間的對稱性和相等性，沒有其他比它們更好的東西可以提供給大自然去構成和拼湊了。

如我在上面所說的，二十面體和十二面體與黃金比例間的密切關係，不止一個。例如，二十面體的十二個頂點可以分成三群，每群含括四個頂點，每一群的頂點都落在一個黃金矩形（矩形的長、寬比為黃金比例）的四個角上。這些矩形互相垂直，它們的交集點即此二十面體的中心（見圖 4-4）。同樣的，十二面體的十二個五

邊形的每一面的中心點也可以分成三個四頂點的群,每一群的頂點也形成一個黃金矩形。

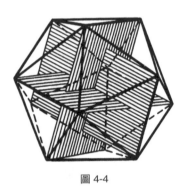

圖 4-4

由於五邊形和五角星形這類平面圖形,以及某些立體,像是柏拉圖立體等與黃金比例之間有密切關係,使得人們不得不下此結論,即希臘人對黃金比例的興趣可能始於試圖建構這些平面圖形及立體。大多數這方面的數學工作都發生於西元前第四世紀初。可是有不少人宣稱,說黃金比例具體展現在巴特農(Parthenon)神殿的建築設計中,這座神殿興建、裝飾於西元前四四七至四三二年間,培里克里斯(Pericles, 490-429 B.C.)統治期間。我們有沒有辦法求證這一點?

處女之地——巴特農神殿

Parthenon 在希臘文裡意指「處女之地」,巴特農興建於雅典的衛城(Acropolis),以獻給所膜拜的巴特農神殿之神雅典娜(Athena Parthenos,即處女神雅典娜)。建築設計師是伊克提努斯(Ictinus)及卡利克雷提斯(Callicrates),雕塑的監工工作則由費底亞斯和他的助理及學生負責。雕塑群裝飾在東西兩端的三角牆屋頂下方。還有一組雕像群描繪了雅典娜的誕生,另一群則展現了雅典娜和海神波塞頓(Poseidon)之間的競技。

雖然巴特農神殿的簡單結構多少會欺騙人的視覺,可是它所表現出來的明澈和均一性建築理念,依舊是這方面的最佳建築之一。

一六八七年九月二十六日威尼斯軍隊攻打鄂圖曼土耳其，他們的炮火直接命中巴特農神殿，造成嚴重損害，不過其基本建築仍然倖存無恙。在土耳其的統治結束之後（於一八三○年），有許多人嘗試找出使得巴特農神殿的設計如此臻於完美所依據的數學及幾何學。大多數關於黃金比例的書都提及，巴特農神殿的三角牆的尺寸精確地符合黃金比例。這些陳述通常伴有一張類似圖4-5的圖。它們認為黃金比例也出現於其他的巴特農神殿尺寸中。例如，在這本由柴興（Adolph Zeising）所寫、討論黃金比例最全面的書，《黃金分割》（*Der Goldne Schnitt*，一八八四年出版）中，柴興聲稱建築正面的高度（屋頂三角面的頂端至基座底的高度）與支柱高度之比，恰是黃金比例。這個陳述在許多書中都被重複引用，如吉卡（Matila Ghyka）頗具影響力的著作《黃金數字》（*Le Nombre d'or*，出版於一九三一年）。其他作家，如波里薩弗利維區（Miloutine Borissavlievitch）在《黃金數字和建築上的科學美感》（*The Golden Number and the Scientific Aesthetics of Architecture*）中，雖然否定了巴特農神殿的設計有用到黃金比例，卻倡議巴特農的和諧與美麗大都來自相同柱子重複出現所引起的規律節奏感（一種稱為「同一律」

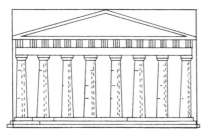

圖4-5

〔law of the Same〕的觀念）。

　　一九九二年，緬因州立大學的數學家馬考斯基在《大學數學期刊》（*The College Mathematics Journal*）上發表了一篇標題為〈關於黃金比例的錯誤觀念〉的文章，他嚴肅地質問道，黃金比例是否真的出現於巴特農神殿中。馬考斯基首先指出，部分的巴特農神殿確實不符合黃金矩形，但是所有熱衷於黃金比例的人卻對此一概忽略。更重要的是，不同作者所給的尺寸都不一樣，可能是測量時所用的參考點不同所致。這是另一個例子，可以被那些聲稱只用量度出來的尺寸即可證明黃金比例的人，大玩數字遊戲的機會。借用特拉騰柏格（Marvin Trachtenberg）和海門（Isabelle Hyman）在《建築：從史前到後現代主義／西方傳統》（*Architecture: From Prehistory to Post Modernism / The Western Tradition*）中提供的數字，我無法相信，巴特農神殿會和黃金數字有任何關係。他們給的高是四十五英尺一英寸，寬為一〇一英尺三‧七五英寸，得出的寬高比為 2.25，和黃金比例 1.618... 相距甚大。馬考斯基指出，即使我們可以取基座上的頂點來測量高度（羅西特〔Stuart Rossiter〕在一九七七年出版的《希臘》〔*Greece*〕一書中，給的尺寸是五十九英尺），我們得到的寬高比為 1.72，是比較接近一些，不過還是和 1.618... 差上一大截。其他研究者對於黃金比例在巴特農神殿中的角色，也抱持著懷疑的態度。芙蓉（Christine Flon）在《全球建築圖鑑》（*The World Atlas of Architecture*，一九八四年出版）中提到，「雖然某些建築師會希望他們的作品是依據一個嚴格的比例系統來設計，這並非不可能……但若因此而將它放諸四海就大錯特錯了。」

　　因此，巴特農神殿的設計是否用到黃金比例？我們很難給出一個肯定的答案。雖然大多數關於黃金比例（或者中末比）的數學定

理似乎都在巴特農神殿之後才公式化，但在此之前，畢氏學派的門徒就已經知道了許多關於這方面的知識。因此，巴特農神殿的建築師可能基於當時流行的美學正統觀念來設計。可是，這比許多書籍想要說服我們相信的事情更不確定，而且巴特農神殿的實際尺寸也沒有特別支持這樣的說法。

中末比定義黃金比例

西元前三三六年，二十歲的亞歷山大順利登基，繼任馬其頓國王。經過一連串輝煌的勝利戰役之後，征服了大部分的小亞細亞、敘利亞、埃及和巴比倫等地，成為波斯帝國的統治者。亞歷山大大帝三十三歲即英年早逝，在他死前幾年，他打造了後來以他為名的人類最偉大遺跡，也就是尼羅河口附近的亞歷山卓城。

亞歷山卓城地處當時三個偉大文化的交會點：埃及、希臘及猶太文化，造就它成為卓越非凡的學術中心達數世紀之久，也成為「賽普突晉特」（Septuaginit，意思是「七十人的翻譯」）這類傑出成就的誕生地——傳統上，人們把聖經舊約翻譯成希臘文的工作，歸功給七十二位翻譯者。這工作開始於西元前第三世紀，並分好幾個階段進行，共計持續了大約一世紀之久。

亞歷山大過世之後，托勒密一世於西元前三○六年取得了埃及和非洲領土的統治權，他的新王上任第一把火是在亞歷山卓城建立了相當於大學的機構（當時稱為「博物館」）。這個機構包含有一個圖書館；經過多年辛苦努力的蒐集，有一段時期這座圖書館號稱有七十萬冊藏書（有一些是從倒楣的觀光客那兒強取沒收來的）。歐幾里德是這個亞歷山卓大學的第一批教師之一。他是數學史上最廣為人知的書，《幾何原本》的作者。儘管歐幾里德是暢銷書作家

（一直到二十世紀，其銷售量僅次於聖經），但是他的一生都為一層朦朧的面紗所籠罩，人們連他的出生地都不知道。從《幾何原本》的內容來看，歐幾里德很可能在雅典跟隨柏拉圖的學生學習數學。的確，普羅克洛斯如此描述歐幾里德：「這人生活在托勒密一世的時代⋯⋯他當時比柏拉圖的學生們還要年輕，可是要比埃拉托斯特尼（Eratosthenes, 270-190B.C.）及阿基米德（Archimedes, 287-212 B.C.）年長。」

《幾何原本》是十三卷關於幾何及數論的鉅作，涵蓋範圍之大，使得我們有時很容易就忘記歐幾里德其實還寫了其他十餘本書，探討的主題從音樂到力學到光學都有。可惜，只剩四冊專題著作倖存至今：包括《數字的分割》（*Division of Figures*）、《光學》（*Optics*）、《現象》（*Phaenomena*）及《數據》（*Data*）。其中《光學》包含了對透視的最早期研究。

大概很少人會不同意，《幾何原本》是有史以來最偉大及最有影響力的教科書。有個故事說，當林肯總統為了要瞭解「證明」（proof）一字在法律專業中的真正意義時，他開始在他的肯塔基小木屋中研讀《幾何原本》。著名的英國邏輯學家及數學家羅素（Bertrand Russel, 1872-1970）在《自傳》（*Autobiography*）一書中描述了他第一次和歐幾里德的《幾何原本》邂逅的經驗（當時才十一歲），為「我一生中最重要的事，就和初戀一樣令我暈眩」。

從《幾何原本》書頁中躍出的作者形象，是一位誠實正直、尊敬傳統，而且非常謙虛的人。歐幾里德從來不會把不是自己原創的成果歸功給自己。事實上，他從來沒有宣稱過自己有寫出任何原創作品，儘管他在《幾何原本》中貢獻出了許多新的證明，同時也把其他人的成果全部重新安排、整理到整套書中，還負責整部書的設

計。歐幾里德的正直誠實與自謙因而博得了巴普斯（Pappus of Alexandria）對他的敬仰；大約在三二〇年左右，他寫出了一套八卷的《集藏》（*Synagoge*），這套書記錄了希臘數學的許多面向，今日來看都是些無價之寶。

在《幾何原本》中，歐幾里德試圖囊括他那個時代的大部分數學知識：卷一到卷六討論了我們今日在學校學習的平面幾何，這部分已經成為歐幾里德的同義詞，並以他的名字命名為「歐氏幾何」；其中卷一、二、四、五討論直線和平面圖形，卷三則提出了和圓有關的定理，卷五則大量描述由歐多克索斯首創的關於比例的作品。卷七到卷十則討論數論及算術的基礎。尤其在卷十中詳述無理數，其內容大致來自泰提特斯的成果。卷十一提出了立體幾何的基礎；卷十二（大部分都在描述歐多克索斯的成果）寫出了關於圓的面積的定理；卷十三（大都關於泰提特斯的成果）論證五個柏拉圖立體的構成。

在還算古老的時代時，亞歷山卓城的希羅（Hero，第一世紀）、巴普斯（第四世紀）、普羅克洛斯（第五世紀）和在雅典的辛普力修斯（Simplicius，第六世紀），都針對《幾何原本》做了評論。在第四世紀時，提翁（Theon）寫了新版的《幾何原本》修訂本，一直到十九世紀都是日後所有翻譯本的依據。在中古時代，《幾何原本》三度翻譯成阿拉伯文。第一次為阿一哈加·尤薩夫·馬塔（al-Hajjāj ibn Yūsuf Maṭar），他奉哈里發（回教教主兼國王）哈倫·阿一拉昔得（Caliph Hārūn ar-Rashîd，統治期為 786-809）之命，接下翻譯的工作。這位哈里發也出現在《天方夜譚》的故事中，為人們所熟悉。西歐世界第一次知道《幾何原本》則是透過從阿拉伯文而來的拉丁文譯本。根據某些故事的說法，一位英國巴斯

（Bath）地區的僧侶愛德拉得（Adelard, 1070-1145）偽裝成穆斯林學生到西班牙旅行，得到了一部阿拉伯文版本的《幾何原本》，而在一一二〇年左右年完成了拉丁版本的翻譯工作。

雖然歐幾里德本人可能不是有史以來最偉大的數學家，但他確實是最偉大的數學教師。他寫的教科書後人幾乎原封不動地用了至少兩千年，直到十九世紀中葉。即使連柯南・道爾（Arthur Conan Doyle）都在〈血字的研究〉中讓福爾摩斯宣稱，他用演繹法推理得出的結論「就和歐幾里德的許多陳述一樣絕對可靠」。

在《幾何原本》中黃金比例出現了幾次。首先，黃金比例的定義（和面積有關）迂迴地出現於卷二。第二次，較清晰的定義則和比例有關，出現於卷六。然後，是使用黃金比例，尤其應用於五邊形（卷四）和二十面體及十二面體（在卷十三中）的作圖上。

圖 4-6

讓我們用非常簡單的幾何來審視歐幾里德的定義，以及解釋為什麼黃金比例在五邊形的作圖中這麼的重要。在圖 4-6 中，直線 AB 在 C 點被一分為二。歐幾里德對中末比的定義（卷六）如下：長段／短段等於全長／長段。換句話說，在圖 4-6 中我們得出下面的式子：

$$AC/CB = AB/AC$$

這個式子和五邊形有什麼關係？在任何正規的平面圖形中（有相等的邊長及內角，稱為正多邊形），所有內角之和等於 $180° \times$

（$n-2$），n 是邊的數目。例如，在一個三角形中，$n=3$，因此內角之和為 180°。在五邊形中，內角之和為 540°，因此五邊形的每一內角為 540°/5 = 108°。現在讓我們想像，在一個正五邊形中畫出兩條相鄰的對角線，如圖 4-7a 所示；這兩條對角線構成了三個等腰三角形（每個三角形都有兩個相等的邊）。因為在等腰三角形裡，底邊的兩個角相等，簡單的代數計算就能算出中央三角形的三個角分別為 36°、72°、72°（如圖 4-7a 所示）。如果我們把這兩個

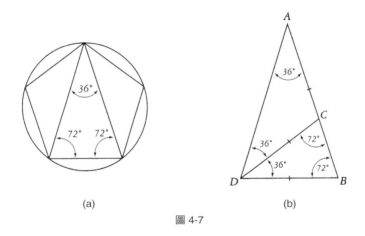

(a)   (b)

圖 4-7

72°角中的一個一分為二（如圖 4-7b 所示），那麼其中較小的三角形 DBC，它的三個角也會是 36°、72°、72°，和較大的三角形 ADB 一樣。透過非常基本的幾何理論，按照歐幾里德的定義（見上文），C 點精準地把直線 AB 按黃金比例給分割了。再者，AD 對 DB 之比也等於黃金比例。換句話說，在一個正五邊形中，對角線和邊長之比等於 ϕ。這就論證了，如果我們能造出一條以黃金比例分割的直線，同時間也就有了一個簡單的方法可以作出一個正五

邊形。這就是希臘人對黃金比例感興趣的主要原因。在圖 4-7a 中的中央三角形的斜邊和底之比是 φ；這樣的三角形稱為黃金三角形。至於兩側的兩個三角形，其（短）邊和（長）底之比等於 1/φ，稱為黃金磬折形（Golden Gnomon）——它們可以被切割成更小的黃金三角形及黃金磬折形。

黃金比例和五邊形、五重對稱性及柏拉圖立體間的關係，本來就很有趣，足以燃起古希臘人的好奇心。畢氏學派對五邊形及五角星形的狂熱，加上柏拉圖對正規立體的興趣，以及他深信後者代表了基本的宇宙本體，鼓舞了許多世代的數學家們努力寫出不計其數關於 φ 的定理。可是如果不是它具有一些真正獨一無二的代數屬性，黃金比例不會臻於如此幾乎被人崇拜的地位。要瞭解這些屬性，我們首先必須找出 φ 的精確值。

讓我們再次審視圖 4-6，並把其中較短的線段 CB 的長度定為 1 個單位，較長的線段 AC 的長度為 x 單位。如果 x 和 1 之比等於 x + 1（直線 AB 的長）和 x 之比，那麼這條線就被中末比所分割。我們很容易可以解出 x，即黃金比例之值。根據中末比的定義，我們得出這個式子：

$$\frac{x}{1} = \frac{x+1}{x}$$

把兩端各乘以 x，我們得到 $x^2 = x + 1$，或者這個簡單的二次代數方程式：

$$x^2 - x - 1 = 0$$

如果你不記得如何去解二次代數方程式，在附錄四中有一個簡短的提醒敘述。這兩個黃金比例方程式的解是：

$$x_1 = \frac{1 + \sqrt{5}}{2}$$

$$x_2 = \frac{1 - \sqrt{5}}{2}$$

這個正解（$1 + \sqrt{5}$）$/2 = 1.6180339887...$ 給的是黃金比例之值。我們現在明顯地看出，ϕ 的確是無理數，因為它是 1 和 5 的平方根之和的一半。即使在我們繼續討論之前，你可以手持一部科學用計算機得到這個數字有趣的屬性。輸入 $1.6180339887...$，然後再按這個平方鍵 x^2。你看到些驚奇的事了嗎？現在，再把這個數字輸入一次，這一次按 $1/x$ 鍵。真令人好奇，不是嗎？若把 $1.6180339887...$ 平方，你會因此得到一個數字 $2.6180339887...$，可是它的倒數卻是 $0.6180339887...$，所有在小數點後面的數字都相同！黃金比例有這個獨一無二的特性，我們把它加 1 得到它的平方，把它減 1 則得到它的倒數。而此方程式的負解，$x^2 = $（$1 - \sqrt{5}$）$/2$，絲毫不差的等於 $1/\phi$ 的負值。

布魯克曼（Paul S. Bruckman）在一九七七年於《費波納奇季刊》發表了一首打油詩〈一成不變的中項〉（黃金比例有時也稱為黃金中項）：

黃金中項真無理，

它不是你那普普通通的無理數。

如果你把它倒過來（這真有趣！），

你會得到它本身，減一。

可是如果把它加一，

就得到了它的平方，請相信我。

我們現在已經有了一個黃金比例的代數式，有了它，基本上，就能讓我們做很精密的計算。這正是伯格（M. Berg）在一九六六年所做的事，當時他利用 IBM1401 主機型電腦計算 ϕ，算到第四五九九位小數（他的結果發表於《費波納奇季刊》上）。今日，同樣的計算幾乎可以在任何個人電腦上以兩秒不到的時間算出。下面這個二千位小數的 ϕ 值，是獻給那些如假包換的數字熱愛者：

小數位置

1.61803	39887	49894	84820	45868	34365	63811	77203	09179	80576	50
28621	35448	62270	52604	62818	90244	97072	07204	18939	11374	100
84754	08807	53868	91752	12663	38622	23536	93179	31800	60766	
72635	44333	89086	59593	95829	05638	32266	13199	28290	26788	200
06752	08766	89250	17116	96207	03222	10432	16269	54862	62963	
13614	43814	97587	01220	34080	58879	54454	74924	61856	95364	300
86444	92410	44320	77134	49470	49565	84678	85098	74339	44221	
25448	77066	47809	15884	60749	98871	24007	65217	05751	79788	400
34166	25624	94075	89069	70400	02812	10427	62177	11177	78053	
15317	14101	17046	66599	14669	79873	17613	56006	70874	80710	500
13179	52368	94275	21948	43530	56783	00228	78569	97829	77834	
78458	78228	91109	76250	03026	96156	17002	50464	33824	37764	
86102	83831	26833	03724	29267	52631	16533	92473	16711	12115	
88186	38513	31620	38400	52221	65791	28667	52946	54906	81131	
71599	34323	59734	94985	09040	94762	13222	98101	72610	70596	
11645	62990	98162	90555	20852	47903	52406	02017	27997	47175	
34277	75927	78625	61943	20827	50513	12181	56285	51222	48093	
94712	34145	17022	37358	05772	78616	00868	83829	52304	59264	
78780	17889	92199	02707	76903	89532	19681	98615	14378	03149	
97411	06926	08867	42962	26757	56052	31727	77520	35361	39362	1000
10767	38937	64556	06060	59216	58946	67595	51900	40055	59089	
50229	53094	23124	82355	21221	24154	44006	47034	05657	34797	
66397	23949	49946	58457	88730	39623	09037	50339	93856	21024	
23690	25138	68041	45779	95698	12244	57471	78034	17312	64532	
20416	39723	21340	44449	48730	23154	17676	89375	21030	68737	

88034 41700 93954 40962 79558 98678 72320 95124 26893 55730
97045 09595 68440 17555 19881 92180 20640 52905 51893 49475
92600 73485 22821 01088 19464 45442 22318 89131 92946 89622
00230 14437 70269 92300 78030 85261 18075 45192 88770 50210
96842 49362 71359 25187 60777 88466 58361 50238 91349 33331

22310 53392 32136 24319 26372 89106 70503 39928 22652 63556
20902 97986 42472 75977 25655 08615 48754 35748 26471 81414
51270 00602 38901 62077 73224 49943 53088 99909 50168 03281
12194 32048 19643 87675 86331 47985 71911 39781 53978 07476
15077 22117 50826 94586 39320 45652 09896 98555 67814 10696
83728 84058 74610 33781 05444 39094 36835 83581 38113 11689
93855 57697 54841 49144 53415 09129 54070 05019 47754 86163
07542 26417 29394 68036 73198 05861 83391 83285 99130 39607
20144 55950 44977 92120 76124 78564 59161 60837 05949 87860
06970 18940 98864 00764 43617 09334 17270 91914 33650 13715 2000

讀者可能會想，這些都很有魅力，可是我所描述的那些屬性實在還不夠格用「黃金」或「神賜」等這類形容詞，你們說得都對。可是，我說的只是一個還沒有看到的奇蹟的一瞥而已。

處處皆驚喜

當我們身處一個原以為全是陌生人的派對中，突然認出一張熟悉的老面孔時的那種意外驚喜，相信是每一個人都有的熟悉經驗。整個「驚奇派對」的觀念就是建立在我們當中許多人在面對這類出奇不意的出現時，所感覺到的那種愉悅和滿足感。數學，尤其是黃金比例，就是這種滿載著驚喜的寶藏。

假設我們正設法定出下面這個一個套一個、沒有止盡的不尋常平方根式子：

$$\sqrt{1 + \sqrt{1 + \sqrt{1 + \sqrt{1 + \ldots}}}}$$

我們怎樣才能找到答案？當然，如果不嫌麻煩，可以從計算

$\sqrt{1 + \sqrt{1}}$ 開始（其值為$\sqrt{2}$ =1.414...）；然後再去算 $\sqrt{1 + \sqrt{1 + \sqrt{1}}}$ ，如是而下，希望接下來的數值會很迅速地收斂到某個值。可是還有一個更短、更優美的計算方式。假設我們把我們要求的值以 x 代表。我們因此得出下面這個式子：

$$x = \sqrt{1 + \sqrt{1 + \sqrt{1 + \sqrt{1 + \ldots}}}}$$

現在讓我們把兩邊都平方。x 的平方是 x^2，右邊的平方僅是把最外面的一個根號去掉。我們因此得到：

$$x^2 = 1 + \sqrt{1 + \sqrt{1 + \sqrt{1 + \ldots}}}$$

可是，注意等式右邊的根號部分為一無窮值，其實就等於原來的 x。因此我們得到這個二次式：$x^2 = 1 + x$。可是，這正是定義黃金比例的方程式！因此，我們發現這個無窮盡的式子其實就等於 ϕ。

讓我們再看另一個非常不同的無窮式子，這次牽涉到分數：

$$1 + \cfrac{1}{1 + \cfrac{1}{1 + \cfrac{1}{1 + \cfrac{1}{1 + \ldots}}}}$$

這稱為連分數（ continued fraction），經常在數論中用到。我們如何計算上面的連分數之值？基於我們以前的經驗，我們至少可以用 x 來代表它，因此：

$$x = 1 + \cfrac{1}{1 + \cfrac{1}{1 + \cfrac{1}{1 + \cfrac{1}{1 + \dots}}}}$$

注意，因為這個連分數無窮盡，因此等式右邊第二項的分母，事實上就等於 x。我們因此有了這個方程式：

$$x = 1 + \frac{1}{x}$$

把兩邊各乘以 x，我們得到 $x^2 = x + 1$，又是定義黃金比例的方程式！我們因此發現這個驚人的連分數也等於 ϕ。布魯克曼在〈一成不變的中項〉中也提到這個屬性：

以連分數來表達，

它是一，一，一，……，直到分心；

總而言之，是這一類中最簡單的

（這會不會使你心醉神迷？）

讓我們把注意力轉移至圖 4-8 的黃金矩形。這矩形的長寬比恰為黃金比例。假設我們從這矩形中切出一個正方形（如圖 4-8 所畫），那麼所留下的較小矩形也是黃金矩形。這個子矩形的尺寸正好是母矩形的 $1/\phi$ 倍。我們若繼續無止盡地重複這個步驟，我們會得出愈來愈小的黃金矩形（每一次都會縮減為之前的 $1/\phi$）。如果我們以一個倍數不斷增加的放大鏡來審視這些愈來愈小的矩形，它們看起來都會是一個樣。黃金矩形是唯一具有這種特性的矩形，

即每切出一個正方形，就會產生另一個相似矩形。把任何一對母子矩形畫上兩條對角線，如圖 4-8 所示，它們永遠都會在同一點相交。這個母子系列繼續在愈來愈小的矩形中延續下去，而收斂到一

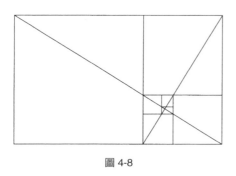

圖 4-8

個永遠到不了的點去。由於這種得自黃金比例的「神賜」特性，因此數學家皮考佛（A. Pickover）建議，我們應該把這一點稱為「上帝的眼睛」。

如果你還不認為這些帶到 ϕ 的方程式有什麼好驚訝的，去拿一個簡單的袖珍型計算機來，我會秀一個驚奇的「魔術把戲」給你瞧瞧。現在，任意取兩個數字，多少位數都可以，然後把這兩個數字寫出來，一個接著一個。接著，把這兩個數字加起來得到第三個數字；把第二個數字和第三個數字加起來得到第四個數字；再把第三個數字和第四個數字加起來得到第五個數字，直到你有了一系列的二十個數字。假設最前面兩個數字為 2 和 5，那麼你會得到這樣一個數字序列：2、5、7、12、19、31、50、81、131……現在用計算機將第二十個數字除以第十九個。這結果是否很熟悉？我在第五章時，會再回到這個魔術把戲與其解釋來。

走向黑暗時代

歐幾里德在《幾何原本》中對於黃金比例所下的定義，主要著重在黃金比例的幾何解釋，以及用它來作圖五邊形和某些柏拉圖立體。希臘數學家追隨歐幾里德的腳步，在接下來的幾個世紀裡新得

出了好幾個牽涉到黃金比例的數學成果。例如，在《幾何原本》的
「補遺」（通常稱為卷十四）中，包含了內接於同一個球體的十二面
體及二十面體的重要定理。補遺的文本係為西元前第二世紀的希普
西克里斯（Hypsicles of Alexandria）所寫，可是據信它包含了一些
佩爾加的阿波羅尼奧斯所發現的定理，他是希臘數學「黃金時代」
的三位關鍵人物之一（其他兩位分別是歐幾里德和阿基米德）。在
此之後，關於黃金比例的發展逐漸蔓延到其他地方去，主要人物為
希羅（第一世紀）、托勒密（第二世紀），以及巴普斯（第四世
紀）。在《度規》（Metrica）一書中，希羅分別為五邊形及十邊形
的面積，以及十二面體和二十面體的體積給了一個近似值（通常並
未提供線索，他是怎樣得到它們的）。

托勒密生活於西元一○○至一七九年間，可是我們除了知道他
在亞歷山卓城做出他大部分的研究成果之外，對於他的生平幾乎一
無所知。他根據自己和前人的天文觀測，建立了馳名的宇宙幾何模
型，按照這模型，太陽及所有行星都繞著地球運行。雖然這個觀念
基本上是錯的，但他的模型總算也能（至少最初能）解釋觀測到的
行星運動，大約有十三世紀之久，它一直統轄了天文學的思想。

托勒密把他自己和其他希臘天文學家的天文成果（特別是尼西
亞的希巴庫斯〔Hipparchus of Nicaea, 190-120 B.C.〕）綜合成一部百
科全書級的十三卷鉅作，《數學集成》（Hē Mathēmatikē Syntaxis）。
這本書後來被稱為《偉大的天文學家》（The Great Astronomer）。可
是，第九世紀的阿拉伯天文學家經常只用希臘文的「至高」
（Megistē，意為最偉大的）來稱呼本書，但在它的前面加上了一個
在阿拉伯文裡表示是專有名詞的字首 al。因此，這本書直到今日仍
被稱為《至高》（Almagest）。托勒密也在地理學方面做出了重要成

果，寫了這本深具影響力的書《地理指南》(*Guide to Geography*)。

在《至高》及《地理指南》中，托勒密建立了最早一個相當於三角函數表的表格之一。特別的是，他計算出了不同角度圓弧上面，連接兩點的弦的長度，這些角度包括：36˚、72˚及108˚。如果你還記得，這些都在五邊形中出現過，因此它們和黃金比例有密切關係。

巴普斯是最後一位對黃金比例定理做出貢獻的偉大古希臘幾何學家。在《集藏》一書中，巴普斯提供了一個新的作圖方法得出十二面體及二十面體，還有柏拉圖立體體積的比較，所有這些都牽涉到黃金比例。巴普斯對歐幾里德無理數理論的評論，漂亮地追蹤出了無理數的發展歷史，這份評論至今尚存於古阿拉伯文的譯文中。可是，巴普斯獨木難撐正在衰微中的數學，特別是幾何學，在他逝世之後，由於西方對於智識方面的追求與好奇普遍枯萎，人們對黃金數字的興趣也隨之進入了一段漫長的蟄伏期。偉大的亞歷山卓圖書館在飽受了一連串的攻擊之後——最先是羅馬人，然後是基督徒及回教徒——幾被摧毀殆盡。當拜占庭帝國的查士丁尼大帝（Justiaian, 483-565）下令關閉希臘的所有學校時，柏拉圖學院也難以倖免，而於五二九年關門大吉。緊接而來的時代是令人沮喪的黑暗時代，法國歷史學家格列高利（Gregory of Tours, 538-594）主教悲嘆道，「文字的學習在我們當中已完全消亡殆盡」。事實是，整個科學工作已完全轉移到印度及阿拉伯去了。這個時期最重要的事件，就是印度—阿拉伯數字的引進。第六世紀最重要的印度數學家阿瑞巴哈塔（Āryabhatta, 476-550）在他最為人知的著作《阿瑞巴哈塔鐵亞》(*Āryabhaṭiya*)一書中，我們找到了這句話「從一處到另一處，每一個都是前面的十倍」，指出了一個位值系統的應用。在

一個五九五年的盤子上，已經出現了用十進位位值符號寫下的印度數字日期，暗示這類的數字已經使用了一段時間。在西方，第一個關於印度數字流傳至西方的線索，在聶斯脫利派主教西博克特（Severus Sebokht）的寫作中發現，他在六六二年寫道：「我要略去所有對印度科學的討論……以及他們可貴的、難以言盡的計算方法。我只想要說，這個計算以九個符號算出。」

伊斯蘭教興起後，回教世界變成了數學研究的重鎮。如果沒有回教世界於第八世紀風起雲湧的智識潮，大多數的古代數學都將失傳。尤其，哈里發阿爾—馬蒙（Caliph al-Mamun, 786-833）在巴格達建立了「智慧之屋」（Beit al-hikma），運作方式和著名的亞歷山卓大學或「博物館」一樣。的確，這個阿巴西特帝國（Abbasid empire）把任何倖存的亞歷山卓知識都納入。按照傳統說法，他在一個夢裡夢到亞里士多德，之後這位哈里發立志要把所有的古希臘成果都翻譯過來。

許多重要的回教世界貢獻都集中在代數上，只沾到黃金比例的邊。即使如此，至少要提及三位數學家的貢獻：第九世紀的阿爾—卡瓦雷茲米（Al-Khwārizmī，生活於八二五年左右）和阿布·卡米爾·蘇札（Abu Kamil Shuja），以及第十世紀的阿布爾—瓦發（Abu'l-Wafa, 940-998）。

阿爾—卡瓦雷茲米寫出了一本當時公認為最具影響力的代數作品《還原及對消的科學》（Kitāb al-jabr wa al-muqābalah）。今日，我們用的英文字代數 algebra 便來自書名中的 al-jabr，因為這是歐洲在這類主題上所用的第一本教科書。再者，「算法」（algorithm）一字——用來稱呼解決某數學問題的特別方法，即一組解題的逐步過程——則來自阿爾—卡瓦雷茲米本人名字的訛傳音譯。有好幾百年

之久，《還原及對消的科學》變成了方程式理論的同義字。阿爾-卡瓦雷茲米所要解的一個問題的方程式，和定義黃金比例的方程式很類似。阿爾—卡瓦雷茲米說：「我把 10 分成兩部分；其中一個乘以 10，另一個自乘，結果得到的乘積都一樣。」阿爾—卡瓦雷茲米把這個未知的東西稱為 shai（意指「這個東西」）。因此，從上述問題得到的這個方程式的第一行描述可以解釋為：「你以 10 去乘這個東西；它就是十個這個東西。」得到的方程式：$10x = (10\text{-}x)^2$，就是一條長度為 10 的直線按黃金比例分割所得到的短線段的方程式。關於當阿爾—卡瓦雷茲米提出這個問題時，腦中是否想到黃金比例，仍有些爭論。在阿爾—卡瓦雷茲米的影響下，這個未知的東西在拉丁文中稱為 res，在義大利文中則稱為 cosa（即這個東西）。因此，代數本身就稱為 l'arte della cosa（意指「這個東西的術」）。偶爾，代數也被稱為 ars magna（即「偉大的術」）以和當時認為較次等的算術有所區隔。

第二位對黃金比例有相關貢獻的阿拉伯數學家是阿布·卡米爾·蘇札，也稱為 al-Hasib al-Misri，意思是「從埃及來的計算家」。我們對他的生平知道的很少。他可能在八五〇年左右，出生於埃及，大概卒於九三〇年。他寫了許多書，其中《代數之書》（*Book on Algebra*）、《算術中稀有之物之書》（*Book of Rare Things in the Art of Caculation*），以及《測量與幾何之書》（*Book on Surveying and Geometry*）倖存至今。阿布·卡米爾很可能是第一位不以只找出問題的一個解為滿足的數學家，他有興趣的是找出所有可能的解。他在《算術中稀有之物之書》中，甚至描述了一個他發現有二千六百七十八個解的問題。從黃金比例的歷史觀點來看，阿布·卡米爾的書也是這位義大利數學家，比薩的李奧納多（Leonardo of

Pisa），即費波納奇的某些著書的基礎；我們很快就要與他相會。阿布‧卡米爾的大作《論五邊形及十邊形》（*On the Pentagon and the Decagon*）中有二十個問題與其相關解，計算出圖形的面積、邊長和外接圓的半徑。幾個出現於《代數之書》中的代數問題，很可能是受黃金比例觀念的啟發。

　　我要提的最後一位伊斯蘭數學家是阿布爾—瓦發。阿布爾—瓦發出生於今日伊朗的布茲簡（Buzjen），時當布伊特伊斯蘭（Buyid Islamic）王朝的統治之下。這個王朝的最盛期在阿都德‧阿德—達瓦（Adud ad-Dawlah）的治內，他慷慨贊助科學及藝術的發展。阿布爾—瓦發是九五九年受邀到達瓦皇宮內的幾位數學家之一。他的第一本主要著作是《書記及商人所需的數學科學》（*Book on What Is Needed from the Science of Arithmetic for Scribes and Businessmen*），按阿布爾—瓦發自己的說法，它「含有老鳥或菜鳥，下屬或上司必須知道的一切算術」。有趣的是，雖然阿布爾—瓦發本人是應用印度數字的老手，但他的書中完全看不到數字符號——所有數字都以文字表達，所有的計算都是心算。這可能反映出在第十世紀時，印度數字還沒有應用到商業圈中。阿布爾—瓦發對黃金比例的興趣出現在他的另一本書中：《工匠必須知道的幾何作圖》（*A Book on the Geometric Constructions Which Are Needed for an Artisan*）。在這本書中，阿布爾—瓦發提出了一個極聰明的方法，可以畫出五邊形及十邊形，以及如何把正多邊形畫在圓及其他多邊形之內。他的作品中還有一個與眾不同的特色為，他利用直尺及圓規來解某個系列的問題，可是這個圓規的兩支腳之間的角度固定不變（稱為「生鏽圓規」〔rusty compass〕作圖法）。這個特別的類型可能是受到巴普斯《集藏》一書的啟發，但是也可能代表阿布爾—瓦發對實用問題的

反應——用一個固定角度的圓規得出的結果，要比把圓規的角度變來變去更為精確。

在黃金比例史上，上述以及其他伊斯蘭數學家固然做出了重要貢獻，但只能算是漸進性的進展。這種情形在科學領域裡可說是屢見不鮮，因為往往必須要有這類緩慢進展的準備期之後，才能誕生出下一個重大的科學突破。偉大的劇作家蕭伯納（George Bernand Shaw, 1856-1950）曾用下面這段話來表達他對進步的觀點，他說：「理性的人讓自己適應這個世界，而非理性之人則執意試圖讓這個世界來適應自己。因此所有的進步都來自非理性者。」在黃金比例的例子裡，下一個量子級的大躍進則要等到中古時代最卓越的歐洲數學家，李奧納多（也就是費波納奇）的出現了。

譯注

❶ 塔利斯，被稱為古代（西方）七賢之一。他可以說是科學之祖，他創出第一個基於科學而非神學的宇宙論，認為水是所有物體的實質，地球是浮在廣大水上的圓碟。人們聲稱他發現了五條幾何定理（圓被它的直徑一分為二，等腰三角形的兩個底角相等，直線相交的兩個角相等，被半圓內切的三角形是直角三角形，以及三角形被底邊及它邊上的兩個內角所定）。阿波羅尼奧斯在圓錐曲線（包括圓、橢圓、拋物線及雙曲線）上的論著是古世界中最偉大的科學論著之一。

❷ 菲洛德穆，敘利亞人，希臘詩人及伊比鳩魯學派（享樂主義）哲學家，把享樂主義傳到羅馬去。創造出和古典美學的教條相異的藝術理倫。因他的宮殿詩文集中的愛情雋語而著名，這些諷刺文後來被羅馬詩人魏吉爾、奧維德（Ovid）及荷瑞斯（Horace）所引用。

❸ 泰提特斯，對希臘幾何的發展，具有重要影響的雅典數學家。他做出許多重要數學貢獻，後來被歐幾里德系統化並編入《幾何原本》中。他的數學工作大都在不可通約數方面，並發現把五個柏拉圖立體內接於一個圓球的方法。

❹ 恩培多克利斯，希臘哲學家、詩人、宗教教師和生理學家。亞里士多德認為他發明

了修辭學，義大利人認為他是生理學之祖。他認為所有一切物體都由四種元素所組成，可是認為物質不能被創造出來也不能被毀滅，只能按某比例互相轉換，這觀念和現代化學的觀念非常近似。

❺ 邁克生和莫雷於一八八七年做了一個光學的干涉現象，證明光的傳播不依靠介質。一九〇五年，愛因斯坦根據這項實驗發展出狹義相對論，徹底改變了人類對時空的觀念。

❻ 哈伯於一九二五至三〇年間利用加州洛杉磯郊外的威爾遜山天文台的一百英寸望遠鏡，發現宇宙在加速膨脹中，基本上徹底改變了人類的宇宙觀。他的觀測證明了愛因斯坦廣義相對論的預測和觀測到的宇宙的整體結構相符。一九九〇年代美國太空總署發射了一台太空望遠鏡，以哈伯為名。

❼ 這就是所謂的諾特定理。諾特（Amalie Emmy Noether, 1882-1935）非但是德國最卓越的女數學家，還有人認為她是二十世紀最偉大的抽象代數學家。她在一九一五年證明的諾特定理，是現代粒子物理的數學基石。後來不幸早逝。

❽ 黃鐵礦，金色的硫化鐵礦石，以前被探金者誤認為是黃金，因此稱為愚人金。中國的古名是「自然銅」，其實不含銅。二十世紀早期，無線電實驗者拿來作為二極體。

❾ 西哈諾，法國諷刺政治文學家、劇作家，及科幻小說家。他是許多傳說中的人物，最有名的非屬羅斯丹（Edmond Rostand）以他為名的劇本《大鼻子情聖》。

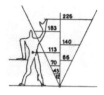

第五章

費波納奇數字
無所不在

這九個印度數字是：9 8 7 6 5 4 3 2 1。
用這九個數字，再加上這個 0 的符號⋯⋯
可以把任何數字寫出。

費波納奇（Leonardo Fibonacci, 約 1170-1240）

以上面這幾句話破題，比薩的李奧納多（拉丁文是：李奧納多·比薩奴斯〔Leonardus Pisanus〕），亦被稱為李奧納多·費波納奇（Leonardo Fibonacci）開始寫出他最著名的作品：出版於一二○二年的《算盤之書》（*Liber Abaci*）。本書出版的同時，只有少數幾位具有特權的歐洲知識份子因為喜愛鑽研阿爾—卡瓦雷茲米和阿布·卡米爾的作品（讀的是翻譯本），知道我們今日應用的印度—阿拉伯數字。有一陣子，費波納奇隨著擔任海關暨貿易官員的父親居住在布幾亞（Bugia，今日的阿爾及利亞），後來前往地中海國家旅行（包括希臘、埃及和敘利亞等地），因而有機會學習及比較不同的數字系統與算術演算方法。在下了這個結論，說包括了位值的印度—阿拉伯數字要比其他所有方法都來得優越之後，他把書中的前面七章完全用來解釋印度—阿拉伯符號以及它的實際應用。

費波納奇出生於一一七○年代，父親古格里爾摩（Guglielmo）是一位商人及政府官員。費波納奇這個暱稱源自拉丁文的 filius Bonacci，意為「波納奇家庭之子」或「好本質之子」；數學歷史學家李步雷（Guillaume Libri）最有可能在他一八三八年出版的《義大利的數學科學史》（*Histoire des Sciences Mathematique en Italie*）一書中最先使用這個綽號，雖然有一些研究學者認為十八世紀末的某些義大利數學家才是最早的採用者。在某些手稿及文件中，費波納奇自稱為或被人稱為李奧納多·畢格羅（Leonardo Bigollo）或是連納地·畢格羅·皮桑尼（Leonardi Bigolli Pisani），在托斯卡尼和威尼斯的方言中，「畢格羅」的意思是「無足輕重之人」。十二世紀的比薩是一個忙碌的港口，內陸及海外來的貨物都會經過這裡。當然比薩最廣為人知的就是著名的比薩斜塔，該塔在費波納奇的青少年時代開始興建。顯然，所有這些商業上的狂熱需要大量的貨倉以

及價格的紀錄。李奧納多一定有機會看到不少的文件，他把價格以羅馬數字列出，並且用算盤把它們全部相加起來。但是用羅馬數字來做算術稱不上有趣。例如，要得到 3,786 和 3,843 的和，你必須把 MMMDCCLXXXVI 和 MMMDCCCXLIII 相加起來 ❶。如果你認為這已經夠笨拙了，試一下把那些數字相乘。不管如何，如果這些中古時代的商人只限於做些簡單的加減，仍可以勉強應付。羅馬數字中所欠缺的一個基本元素就是位值系統——譬如，547 這個數字的真正意思是：$(5 \times 10^2) + (4 \times 10^1) + (7 \times 10^0)$。西歐人藉由使用算盤來克服他們數字系統中欠缺位值系統的缺陷。算盤一字 abacus 可能起源於 avaq，在希伯來文中意指塵土，因為這些最早的計算元件不過是撒上沙的板子，在這塊板子上面可以畫出數字來。到了費波納奇的時代，算盤有了在金屬線上滑動的算珠；那些不同的金屬線就扮演著位值的角色。一個典型的算盤附有四根金屬線，在最下面的算珠代表個位，在上面的一根代表十位，第三根代表百位，最上面者則代表千位。因此，雖然算盤提供了相當有效的方法，可以做簡易的運算（我在一九九〇年去莫斯科時，很訝異地發現住宿旅館中的食堂仍舊在用算盤），但一旦要做更複雜的計算時，很明顯的，它會遭遇到極大的不便。譬如，你很難想像用算盤去運算已故天文物理學家薩根（Carl Sagan, 1934-1996）的「億萬又億萬」（譯注：薩根宣稱，其實他從來沒有用過這句措辭，是《今夜》電視脫口秀的主持人強尼・卡森〔Johnny Carson〕發明出來的）。

　　居住北非布幾亞期間，費波納奇也許受教於一位阿拉伯教師，根據費波納奇自己的話，他在「上好的教導」之下，熟悉了運用「印度九個數字的訣竅」。在環地中海旅行一圈之後（他利用這趟

旅程拓展他的數學視野），他決定要把印度—阿拉伯數字引進至商
業用途中，做更廣泛的使用。在他的書中，費波納奇非常仔細地解
釋如何把羅馬數字系統轉換到這個新系統去，還有它的算術運算。
他提供了許多例子來說明如何把他的「新數學」應用在不同的問題
上──從商業上的應用到把蓄水池裝滿及放空，再到船隻的運動。

　　在許多例子中，費波納奇解決問題的方法不止一種，顯示了他
在眾多解題方法的選擇上，令人驚奇的靈活性。還有，他的代數經
常以文字來解釋他想要的解，而不是如今日我們常用的方法，直接
解出明確的方程式。這裡有一個很好的例子，摘錄自《算盤之書》
（譯文摘自約瑟夫和法蘭西斯・紀斯〔Joseph and Frances Gies〕那本
迷人的書：《比薩的李奧納多與中世紀時代的新數學》〔_Leonard of
Pisa and the New Mathematics of the Middle Ages_〕）：

　　　　生命已到盡頭的父親，把兒子們叫來說：「你們按我
　　定下的方法去分配我的錢。」他對長子說，「你拿一個必
　　展（bezant，拜占庭鑄出的最早金幣），然後再拿剩下來
　　的七分之一。」對次子說，「你拿二個必展，以及剩下來
　　的七分之一。」對三子說，「你拿三個必展，還有剩下來
　　的七分之一。」因此，他給每一位兒子的必展都比前面一
　　個哥哥多一個，然後把所有剩下來的錢留給么兒。戰戰兢
　　兢地按照父親的指示做完後，兒子們發現，他們分到的錢
　　都一樣多。那麼他有多少個兒子，多少財產？

我把這問題的解答放在附錄六中，提供給有興趣的讀者。
《算盤之書》讓費波納奇聲名遠播，他的名聲甚至傳到神聖羅

馬帝國皇帝佛雷德瑞克二世（Frederick II, 1194-1250）的耳朵。佛雷德瑞克二世對於數學及科學向來是不遺餘力、慷慨襄贊，因此博得「世界奇才」（Stupor Mundi）的封號。一二二〇年代初，佛雷德瑞克二世在比薩召見費波納奇。一位宮廷皇家數學家喬納斯（Master Johannes of Palermo）給了他一些認為是非常困難的數學問題去解。其中一個問題如下：「找出一個有理數（整數或分數），當它的平方加上或減去 5 後，其結果是一個有理數的平方。」費波納奇非常巧妙地解開了所有這些問題。後來他將其中兩個解寫成一本小書《花》（Flos），之後又把其中的一個解放在一本獻給佛雷德瑞克二世的書《平方之書》（Liber quadratorum）的前言中。今天，我們不得不佩服，在沒有電腦或任何計算器的協助下，費波納奇只靠著他精通數論的本事，就能找到上面問題的答案為 41/12。確實如此，$(41/12)^2 + 5 = (49/12)^2$，$(41/12)^2 - 5 = (31/12)^2$。

費波納奇在黃金比例史上的角色，確實很吸引人。從某方面來說，在他有意識應用黃金比例的問題中，他做出了相當重要，但還稱不上是輝煌的進展。但從另一方面來說，他只是把一個表面上似乎和黃金比例沒有什麼關係的問題公式化後，就大大擴展了黃金比例的範疇與應用。

費波納奇對於黃金比例文獻的直接貢獻，出現在一本探討幾何學的小書中，那便是一二二三年出版的《實用幾何》（Practica Geometriae）。他提出新的方法計算五邊形的對角線、面積，以及從內切及外接圓的半徑計算出五邊形和十邊形的邊長，還有如何計算十二面體及二十面體的體積，所有這些都和黃金比例有密切關係。從這些問題的解中，顯示費波納奇對歐氏幾何有著深刻的瞭解。雖然他的數學技巧某種程度依賴著前人的成就，尤其是阿布・

卡米爾的著作《論五邊形及十邊形》，但毫無疑問的，費波納奇把用在各種幾何應用的黃金比例屬性帶到更高的層次。可是，費波納奇的主要聲譽以及他在黃金比例上最振奮人的貢獻，主要還是來自《算盤之書》中一個看似天真的問題。

處處皆費波納奇序列

許多唸數學、科學及藝術的學生都聽過費波納奇的大名，這全拜下面這個出現於《算盤之書》第十二章中的問題。

> 某人放了一對兔子在一個四面被牆包圍的地方。假設每個月每一對兔子會生出一對兔子，而新生的兔子一個月後又能再生一對兔子，那麼一年當中，會生出多少兔子？

兔子後代的數目怎麼會引發這麼重要的數學結果？其實，這個問題的解相當簡單。我們先從一對兔子開始。一個月後，這第一對兔子生出另一對，因此有兩對。在圖 5-1 中，我把一對成兔用較大的兔子圖形來表示，嬰兔就用小兔圖形。第二個月後，長大了的小兔又生出另一對嬰兔；因此有了三對。第三個月以後，兩對成兔又各生出一對，加上已經長大的嬰兔，因此共有五對。第四個月以

圖 5-1

後，這三對成兔又各生出一對，加上長大了的兩對嬰兔，因此共有
八對兔子。現在，我們已經瞭解如何在一連串的月份中獲得成兔
對、嬰兔對，以及加總起來的兔子對的數目。假設我們只看某個月
成兔對的數目；那麼這個數目等於前一個月的成兔對的數目，加上
長大了的嬰兔對的數目。可是，前一個月生的嬰兔對的數目其實就
等於前前一個月的成兔對的數目。因此，自第三個月起的任何一個
月，成兔對的數目簡單地說，就是前兩個月中所有成兔對的總數。
所以，成兔對的數目依序為：1, 1, 2, 3, 5, 8, …。你可以很容易從圖
5-1 看出，嬰兔對的數目也順著同一個序列，只是相隔了一個月。
也就是說，嬰兔對的數目是：0, 1, 1, 2, 3, 5, 8, …。當然，兔對的總
數就是這二者之和，它得出和成兔同樣的序列，只是略去了第一
項，也就是 1, 2, 3, 5, 8, …。這個從第三項起，每一項等於前兩項之
和的序列（1, 1, 2, 3, 5, 8, 13, 21, 34, 55, 89, 144, 233, …），於第十九
世紀時被法國數學家路卡斯（Edouard Lucas, 1842-1891）取了一個
頗適合的名字：費波納奇序列（Fibonacci sequence）。一個可以用
數學式表達其相鄰項之間關係的序列，稱為遞迴序列（recursive
series）。費波納奇序列是歐洲人所知道的第一個遞迴序列。費波納
奇序列的一般屬性，即每一項等於前兩項之和，可以用下列數學式
表達（其符號於一六三四年被數學家紀拉德〔Albert Girard〕所
採用）：$F_{n+2} = F_{n+1} + F_n$。F_n 代表這序列中的第 n 個數字（例如，
F_5 就是第五項）；$F_n + 1$ 就是 F_n 下面的數項（如果 $n = 5$，$n + 1 =$
6），而 F_{n+2} 跟在 F_{n+1} 的後面。

　　費波納奇的名字之所以在今天這麼有名，是因為費波納奇序列
的應用遠遠超過兔子的範疇。接下來，我們會在許多令人難以置信
的各種看似無關的現象中，遇到費波納奇序列。

　　就從這裡開始：讓我們審視一個極盡想像之力也猜不到它和兔子的生育問題有何關係的現象——光線的光學。假設我們有兩片其組成玻璃種類稍異（指有不同的光折射屬性，或說「折射係數」不同）的玻璃片，而且面面相合排列（如圖 5-2a 所示）。當我們把光照向其中的一片，這光線在射出之前會被這四個反射面所反射（譯

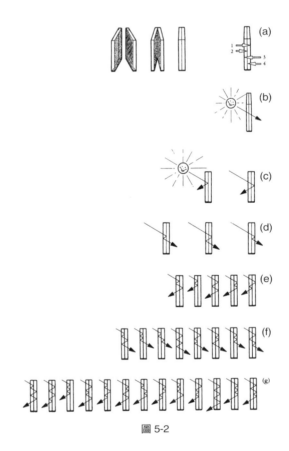

圖 5-2

按：每片玻璃片有兩個反射面）。說得更明確些，它們可以直接穿過不受到反射，或者在射出之前可以被內反射一次、兩次、三次等等，也有可能可以內反射無數多次；所有這些途徑都符合光學原理。現在，讓我們來算一下可以從這兩片玻璃系統中反射出來的光線數目。如果沒有內反射，那麼只有一道光線射出（見圖 5-2b）。當所有能做一次內反射的可能性都想到時，有二道光射出（見圖 5-2c），因為僅有二條路徑可以遵行。做二次內反射時，共有三道光射出（見圖 5-2d）；做四次內反射時，有八道光射出（見圖 5-2f）；有五次內反射時，有十三道光射出（見圖 5-2g）等等。這個射出的光的數目：1, 2, 3, 5, 8, 13, ...也形成一個費波納奇序列。

　　現在再讓我們思考下面這個截然不同的問題。一位小孩正打算爬樓梯。他能一步爬上去的最大梯級是二，也就是說，他能一次爬上一級，或兩級。如果樓梯總共有 n 級，他能爬上的不同方法，若以 C_n 表示，能有多少種？如果只有一級（$n = 1$），那麼顯然只有一種爬上去的方法，因此 $C_1 = 1$。如果有兩級，他可以一次爬上兩級，或者每次爬一級，因此有兩種不同方法，$C_2 = 2$。如果有三級，則有三種不同的爬法：1 + 1 + 1、1 + 2 或 2 + 1；因此 $C_3 = 3$。如果有四級，能爬上去的數目增為 $C_4 = 5$：1 + 1 + 1 + 1、1 + 2 + 1、1 + 1 + 2、2 + 1 + 1、2 + 2。如果有五級，則有八種方法：$C_5 = 8$：1 + 1 + 1 + 1 + 1、1 + 1 + 1 + 2、1 + 1 + 2 + 1、1 + 2 + 1 + 1、2 + 1 + 1 + 1、2 + 2 + 1、2 + 1 + 2、1 + 2 + 2。我們發現這些可能的爬梯方法的數目為：1, 2, 3, 5, 8, ...也形成一個費波納奇序列。

　　最後讓我們來檢視一隻雄蜂的家譜。工蜂的卵可以不受精而長成雄蜂。因此一隻雄蜂沒有「父親」只有「母親」。蜂后的卵卻能

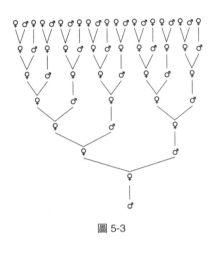

圖 5-3

從雄蜂處受精，發育成雌蜂（不是變成工蜂，就是蜂后）。因此，一隻雌蜂既有「母親」也有「父親」。所以，一隻雄蜂有一個「雙親」（即母親），二個祖輩雙親（牠的母親的兩個雙親），三個曾祖輩雙親（有二個為牠母親的雙親，一個為牠的祖父的「雙親」），

等等。這些在家譜中的數目 1, 1, 2, 3, 5, ...也形成一個費波納奇序列。這個家譜顯示如圖 5-3。

這些看來都很有趣——相同的數字序列可以應用在兔子、光學、爬樓梯，以及工蜂雄蜂的家譜，可是費波納奇序列怎樣和黃金比例扯上關係？

黃金費波納奇數

再審視一下費波納奇序列：1, 1, 2, 3, 5, 8, 13, 21, 34, 55, 89, 144, 233, 377, 610, 987, ...，可是這一次讓我們來看一下相鄰費波納奇數字之比（計算到第六位小數）：

$$1/1 = 1.000000$$

$$2/1 = 2.000000$$

$$3/2 = 1.500000$$

$$5/3 = 1.666666$$

$$8/5 \ = \ 1.600000$$

$$13/8 \ = \ 1.625000$$

$$21/13 \ = \ 1.615384$$

$$34/21 \ = \ 1.619047$$

$$55/34 \ = \ 1.617647$$

$$89/55 \ = \ 1.618181$$

$$144/89 \ = \ 1.617977$$

$$233/144 \ = \ 1.618055$$

$$377/233 \ = \ 1.618025$$

$$610/377 \ = \ 1.618037$$

$$987/610 \ = \ 1.618033$$

　　你認不認得出最後一個的比值？當我們繼續擴增費波納奇序列，這些相鄰的費波納奇數字之比將愈來愈趨近黃金比例。如果我們把第 n 個費波納奇數字以 F_n 來表示，而以 F_{n+1} 代表下一個，那麼我們發現當 n 趨向無窮大時，F_{n+1}/F_n 趨於 ϕ；這個屬性為著名的德國天文學家克卜勒於一六一一年發現（另外一位佚名的義大利人可能更早發現了它）。可是還要再等一百年，費波納奇數字和黃金比例之間的關係才終於被蘇格蘭數學家辛普遜（Robert Simpson）證明（不過，這個證明還不全）。克卜勒與費波納奇序列的不期而遇，顯然是他自己獨力發現的成果，而不是從閱讀《算盤之書》而來。

　　可是為什麼這個從養育兔子得到的序列，它的數項會趨近一個從分割直線定義出的比例？要瞭解兩者之間的關係，我們必須回到在第四章中所看到的驚人連分數，黃金比例可以寫成：

$$\phi = 1 + \cfrac{1}{1 + \cfrac{1}{1 + \cfrac{1}{1 + \cfrac{1}{1 + \dots}}}}$$

原則上，我們可以用一系列連續近似值來算出 ϕ 之值，我們將逐項中斷這個連分數，然後一步一步往下算去。我們會得到如下一系列值：

$$1 = 1.00000$$

$$1 + \cfrac{1}{1} = \cfrac{2}{1} = 2.00000$$

$$1 + \cfrac{1}{1 + 1} = \cfrac{3}{2} = 1.50000$$

$$1 + \cfrac{1}{1 + \cfrac{1}{1 + 1}} = \cfrac{5}{3} = 1.66666$$

$$1 + \cfrac{1}{1 + \cfrac{1}{1 + \cfrac{1}{1 + 1}}} = \cfrac{8}{5} = 1.60000$$

$$1 + \cfrac{1}{1 + \cfrac{1}{1 + \cfrac{1}{1 + \cfrac{1}{1 + 1}}}} = \cfrac{13}{8} = 1.62500$$

換句話說，從這些逐項近似值中，我們發現黃金比例恰好就是費波納奇數字比。難怪我們愈往更高項算去，它的比值愈趨近黃金比例。著名的自然學家湯普遜爵士（D'Arcy Wentworth Thompson, 1860-1948）在《論成長與形態》（On Growth and Form）一書中，對此性質做了絕佳的描述。他如此形容費波納奇數字：「所有關於連分數、線性遞迴關係的羅曼史……全都藏在其中，它們是一個永不竭盡的引人好奇之源。看它們掙扎著試圖達到那個不可及的目標，黃金比例，是多麼有趣啊！」這個朝黃金比例收斂的屬性，解釋了我在第四章中描述的「魔方陣」。如果你以這個屬性去定義一系列的數字，每一項（從第三項開始）等於前面兩項之和，那麼無論你從什麼數字開始，只要你走得夠遠，兩個相鄰數字之比總會接近黃金比例。

費波納奇序列，就如它殛欲企及的「宏願」──黃金比例，果真有一些會令人大吃一驚的數學屬性。涉及費波納奇數字的數學關係可說不勝枚舉。這裡是一小部分：

一、把矩形「變成正方形」

如果你把奇數個相鄰費波納奇數字的兩兩乘積相加，就如這三個乘積：$1 \times 1 + 1 \times 2 + 2 \times 3$，那麼它們之和（$1 + 2 + 6 = 9$）等於最後一項費波納奇數字的平方（在這個例子中 $3^2 = 9$）。再舉一例，如果我們把七個乘積加起來：$1 \times 1 + 1 \times 2 + 2 \times 3 + 3 \times 5 + 5 \times 8 + 8 \times 13 + 13 \times 21 = 441$，這個和（441）等於最後一項數字的平方（$21^2 = 441$）。同樣的，把十一個乘積加起來，得到：$1 \times 1 + 1 \times 2 + 2 \times 3 + 3 \times 5 + 5 \times 8 + 8 \times 13 + 13 \times 21 + 21 \times 34 + 34 \times 55 + 55 \times 89 + 89 \times 144 = 144^2$。這個屬性可用一個圖美妙地表

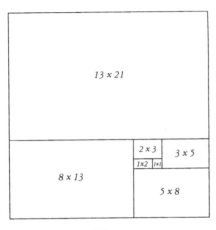

圖 5-4

達出來（見圖 5-4）。任何奇數個邊長等於相鄰費波納奇數字的矩形都可以精確地放入一個正方形中。圖 5-4 顯示一個這類有七個矩形的例子。

二、十一是罪

在德國戲劇作家兼詩人席勒（Friedrich Schiller, 1759-1805）的劇本《畢可婁米尼》（*Piccolomini*）中 ❷，星相學家森尼宣稱：「十一是罪。十一違反十誡。」表達了一個可以追溯到中古時代的觀點（十一是不祥數字）。可是，費波納奇序列卻有一個和數字十一相關的屬性，很美，而且一點罪都沒有。

假設我們把最前面十個費波納奇數字相加起來：1 ＋ 1 ＋ 2 ＋ 3 ＋ 4 ＋ 8 ＋ 13 ＋ 21 ＋ 34 ＋ 55 ＝ 143，它可以被 11 除盡。同樣的，對於任何一組十個相連的費波納奇數字亦然。例如，55 ＋ 89 ＋ 144 ＋ 233 ＋ 377 ＋ 610 ＋ 987 ＋ 1,597 ＋ 2,584 ＋ 4,181 ＝ 10,857，10,857 一樣可以被 11 除盡。如果你再仔細審視上面兩個例子，你會再看出一些東西：任何十個相鄰數字之和總等於 11 乘以第七個數字。

三、六十進位的報復？

還記得，基於一些至今不明的原因，古巴比倫人在他們的計數

系統中採用了 60 作為基數。雖然這和巴比倫的數字系統毫無關係，但數字 60 卻意外地在費波納奇序列中軋上一角。

　　由於必須把兩個相鄰的費波納奇數字加起來以得到下一個數字，因此費波納奇數字很快就變得很大。雖然第五個費波納奇數字只是一個小小的 5，但到了第一百二十五項該值已經大到成為 59,425,114,757,512,643,212,875,125。有趣的是，在費波納奇序列中，數項的個位數字每六十個週期就會重複出現（也就是說，每隔六十個數字就會出現一次）。譬如說，序列中的第二項是 1，第六十二項是 4,052,739,537,881，結尾也是 1。第一百二十二項，14,028,366,653,498,915,298,923,761 的結尾也是 1，第一百八十二項亦然，等等。同理，第十四項是 377，而第七十四項 1,304,969,544,928,657 的結尾也是 7，等等。這個屬性於一七七四年為法國數學家拉格朗日（Joseph Louis Lagrange, 1736-1813）❸ 發現。他在力學及數論上的貢獻很大，也研究過太陽系的穩定度。最後兩位數字（例如，01,01、02、03、05、08、13、21……）重複的週期為 300，而最後三位數字重複的週期則是 1,500。一九六三年，蓋勒（Stephen P. Geller）使用 IBM 1620 型電腦證明，最後四位數字每隔 15,000 項重複一次，最後 5 位數則每隔 150,000 項重複一次，最後，在使用這部電腦將近三小時後，發現最後六位數字的重複發生在第 1,500,000 個費波納奇數字。由於蓋勒不知道其實可以證明出一個通用定理，求出最後幾個位數數字的重複週期，他如此評論說：「好像沒有一個方法可以猜出下一個週期（數項），可是也許能寫出一個新程式可以從序列中的任一數項開始做測試，以縮短執行時間，如此一來，就可以蒐集更多的數據。」可是不久之後，以色列數學家賈登（Dov Jarden）就指出，我們可以精確地證明，凡最後位數在三位以

上者的週期是 15 乘以一個比位數數目少一的 10 的冪方（例如，最後七位數的週期是 15×10^6）。

四、為什麼是 1/89？

我們宇宙的屬性，從原子的大小到星系的大小，都被幾個已知的「自然常數」所決定。這些常數包括對於所有基本力，即引力、電磁力，以及兩種核力（強作用力與弱核力）的量度。例如，我們熟悉的電磁力的強度在物理學上被「精細結構常數」所量度。這個常數值幾乎等於 1/137，這個 1/137 困惑了許多世代的物理學家。有這麼一則關於著名英國物理學家，也是量子力學始祖之一，狄拉克（Paul Dirac, 1902-1984）的笑話：一到達天堂之後，狄拉克獲准問上帝一個問題。他的問題是：「為什麼是 1/137？」❹

費波納奇序列也包含了一個絕對驚人的數字──第十一個費波納奇數字，89。1/89 之值是：0.01123585...。假若你把這些費波納奇數字：1, 1, 2, 3, 5, 8, 13, 21, ... 按下面的方式排列：

0.01

0.001

0.0002

0.00003

0.000005

0.0000008

0.00000013

0.000000021

....

　　換句話說，把第一個費波納奇數字放在第二個小數點的位置，第二個放在第三個小數點上，以此類推（第 n 個費波納奇數字的個位數字放在第（$n + 1$）個小數點位置）。把所有這些數字相加起來，會得到 0.01123595...，剛好等於 1/89。

五、閃電加法奇術

　　有些人可以很快地在腦海中做起加法運算。費波納奇序列可以讓你毫不費勁地就能做出這類的「閃電加法奇術」。所有費波納奇數字到第 n 項之和，等於第（$n + 2$）項的數字減 1。例如，前十個數字之和：1 ＋ 1 ＋ 2 ＋ 3 ＋ 5 ＋ 8 ＋ 13 ＋ 21 ＋ 34 ＋ 55 ＝ 143，等於第十二項數字（144）減 1。前七十八項數字之和等於第八十項減 1，依此類推。因此，你可以讓某人寫下一長串的數字，從 1，1 開始，並根據費波納奇序列的定義（每個新數字是前兩個數字之和）繼續寫下去。告訴對方，他可以任意在兩個數字之下畫一條線，你只要看一眼就能說出這線之上（或之前）的所有數字之和。基本上，這個和就是這線之下（或之後）的第二項減 1。

六、畢氏學派的費波納奇術

　　奇怪的是，費波納奇數字甚至可以和畢氏三元數牽上關係。如你所記得的，後者是三個數字可以形成一個直角三角形（如這些數字 3、4、5）。隨意取一組四個相連的費波納奇數字，如 1, 2, 3, 5。取兩個最外面的數字的乘積 1×5 ＝ 5，兩倍兩個內數字的乘積 2×2×3 ＝ 12，再取兩個內數字的平方之和 $2^2 + 3^2 = 13$，結果得到的是畢氏三元數中的三元數：5, 12, 13（$5^2 + 12^2 = 13^2$）。還不止於此。你可以注意到，得到的第三個數字 13，本身也是一個費波納奇

數字。數學家雷恩（Charles Raine）發現了這個屬性。

看到費波納奇數字藏著如此多教人大開眼界的的屬性（我們還會遇到很多），無怪乎數學家試圖尋找更有效益的方法，以得出第 n 個費波納奇數字 F_n。原則上，這不成問題，因為如果我們需要第 100 項費波納奇數字，只要把第 98 項和第 99 項的數字加起來就可以了，不過我們仍舊要把所有的數字計算到第 99 項，這可能很瑣碎。誠如已故諧星喬治·朋斯（George Burns）在《如何活到一百歲以上》（*How to Live to Be 100 or More*）所說的，「你如何可以活到一百歲以上？你當然得先去做一些事。可是最重要的一件事是，你必須確定自己能活到九十九歲。」

在十九世紀中葉，法國數學家必納（Jacques Phillipe Marie Binet, 1786-1856）重新導出一個公式，可以找出任何費波納奇數字 F_n 之值，這公式早在十八世紀就由歷史上最多產的數學家尤拉（Leonard Euler, 1707-1783），以及法國數學家棣美弗（Abraham de Moiver, 1667-1754）發現。這個公式完全依賴黃金比例，如下：

$$F_n = \frac{1}{\sqrt{5}} \left[\left(\frac{1 + \sqrt{5}}{2} \right)^n - \left(\frac{1 - \sqrt{5}}{2} \right)^n \right]$$

乍看之下，這是個相當令人生畏、困惑的公式，因為連把不同的 n 代入，它是否會得出一個整數的結果（所有費波納奇序列中的數字都是整數）都不是那麼明顯。我們知道費波納奇數字和黃金比例有密切關係，因此當我們瞭解在中括號〔 〕中的第一項就是黃金比例的 n 次方，即 ϕ^n，第二項為 $(-1/\phi)^n$（還記得在第四章中，定義 ϕ 的二次方程式的另一個解等於 $-1/\phi$）時，事情開始教人稍

微放心了一些。我們只要用一個袖珍型科學用計算機，就可以測試幾個 n 值，去證實必納的公式的確可以得出正確的費波納奇數字。如果 n 相當大，則中括號中的第二項會變得很小，因此可以取最接近 $\frac{\phi^n}{\sqrt{5}}$ 的整數值為 F_n。例如，如果 n = 10，則 $\frac{\phi^n}{\sqrt{5}}$ 等於 55.0036，因此第十個費波納奇數字就是 55。

純粹只是為了好玩，你可能很好奇是否有一個費波納奇數字，它的位數剛剛好就是六百六十六位。也是作家的數學家皮考佛稱此數字與「666 啟示」（666 apocalyptic）有關。他發現第三一八四個費波納奇數字剛好有六百六十六個位數。

一旦曝光後，費波納奇數字在自然界中似乎到處都是。而植物界提供了一些迷人的例子。

一花一世界

一株植物小枝上的葉子或沿著樹枝生長的葉柄，傾向朝可以曝曬到最多陽光、淋到最多雨水與呼吸到最多空氣的方向生長。當直挺的莖幹向上生長時，它的葉子會以相當有規則的間距逐步向上長出。不過，這些葉子絕不會直接長在另一片的上面，因為這會擋住下面葉子吸收所需的陽光及雨露。更確切地說，葉子的生長行徑呈螺線移動。同樣的現象也可以在松樹毬果殼的鱗片和向日葵種子的排列中看到。這種現象稱為「葉序」（phyllotaxis，在希臘文中意指「葉子的排列」），為瑞士自然學家龐奈（Charles Bonnet, 1720-1793）❺ 於一七五四年所創。例如，菩提樹的葉子通常都長在兩個相對的邊上（即沿著莖幹的半圈生長），稱為「$\frac{1}{2}$ 葉序比」。在其他植物中，如榛木、黑莓和山毛櫸中，一片葉子到另一片子的位移是三分之一轉（即「$\frac{1}{3}$ 葉序比」）。同樣的，蘋果、加州常青橡樹，以及

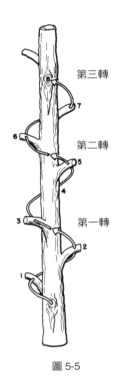

第三轉

第二轉

第一轉

圖 5-5

杏樹在每 $\frac{2}{5}$ 轉處就長有一片葉子，梨和垂柳則長在每 $\frac{3}{8}$ 轉處。圖 5-5 顯示了葉子沿著莖幹生長，經過三個完整轉後長出八片的例子（「葉序比」為 $\frac{3}{8}$）。你可以注意到，所有這些觀測到的分數恰是費波納奇序列中每兩個交替數項構成的分數。

西奧弗拉司圖斯（Theophrastus, 372 - 287 B.C.）❻最早注意到植物的葉子依循某些模式生長的事實，他在《植物探究》（*Enquiry into Plants*）一書中說道：「那些葉子平坦的植物，它們的葉子都做規則性排列。」老普林尼在他的鉅作《自然歷史》（*Natural History*）中也提出了同樣的觀測結果，他談到葉與葉之間「規則性的間隔」做「環繞著樹枝的圓圈狀排列」。可是後續的葉序觀測結果並未超越這些早期的定性觀測，一直要等到十五世紀達文西（Leonardo da Vince, 1452-1519）對葉序的描述加上了一個定量因子，才有所突破。他注意到，葉序呈螺線排列，週期為五（對應一個 $\frac{2}{5}$ 轉的角度）。第一位（以直覺）發現葉序和費波納奇數字之間關係的，是天文學家克卜勒。

但龐奈開風氣之先，最早認真鑽研觀測葉序學。他在一七五四年出版的《對植物葉子的應用研究》（*Recherches sur l'Usage des Feuilles dans les Plantes*）中，提出了一個非常清晰的 $\frac{2}{3}$ 葉序描述。在和數學家卡蘭得雷尼（G. L. Calandrini）共事期間，龐奈可能也發現了某些植物出現了螺線生長的模式的特徵，即一種稱為「斜列

線」（parastichy）的葉序模式，如樅樹的毬果和鳳梨的鱗片。

數學葉序學（指相對於完全敘述性的研究方法）的歷史，真正發韌於十九世紀下列這些人著作的出版：辛帕（Karl Friedric Shimper，一八三○年出版）、他的朋友布勞斯（Alexander Braus，一八三五年出版）以及晶體學家奧古斯特・布拉維斯（Auguste Bravais）和他的兄弟路易士（Louis Bravais，一八三七年出版）等。這些研究者發現，葉序比可以用費波納奇數字之比來表達（如 $\frac{2}{5}$、$\frac{3}{8}$ 等等），也注意到相鄰的費波納奇數字出現在松毬果及鳳梨中的斜列線上。

其實，鳳梨絕佳地展現出了一個真正建立在費波納奇數字上的葉序模式（見圖 5-6）。鳳梨上的每一個六角形鱗片都是三種不同螺線的一部分。在圖 5-6 中你可以看到八排平行列中之一，緩緩地從左下方斜向右上方，十三排平行列中之一，從右下方較陡峭地斜向左上方，二十一排平行列中之一，則非常陡峭地從左下方斜向右上方。大多數鳳梨的表面都有五、八、十三或二十一個陡峭程度漸增的螺線；這些數字都是費波納奇數字。

植物如何知道按費波納奇模式排列它們的葉子？植物的生長發生於莖幹錐形的頂端（即植物最纖細的部分，稱為分生組織）。從頂端向下看，葉子離頂端愈遠（即愈早長出）愈容易從莖幹的中心向外輻射生長。圖 5-7 顯示，從頂端向下看的一幕，在這一幕中葉子按它們生長的順序標以號碼。植物學家徹區（A. H. Church）在他一九○四年出

圖 5-6

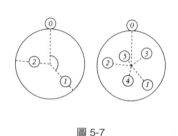

圖 5-7

版的《論葉序和力學定律的關係》（*On the Relation of Phyllotaxis to Mechanical Laws*）一書中，首先強調此一表現類型對於瞭解葉序的重要性。我們發現（想像用一條曲線把圖 5-7 中編號為 0-5 的葉子依序連接起來），這些彼此相連的葉子沿著一條繞捲得非常緊實的生成螺線（generative spiral）排列。這些把莖幹的中心和相連排列的葉子連接起來的直線所形成的夾角（例如，在圖 5-7 中 0 和 1 的夾角）十分重要，它標示了葉子所在的位置。布拉維斯兄弟在一八三七年發現，新葉子以大約同樣大小的角度沿著圓周推進，這個角度稱為「發散角」（divergence angle），通常很接近 137.5 度。當你聽到這個數值也由黃金比例所決定時，會不會感到震驚？以黃金比例去分割圓周，得到的角度為 $360°/\phi = 222.5°$，比半個圓周（180°）大，我們不妨做個反向思考。換句話說，我們應當把 222.5° 從 360° 中減掉，得到的正是這個觀測到的角度 137.5°（有時，我們稱之為黃金角）。

一九〇七年，依特遜（G. van Iterson）所做的先驅性研究證明了，在一個繞捲緊實的螺線上，若以 137.5° 來分隔緊鄰的點，眼睛會看到兩組互相交錯的螺線，一組呈順時鐘方向旋轉，一組為逆時鐘方向。這兩組螺線的數目趨向相鄰的費波納奇數字，因為這類數字之比逐漸趨近黃金比例（究竟是哪些費波納奇數，端視螺線的旋轉有多緊密）。

這類呈相反方向交錯排列的螺線模式，以向日葵的小花排列最為突出。當你朝向日葵的頂部看去（見圖 5-8），一定會注意到這

圖 5-8

些小花分別形成了順時鐘及逆時鐘的方向螺線。顯然，這些小花以此方式生長，可以最有效益地共享水平空間。螺線數目的多寡通常視向日葵花的大小而定。最常見的是在一個方向有三十條螺線，而在另一個方向有五十五條，不過也有 $\frac{89}{55}$、$\frac{144}{89}$，甚至也出現過 $\frac{233}{144}$ 的例子（至少有一個；一九五一年，一篇來自美國佛蒙特州的相關文章刊登在《科學美國人》上）。所有這些數字當然都是相鄰費波納奇數字之比。在最大的向日葵花中，可以看見這樣的結構從中心的一對相鄰費波納奇數字逐漸向外緣升高。

　　某些花種花瓣的數目和排列，也藏有費波納奇數字和黃金比例間的某種關係。許多人在一生中的某些時刻，都「依賴」著雛菊花瓣來滿足他們對於這個令人難以自拔的問題：「她愛我，她不愛我」的好奇。大多數的雛菊花瓣數是 13、21 和 34，都是費波納奇數字（如果能預測雛菊花瓣數目究竟是奇數還是偶數，該有多好？）花瓣的數目不過單純地反映出了某一螺線方向家族的螺線數目。

　　玫瑰花的美麗對稱排列也建立在黃金比例上。如果你把一朵玫瑰一片一片分開，你會看到這些緊鄰排列的花瓣的位置分布。圖 5-9 為花瓣位置的示意圖。這些花瓣所在位置的角度（為繞轉一圈的分數倍）恰是 ϕ 簡單倍數的小數點部分。例如，第一片的位置是從第 0 片的位置轉 0.618 圈而來（1× ϕ〔= 1.618〕的小數點部分），第二片是從第一片的位置轉 0.236 圈而來（2× ϕ〔= 2.236〕

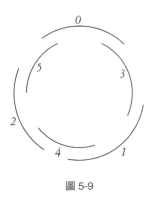

圖 5-9

的小數點部分），以此類推。

這個長達二千三百年之久、關於葉序的起源之謎的問題，簡言之就是：為什麼相鄰的葉子被黃金角（＝137.5°）所分隔？這個問題的回答可以分成兩大類：第一種專注於這些形狀的幾何結構理論；第二種係建構一種模型，針對觀察到的行為模式提出實際的動態原因。第一種理論的劃時代研究（如數學家柯克斯特〔H. S. M. Coxeter〕、愛德勒〔I. Adler〕及晶體學家雷弗〔N. Rivier〕）證明，蓓蕾在生成螺線上的排列間隔採黃金角效益最大。其實這一點很容易瞭解。因為如果發散角是，譬如 120°（360°/3）或是 360° 的任何有理數倍數，那麼葉子會呈直線向外輻射排列（在 120° 的例子中，排成三行），其間會留下很大的空隙。從另一方面來說，一個類似黃金角度（360° 的無理數倍數）的發散角度，可以保證蓓蕾不會沿著特定的輻射方向呈直線排列，而能有效益地填滿空間。

以雷弗為首的國立馬賽第一大學（普羅旺斯地區大學）科學團隊運用了一個簡單的數學演算法證明，當採用的生長角度等於黃金角時，可以得到很像真實向日葵花的結構（見圖 5-10）。雷弗研究團隊認為，這回答了生物學家湯普遜爵士在其經典著作《論成長與形態》

圖 5-10

（一版於一九一七年上市，後來在一九四二年修訂）中提出的問題，湯普遜問道：「……（葉序）問題中最令人感到好奇的一點是，我們可辨認出的排列方式是如此有限，甚至少得可以。」雷弗小組發現，如果還另外要求必須同時具備同質性（homogeneity，即任何地方的結構都一樣）和自我相似性（self-similarity，也就是如果審視從小到大不等的結構尺度，它們看起來完全一樣），會大幅減少可能的結構數目。這兩個屬性也許足夠解釋費波納奇數字及黃金比例在葉序中的優勢，可是仍然無法提供任何物理上的原因。

在或能解釋葉序現象的強而有力原因中，有一個最佳線索不是來自植物學，而是來自李維托夫（L. S. Levitov，一九九一年執行）、唐納迪（Stephane Donady）及考得（Yves Couder，一九九二年執行）等人所做的物理實驗。唐納迪與考得的實驗尤其吸引人。他們把一個裝滿矽氧樹脂液油的碟子放在一個磁場中，碟子邊緣的磁場強度強過中心處。他們把作用類似磁棒的磁性液體有規律地滴入碟子的中心，發現這些小滴彼此互斥，可是磁場的變化梯度迫使它們沿著輻射方向推進。唐納迪和考得發現了它們的振盪模式，不過它們往往都循著一條螺線游走分布，最後小滴都以黃金角度間隔相鄰。由於物理系統通常都會逐漸轉變到能量最小的狀態，因此推得，葉序就代表了一個最小的能量態❼，蓓蕾彷彿互斥一般。在其他模式中，葉子出現在養分濃度最高的位置點上，也產生黃金角間隔。

我希望你下次吃鳳梨、送紅玫瑰給心上人，或者欣賞梵谷的向日葵花畫作時，不要忘了，這些植物的生長模式都具體展現了這個我們稱之為黃金比例的神奇數字。可是我們要瞭解，植物的成長除了依賴最佳間隔之外，還有其他因素。因此，我所描述的葉序規則

和自然定律不一樣，不能放諸四海皆準。更確切地說，容我在此套用著名加拿大數學家柯克斯特的話來說，它們「不過是一個迷人的流行趨勢罷了」。

黃金比例及費波納奇數字並非只出現在植物學裡。它們出現在不同的自然現象中，從顯微尺度到巨大星系無所不含。通常，它們都以美不勝收的螺旋圖形出現。

變與不變

在數學史上，大概沒有一個家族像伯努利家 ❽ 一樣，出了這麼多成就不凡的數學家（共計有十三人！）。一五七六年，這個家族從當時西班牙暴政轄下的屬地荷蘭逃到瑞士的巴塞爾（Basel）。他們當中又以家族的三位成員最為傑出：數學家雅各·伯努利（Jacques Bernoulli, 1654-1705）、約翰（Johann Bernoulli）和倒數第二個兒子丹尼爾（Daniel Bernoulli, 1700-1782）。雅各與黃金比例的關係來自它提出了一個著名的曲線。他在一篇題為〈神奇的螺線〉（*Wonderful Spiral*）論文中，致力於某種特別的螺線型態。他深深

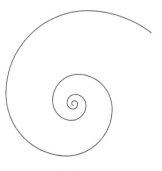

被對數螺線（logarithmic spira，見圖 5-11，這個名字源自於半徑的擴增方式，就像我們以順時針的方向沿著曲線繞轉行進）之美所感動，他要求把此形狀和他寫下的這句銘詞：「Eadem mutato resurgo」（雖然變了樣，我又會以同樣面目出現）刻在他的墓碑上。

圖 5-11

這句銘詞描述了對數螺線獨一

無二的基本屬性——它的形狀不會隨著本身的變大而變形；這種屬性就稱為「自我相似」。

如果你稍稍思考一下，就會發現這恰好是許多自然界生長現象所需的屬性。例如，當鸚鵡螺殼中的軟體動物（圖 1-4）長大時，牠會建構出愈來愈大的小室，並封閉掉已經無用的昔日小室。隨著外殼的每次擴增，它的半徑都會成比例增加，因此它的形狀不會改變。所以，鸚鵡螺終其一生看到的都是一模一樣的「家」，因此儘管牠日趨長大，也不需要做任何調整以維持平衡。這個屬性也可以應用在公羊的角上，它們的形狀也呈對數螺線（雖然它們不在同一平面上），還有大象的象牙同樣也是。對數螺線經由積聚（accumulation）作用從內部向外擴增，從稱為「極」（pole）的發源中心向外移動，長得更寬，「旋圈」之間的距離也隨之增大。如果我們借助一台顯微鏡之力把這些肉眼看不到的旋圈放大到如圖 5-11 的大小，它會完全與這個大一些的螺線嵌合。這個屬性使得對數螺線和另外一種稱為「阿基米德螺線」（Archimedean spiral；或稱線性螺線〔linear spiral〕）的普通螺線有所分別。著名的希臘數學家兼物理學家阿基米德在《論螺線》（On spirals）一書中，把他的螺線敘述得十分詳細。我們可以從一捲紙巾的邊上，或者捲繞的繩索中看到這類螺線。這類螺線和對數螺線不同，其相鄰旋圈之間的距離都一樣。

大自然喜歡對數螺線。從向日葵、海螺和漩渦，到颱風和巨大的螺旋星系，大自然選出這個奇妙的形狀作為她喜愛的「裝飾」。在大自然中，對數螺線在各種大小不等尺度上所展現出來的持久不變形狀，極美妙地呈現在微小單細胞動物有孔蟲目（foraminifera）的化石中。雖然在這個例子中，有孔蟲目的螺旋狀外殼呈複結構，

可是它們的內部結構 X 光影像顯示，當中的對數螺線形狀雖然歷經了數百萬年，容顏依舊。

英國編輯作家庫克（Theodore Andrea Cook）在他的經典著作《生命的曲線》（*The Curves of Life*，一九一四年出版）一書中，提供了許多出現於自然界和藝術中的螺線例子（不限於對數螺線）；他討論了藤蔓植物、人體、階梯和毛利人刺青上出現的螺線圖案。庫克如此解釋他寫這本書的動機：「這些討論螺線的文章之所以存在，我的唯一辯解就是這個研討本身的美妙和趣味，別無其他。」

藝術家也看到了對數螺線之美。例如，達文西在他的《莉達與天鵝》（*Leda and Swan*，見圖 5-12，溫莎珍藏〔Windsor Collection〕中的一件）神話素描中，把莉達的髮型描繪成近乎對數螺線的形狀。達文西把他對雲和水中的螺線圖案所做的研究，畫成了令人印象深刻的系列素描作品，《大洪水》（*Deluge*），並在畫中多次重複了這個形狀。

愛德華（Edward B. Edwards）這位二十世紀的設計家暨插圖作者，根據對數螺線發展出了數百種裝飾圖案；有許多細節都可以在《具動態對稱的模式與設計》（*Pattern and Design with Dynamics Symmetry*）一書中找到（見圖 5-13）。

圖 5-12

對數螺線和黃金比例步步相隨。再看一下這個從黃金矩形中切掉一個正方形得到的套套黃金矩形（見圖 5-14；我們已經在第四章看過

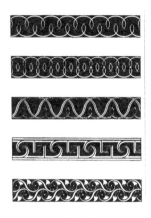

圖 5-13

這個屬性）。如果你把一個接一個的旋渦正方形（whirling square）在分割黃金矩形邊長時所在的分割點由外而內連接起來，會得到一個向極點（即圖 4-8 中對角線的交點，有人異想天開地把它稱為「上帝之眼」）捲去的對數螺線。

你也可以從黃金三角形得到一個對數螺線。我們曾在第四章中看到，從一個黃金三角形開始（一個等腰三角形，其邊和底成黃金比例），把一個底角分為二等分，就會得到一個較小的黃金三角形。繼續這過程，就會產生一系列的「旋渦三角形」；把黃金三角形的頂點連接起來，也可以畫出一條對數螺線（見圖 5-15）。

對數螺線也稱為等角螺線（equiangular spiral）；這名字是法國數學家暨哲學家笛卡兒（René Descartes, 1596-1650）於一六三八年

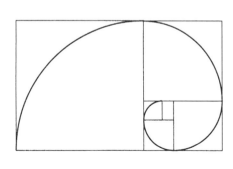

圖 5-14

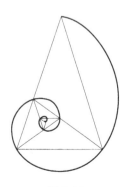

圖 5-15

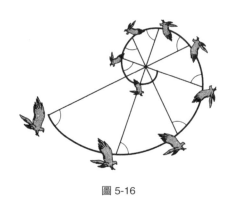

圖 5-16

所取。這名字「等角螺線」指出了對數螺線另外一個獨一無二的屬性。如果我們從極點向這曲線上任何一點畫出一條直線，它和這曲線相交的角度全都相等（見圖 5-16）。隼就是用這一招來攻擊獵物。遊隼是地球上速度最快的鳥類之一，牠們會以每小時兩百英里的時速朝目標俯衝而下。牠們甚至可以衝得更快，只要牠們放棄迂迴曲折的螺線行徑，改採筆直俯衝而下？多年來杜克大學的生物學家塔克（Vance A. Tucker）一直對一個問題感到好奇，為什麼遊隼不採取最短的直線路徑攫取獵物？他後來終於明白，原來牠們的眼睛長在頭的一側，若要善用牠們的銳利眼力而還要直線俯衝，那麼牠們一定得把頭歪一邊約四十度。塔克從風洞實驗中發現，頭部歪一邊的動作會大大減緩遊隼的俯衝速度。這項研究結果發表於二千年十一月的《實驗生物學期刊》（Journal of Experimental Biology）上，證明遊隼保持頭部挺直並依循對數螺線俯衝。由於螺線的等角屬性，雖然遊隼用可以達到最快的速度俯衝而下，但是透過這樣的飛行路徑可以讓牠們持續鎖定目標，獵物不會脫離牠們的視線範圍。

令人大吃一驚的是，出現在單細胞有孔蟲類、向日葵花，和遊隼飛行路徑的同樣螺旋形狀，竟然也出現在那些遠在被人觀測到之前，就被哲學家康德以理論臆想出來的「聚集在同一平面的恆星系統，就像銀河系中的一樣」。它們後來被稱為「島宇宙」——指含

有上千億個像我們太陽的恆星的星系。用哈伯望遠鏡得到的觀測結果顯示，在可觀測宇宙中有一千億個這樣的星系，其中有許多是「螺旋星系」。你幾乎想像不出有誰對於這個宏偉的珍奇美景的描述，勝過英國詩人及畫家，也是神祕主義者的布雷克（William Blake, 1757-1827）。他寫道：

一沙一世界，
一花一天堂，
雙手掌握無限，
剎那便是永恆。

為什麼有這麼多的星系出現螺旋的模式？我們自己的太陽系處於一個稱為「銀河」❾的螺旋星系中。螺旋星系呈扁平碟形（像個薄薄的煎餅），由氣體、塵埃與恆星所組成。整個銀河系圓盤就繞著它的核心旋轉。譬如，太陽鄰近地區以每秒一百四十英里的速度繞著銀河系核心旋轉，二億二千五百萬年繞轉一圈。繞轉速度隨著核心距離的遠近而異，愈近愈快，反之愈慢。從正面望去，我們可以看到螺旋星系的旋臂，旋臂起源於核心附近，然後逐漸向外延伸穿過整個星系圓盤大部分的地區（如圖 5-17 的旋

圖 5-17

渦星系〔Whirlpool Galaxy〕）。旋臂為星系圓盤的一部分，許多年輕恆星在此誕生。由於年輕恆星有最亮的的亮度，因此我們能夠看見在遠處其他星系的螺旋結構。天文物理學家必須要回答的一個基本問題是：旋臂如何經過長時間保持它們的形狀不變？因為圓盤內部成員的速度高於外部者，而且任何大型模式不知怎麼地會與圓盤中的物質（例如，恆星）黏上，以致這些大型模式無法維持很久。旋臂長壽的原因顯然與密度波（density wave）有關，因為密度波沿途擠壓氣體雲，引發了新恆星的形成；密度波是星系圓盤中氣體壓縮所引發的波動。我們所觀測到的這個螺旋模式，也標示出了這裡是星系圓盤中較為稠密的地區以及新生恆星所在。因此這種模式會不斷重複再生，永不結束。這種情況就和高速公路上發生修車事故時，沿途觀察到的景象相似——距離修車現場愈近，車子愈壅塞，因為車子開到這裡必須放慢速度經過。就像交通的密度波與車型無關，旋臂的模式也與圓盤物質無關。另外一個相似性是，密度波穿越圓盤時的速度要比恆星和氣體的運動來得慢，這就像汽車行經修理事故現場附近的車速，通常會比那些未受影響者放慢許多。

　　導致恆星與氣體雲的運動會產生偏向，以致產生螺旋密度波的起因，來自於引動重力的星系物質的分布並非成完美對稱。舉例來說，一組圍繞核心轉動的橢圓軌道（見圖 5-18 左），它的每一個軌道由於距離核心遠近不同而受到輕微的擾動，而產生了螺旋模式（見圖 5-18 右）。

　　其實，看到我們宇宙中的重力以此方式運作，我們應該感到高興才是。根據牛頓的萬有引力定律，物質之間彼此相互吸引，引力則隨著距離增加而遞減。尤其，距離每增加一倍，引力就會衰減成為原來的四分之一；引力與距離的平方成反比。想像一下，如果我

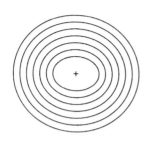 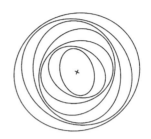

圖 5-18

們生活在一個距離每增加一倍，重力衰減為八分之一而非四分之一
的宇宙中，會發生什麼事？根據牛頓定律的預測，其中的一個可能
性是，行星的軌道會呈對數螺線。換言之，果真如此，地球早已盤
旋掉入太陽，或是脫離軌道進入到無垠的太空裡。

　　費波納奇開啟了所有這些瘋狂的數學行徑，然而如今他已為人
所遺忘。不過在比薩，還是可以看到一尊創作於十九世紀的費波納
奇雕像，矗立在聖卡羅堡壘（Sangallo Fortress）的史考托花園
（Scotto Garden）裡，隔壁就是以費波納奇為名的街道，沿著亞諾河
（Arno River）南岸而行。

　　自一九六三年起，費波納奇協會（Fibonacci Association）開始
出版以費波納奇命名的期刊：《費波納奇季刊》。這個協會由數學家
霍蓋特（Verner Emil Hoggatt, 1921-1981）與布勞索（Brother Alfred
Brousseau）發起成立，成立的宗旨是「藉此交換想法，並激發人們
在費波納奇數字及相關主題方面的研究。」或許一開始並不被看
好，但從那時候起，《費波納奇季刊》即發展成為數論領域裡廣受
好評的期刊。布勞索曾幽默地說道：「我們在一九六三年聚集了一
批人，我們就像是一群傻瓜，就這樣創辦了一個雜誌。」

　　所有這些只不過是對費波納奇這位利用兔子，而發現了一個被

世界欣然接受的數學觀念的人物的微不足道敬意而已。無論如何，和費波納奇的貢獻一樣重要的是，黃金比例的故事並未到十三世紀就宣告結束；令人心醉神迷的發展依然在文藝復興時代的歐洲，接踵出現。

譯注

❶ 羅馬數字系統中的數字是 I、V、X、L、C、D、M，代表 1、5、10、50、100、500、1000，用法的規則是，1、2、3，以 I、II、III 代表，可是 4 沒有自己的符號，如果用 IIII 又嫌太煩，因此在 5 前面（左邊）放一個 I（即 I）、表示把 V 減掉 1 成為 4，因此 4 是 IV。而從 5 起，把 I、II、III 放在右邊，成為 VI、VII、VIII（6、7、8）。9 則為 IX、然後 10 到 20 各為 XI、XII、XIII、XIV、XV、XVI、XVII、XVIII、XIX、XX。然後 30 到 100 各為：XXX、IL（50 減 10 成為 40），L（50）、LX（60）、LXX（70）、LXXX（80）、XC（90）、C（100）。然後 100-1000 各為：C（100）、CC（200）、CCC（300）、CD（500 減 100 為 400）、D（500）、DC（600）、DCC（700）、DCCC（800）、CM（900）、M（1000）、 然後 1000 到 5000 類似 100 到 1000，以 M 代替 C。因此 MCMLXXX 是 1908，MCMXCLXXX 是 1998，等等。在任何數字上面加一橫表示要把這數字乘上 1000 倍。非常笨拙，是不是？

❷ 席勒，德國著名劇作家、詩人及文學理論家。一八○二年被封為貴族。著有《強盜》（*Die Rauber*）、《華勒斯坦三部曲》（*Wallenstein Trilogy*）、《威廉・泰爾》（*William Tell*），他的詩《歡樂頌》（*An die Freude*）被貝多芬用來作為他的著名第九交響樂中的合唱詞。《畢可婁米尼》是關於畢可婁米尼公爵的事蹟。是歐洲三十年戰爭中的重要人物。

❸ 拉格朗日，義大利 - 法國大數學家，在數論及天體力學上貢獻極大，他的力學為現代量子力學的基礎之一。

❹ 量子電磁學中的「精細結構常數」也稱為「耦合常數」，描述電磁場作用的強度。其值為 0.0072972...=1/137.039，非常接近 1/137。本來也沒有什麼，可是一位英國著名天文學家愛丁頓爵士卻抓住了這一點大做文章（愛丁頓本人是二十世紀初最有創意的天文物理學家之一，奠定了現在許多天文物理中還在應用的理論的基礎），一口咬定這常數一定是整數 137 的倒數值（即 1/137），並寫了一本用這數字來解釋宇宙萬物的理論，其瘋狂程度和下一章要提到的克卜勒的《宇宙的奧祕》不相上下。後來

不知道有多少物理界的笑話是來諷刺 137 這數字。這是其中之一。

❺ 龐奈，瑞士自然學家及哲學作家，發現單性生殖（parthenogenesis，或稱孤雌生殖）及發展出災禍演化理論。

❻ 西奧弗拉司圖斯，希臘哲學家，亞里士多德的學生。西元前三二三年接任亞里士多德創立的蘭心學院（Lyceum）。他的學問廣而深。他保存下來的書中包括了《植物探究》及《植物的生長》。

❼ 最小能量態是物理的觀念。所有的系統都趨向最小能量態去，如在斜坡上的球趨於掉到最低處（最低能量處）。

❽ 伯努利家族所提出最為人知的理論，就是流體力學中的伯努利原理。飛機之能飛就是因為伯努利原理。

❾ 西方稱銀河為「牛奶路」（Milky Way），源自希臘神話說宙斯的妻子希拉於哺乳時，不慎把乳汁濺出，就成為夜晚天空中的乳白光帶。

第六章

神的比例

探索我們的起源，是使哲學家頭腦滿足的甜蜜汁液。

帕西歐里（Luca Pacioli, 1445-1517）

在歷史上，有少數幾位著名的畫家，也同時是才華洋溢的數學家。每當我們談到一位「文藝復興人」（Renaissance man）時，我們的意思是，這人是文藝復興時代理想人的代表，既有廣泛的文化知識，也博學有物。按此準繩，三位生於文藝復興時代最著名的畫家，義大利的法蘭契斯卡（Piero della Francesca, 1412-1492 B.C.）、達文西以及德國的杜勒（Albrecht Dürer, 1471-1528）在繪畫創作之外，也在數學上做了有意義的貢獻。或許一點都不奇怪，這三位畫家在數學方面的探索也都和黃金比例有關 ❶。

在這三位著名、有成的藝術家中，以法蘭契斯卡在數學方面最為活躍。買下法蘭契斯卡房屋的瑪莉亞‧格拉吉安尼（Antonio Maria Graziani）在她的著作中指出，這位藝術家在一四一二年出生於義大利中部的波哥‧聖‧色波克羅（Borgo San Sepolcro，今日的聖色波克羅〔Sansepolcro〕）。他的父親是一位富裕有成的皮匠及製鞋匠。我們對於法蘭契斯卡的早期生活知道得很少，可是最近發現的文件顯示，他在一四三一年之前曾經有一段時間在畫家達安吉亞雷（Antonio D'Anghiari，這位藝術家的作品無一倖存）的工作坊中當過學徒。到了一四三〇年代末，他已經移居到佛羅倫斯，在那裡開始和藝術家凡納吉安諾（Domenico Veneziano, 1386-1466）工作。停留在佛羅倫斯的這段時間，這位年輕的畫家接觸到了早期文藝復興時代的作品，其中包括安吉利柯（Fra Angelico, 1400-1455）及馬薩奇歐（Masaccio, 1401-1428）這兩位畫家的作品以及多納特羅（Donatello, 1386-1466）的雕塑作品等。他深深為安吉利柯宗教作品中所表現出來的寧靜而感動，同時也影響了他的畫風，尤其在光及顏色的應用上。在他人生的後期，法蘭契斯卡作品的每一階段都展現出他在雷米尼（Rimini）、阿雷索（Arezzo）及羅馬等不同地方

的活動，成為了他作品中的特色。法蘭契斯卡畫中的人物風格有兩種：一種是被堅實的建築所包圍，如《被鞭打的基督》（見圖 6-1，*Flagellation of Christ*，義大利烏比諾的馬爾什國家藝廊收藏），另一種就是看上去像是大自然背景的延伸，如《基督受洗》（見圖 6-2，*The Baptism*，目前收藏於倫敦國家藝廊）。

圖 6-1

圖 6-2

第一位藝術史家瓦薩里（Giorgio Vasari, 1511-1574）在《最享盛名的畫家、雕塑家及建築師的一生》（*Lives of the Most Eminent Painters, Sculptors, and Architects*）中，寫說法蘭契斯卡自少年時代起，就已經表現出他超群不凡的數學能力，他把「許多」的數學論著都歸功給法蘭契斯卡；在它們當中有些是畫家晚年無法再提筆作畫時寫下的。在一封題獻給烏爾比諾的吉優多巴爾多大公爵（Duke Guidobaldo）的信中，法蘭契斯卡說他寫某書的原因是「為了讓他的頭腦不會因為沒有使用而變得遲鈍」。他的數學論著中有三件倖存至今，分別是：《繪畫的透視法》（*De Prospectiva Pingendi*）《五個

正規立體的短書》（*Libellus de Quinque Corporibus Regularibus*），以及《算盤的論著》（*Trattato d'Abaco*）。

《繪畫的透視法》（寫於一四八〇年代中期）大量參考了歐幾里德的《幾何原本》及《光學》，因為法蘭契斯卡決定要論證，要使透視的技巧應用在繪畫中，必須建立在視覺認知的科學基礎上。在他自己的繪畫中，透視是一個能使畫中人物的幾何屬性保持協調的大容器。實際上對法蘭契斯卡而言，繪畫本身主要是一種「物體在平面中變小或變大的顯示」。這樣的觀點在《被鞭打的基督》中充分地表現出來（見圖6-3），這是文藝復興時代少數幾幅精心定出透視架構的繪畫之一。

在法蘭契斯卡逝世五百週年之際，羅馬大學的潔蒂（Laura Geatti）以及在比薩國家研究委員會的佛圖那提（Luciano Fortunati）透過電腦的輔助對《被鞭打的基督》做了詳盡的分析。他們把整個影像數位化、定出了每一點的座標，並量了所有的距離，最後用代

圖 6-3

數計算做出了一個完整的透視分析。這麼做可以讓他們決定消失點（vanishing point）所在的位置，也就是當所有直線遠離觀看者後，朝某一點收斂而去的那一點（凡是超過這一點以外的物體我們即無法感知，因而把它視為一個消失點），法蘭契斯卡藉此產生令人印象深刻的「景深」。

　　法蘭契斯卡這本清晰描述透視的著作，變成了一本標準手冊供藝術家在平面上畫出人物及立體，而書裡面數學著墨較少的部分則被編入後來其他人論述透視的大多數著作中。瓦薩里論證，由於法蘭契斯卡強而有力的數學背景，「他要比任何人都瞭解所有正規立體中的曲線，我們要謝謝他在那個命題上的闡明」。圖 6-4 顯示了一個法蘭契斯卡以透視法繪出五邊形的仔細分析。

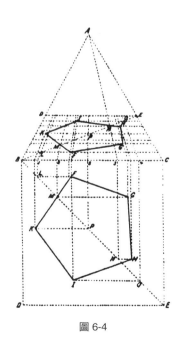

圖 6-4

　　在《五個正規立體的短書》及《算盤的論著》兩本書中，法蘭契斯卡提出範圍廣泛、牽涉到五邊形及五個柏拉圖立體的問題和解答。他計算出它們的邊長及對角線長，還有面積和體積。這些問題的許多解都牽涉到黃金比例，有些技巧則提出了創新的見解和創意。

　　和在他之前的費波納奇一樣，法蘭契斯卡撰寫《算盤的論著》的主要目的，是為了提供一些算術的祕訣及幾何規則給當時代的商人。在一個欠缺單一度量

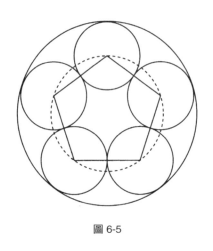

圖 6-5

衡系統，甚至連一個達成共識的容器形狀及尺寸都沒有的商業世界中，具備計算物體體積的本領是絕對不可或缺的。可是，法蘭契斯卡的數學好奇心帶領他超越，不以應付簡單的日常應用為滿足。因此，我們發現法蘭契斯卡書中那些「無用」的問題，如計算內接於一個正立方體的八面體的體積，或者如何去計算內切於已知直徑的圓內的五個小圓的直徑（見圖6-5）。後者之解牽涉到五邊形，因此也牽涉到黃金比例。

法蘭契斯卡的大部分代數研究成果都已經編入帕西歐里出版的《算術、幾何、比例及比例性等知識集》（*Summa de arithmetica, geometria, proportioni et proportionalita*）一書中。法蘭契斯卡在立體方面的大部分成果都以拉丁文來寫，帕西歐里則全將它們譯成義大利文，同時編入（或者，許多人更不客氣地說，單純地抄襲）他所寫的一本論黃金比例的名著《神的比例》。

這位具有高度爭議性的數學家帕西歐里到底是誰？他是歷來最偉大的數學剽竊者，或毋寧說是一個偉大的數學傳播者？

剽竊者或傳播者？

帕西歐里一四四五年出生於波哥・聖・色波克羅（法蘭契斯卡的出生地以及設立畫坊的托斯卡尼也位在這裡）。事實上，帕西歐

里曾在法蘭契斯卡的畫坊接受早期教育。可是，不像其他顯出具有繪畫藝術技巧的學生，他們當中有一些注定要變成偉大的畫家，如佩魯吉諾（Pietro Perugino, 1450-1523），而帕西歐里展露的是他在數學方面更優秀的潛力。下列事件顯示法蘭契斯卡和帕西歐里在晚年來往密切：法蘭契斯卡把帕西歐里放在他的《聖母、聖嬰、聖徒及天使》（*Madonna and Child with Saints and Angels*，米蘭布來拉博物館收藏）繪畫中，當作聖彼得殉教者。帕西歐里很年輕的時候即移居威尼斯，擔任家庭教師，教導一位富商的三個兒子。他在威尼斯的期間，師承數學家布拉伽迪諾（Domenico Bragadino），繼續他的數學教育，並寫出他的第一本算術教科書。

　　一四七〇年代，帕西歐里學習神學，後被任命為聖芳濟教士。因此，人們通常稱呼他為路加‧帕西歐里修士（Fra Luca Pacioli）。在接下來的幾年裡，他到處旅行，在佩魯吉亞、薩拉（Zara）、那不勒斯及羅馬等大學教授數學。而且，他可能有一段時間擔任吉優多巴爾多的家庭教師，後來吉優多巴爾多於一四八二年加官晉爵成為烏爾比諾大公。

　　在一幅也許稱得上是截至目前為止最好的數學家人像畫中，畫家狄巴巴雷（Jacopo de'Barbari, 1440-1515）描繪帕西歐里正在教一位學生幾何，有些人認為這位學生就是吉優多巴爾多大公（見圖6-6；目前收藏於義大利那不勒斯卡波迪蒙國家藝廊）。柏拉圖立體之一，一個十二面體出現在帕西歐里《概要》（*Summa*）一書的右上方。帕西歐里本人則穿著教士服，看起來幾乎就像個幾何立體，正在抄寫歐幾里德《幾何原本》第十三卷中的一幅圖。一個裝了半滿水的透明多面體（rhombicuboctahedron，阿基米德立體的一種，有二十六個面，其中十八個為正方形，其餘八個為等邊三角形）則

圖 6-6

象徵數學的純粹性及無時間性。至於第二個人的身份一直都有一些
爭論。馬克京農（Nick MacKinnon）在一九九三年發表的〈帕西歐
里修士的畫像〉（發表在《數學學報》〔*Mathematical Gazette*〕）論文
中，指出這個人像是著名的德國畫家杜勒，他也對幾何及透視有濃
厚興趣。這位學生的面孔確實與杜勒的自畫像相似得驚人。

　　一四八九年，帕西歐里在教皇的特許下回到波哥‧聖‧色波克
羅，可是卻也招來宗教當權派的妒忌。甚至有兩年的時間不准他教
學。一四九四年，他來到威尼斯出版他的《概要》，他把這書獻給
吉優多巴爾多大公。這本書擁有百科大全的性質和規模（約六百頁
厚），囊括了當時所有在算術、代數、幾何及三角等方面的知識。
在這本書中，帕西歐里自由取用（通常都會附上合宜的謝詞）法蘭
契斯卡在《算盤的論著》中所附的二十面體和十二面體的習題，以
及費波納奇與其他人的代數及幾何習題。帕西歐里把費波納奇作為

他的主要參考來源，他說凡未註明出處者，全出自李奧納多‧比薩努斯。《概要》中的一個有趣部分是複式記帳法 ❷；這是一種記帳法，有助於追蹤金錢的去向。雖然帕西歐里並未發明這個系統，他只不過是把當時威尼斯商人在文藝復興時代的記帳法摘要寫出，它仍然被視為是第一本會計書的出版。帕西歐里希望能夠「提供即時的資產和債務資訊」的理念，使他得到「會計之父」的頭銜；一九九四年，世界各地的會計師聚集於聖色波克羅慶祝《概要》出版五百週年紀念。

　　一四八○年時，斯弗薩（Ludovico Sforza）才是握有實權的「米蘭城大公」，儘管在名義上，他只是才七歲大的正式大公的攝政。斯弗薩決定要把他的宮廷變成學者及藝術家之家，因此在一四八二年邀請達文西擔任「大公的畫家及工程師」。達文西對幾何有相當大的興趣，尤其在力學上的實際應用。他自己說了：「力學是數學科學的天堂，因為藉由力學我們看到了數學的成果。」因此，有可能是達文西促使斯弗薩於一四九六年邀請帕西歐里加入他的宮廷擔任數學教師。毫無疑問的，達文西從帕西歐里那兒學到幾何的知識，同時他也灌輸給後者更高的藝術鑑賞能力。

　　帕西歐里待在米蘭的那一段時間裡，完成了他的三卷巨作：《神的比例》，並於一五○九年在威尼斯出版。第一卷《神的比例概論》（*Compendio de Divina Proportione*）包含了一個很詳細的黃金比例（帕西歐里稱它為「神的比例」）摘要，以及對柏拉圖立體及其他多面體的研究。在《神的比例》第一頁，帕西歐里即開宗明義地宣稱：

　　　凡具有清晰洞見和探詢精神的人類心靈，一定不可

不讀這部作品；在這部作品中，每一位熱愛哲學、透視、繪畫、雕塑、建築、音樂以及其他數學領域的人，都會從中得到非常美妙而且難以言傳的教導，也會喜歡這些形形色色的問題，它們觸及到了一個非常深奧難解的科學。

帕西歐里把《神的比例》第一卷獻給斯弗薩，在第五章中他提出五個理由，說明他為什麼相信黃金比例的適當名字應當是「神的比例」。

一、「除此一個，別無其他」。 帕西歐里把黃金比例的獨一無二值比擬作統一體（unity），是「上帝本身的至高展現 ❸」。

二、帕西歐里發現黃金比例的定義恰好牽涉到三個長度（如圖 4-6 中的 *AC*、*CB* 及 *AB*），和聖父、聖子、聖靈三位一體之間有相似之處。

三、對帕西歐里而言，上帝的無法完全理解和黃金比例為無理數是可以相提並論的。以他自己的話來說：「就像我們無法為上帝下個適當的定義，也不能透過文字來瞭解，同樣的，我們的比例也永遠不能以可理解的數字來描述，也不能用任何有理量來表達，只能永遠封存成為祕密，被數學家們稱為無理（數）。

四、帕西歐里把上帝的無所不在及永恆不變拿來和黃金比例的自我相似性比較──也就是說，（由於自我相似性）它的值永遠一樣，因此不會因為被分割的直線的長度或是五邊形的大小尺寸而改變。

五、第五個理由則近乎柏拉圖的存在觀點，而不像是帕西歐里自己的。帕西歐里說，就如上帝透過十二面體代表的第五要素來造

出整個宇宙,因而也透過黃金比例來造出十二面體,因為如果沒有
黃金比例就不能造出十二面體。他還附帶說,如果沒有黃金比例,
就不可能把其他四個柏拉圖立體(分別代表土、水、空氣和火)相
互比較。

在這本書中,帕西歐里不停地極力誇讚黃金比例的屬性。他連
續分析了這個他稱為「神的比例」的十三個不同「效應」,並賦予
每一個「效應」諸如這類的形容詞:「必要的」、「獨一無二的」、
「奇妙的」、「至高無上的」等等。例如,他認為黃金矩形可以內接
於二十面體(見圖4-4)中的效應為「不可思議」。帕西歐里在第
十三個效應就打住了,並下結論說:「為了要獲得救贖,這個表一
定要到此為止。」因為在耶穌與門徒的最後晚餐中,計有十三個人
圍桌而坐。

毋庸置疑的,帕西歐里對藝術有很高的興趣,他撰寫《神的比
例》的目的有一部分是要把藝術的數學基礎完整化。他在《神的比
例》的開場白(上面引過),即表達出他希望透過黃金比例向藝術
家們透露和諧形體的「祕密」。為了讓這本書更具有吸引力,帕西
歐里得到了每一位作家都夢寐以求能與之合作的插畫作家,達文西
的應允。達文西本人提供了六十幅以立體為主題的素描插圖(見圖
6-7、6-8)。帕西歐里很快就表達了他的感激之意;他寫說:「最傑
出的透視畫家、建築師、音樂家,並集所有美德於一身的達文西,
推導出並精心完成一系列正規立體的圖示。」可是這本書的內容卻
沒有達到它所宣稱的崇高目標。雖然《神的比例》以聳人聽聞的誇
示炫耀開始,繼續下去的卻是一套相當老套的數學公式,還伴隨著
不嚴謹的哲學定義。

《神的比例》第二卷是討論比例以及它在建築和人體結構上的應用。帕西歐里的論述大都根據羅馬折衷主義建築大師維特魯威·波利歐（Marcus Vitruvius Pollio, 70 - 25 B.C.）❹的作品而來。維特魯威這麼寫道：

圖 6-7

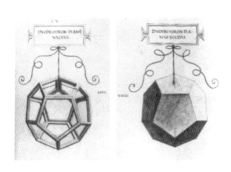

圖 6-8

人體中的中心點自然是臍眼。因為如果把一個人背朝下平放著，手腳張開，然後以他的臍眼為中心用圓規畫出一個圓，那麼這個圓的圓周會觸及他的手指和腳趾。人體可以產生出一個圓的輪廓，同樣也能在其中找到一個正方形。如果我們量度從腳掌到頭頂的距離，然後再去量度伸展的雙臂，會發現其寬度同高度一樣，就如平面上完美的正方形一樣。

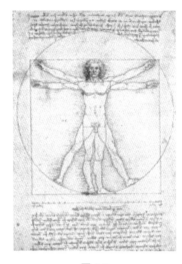

圖 6-9

文藝復興時代的思想家把這一段話當作是另一個明證，得以把美之生物基礎和幾何基礎連結起來，因而出現了「維特魯威人」（Vitruvian man）的觀念，並在達文西的畫筆下完美呈現（見圖6-9）。因此，帕西歐里的書也以討論人體比例開始，「因為在人體中可以找到每一種比例，透過大自然內在的奧祕由至高者（譯按：指上帝）召喚而出」。可是，不同於文獻中經常出現的聲明，帕西歐里並沒有堅持黃金比例決定了所有藝術品的比例。相反的，在處理和設計與比例相關的問題時，帕西歐里特別強調維特魯威的系統，這是建立在一種簡單的（有理數）比例基礎之上。

　　《神的比例》第三卷（這是一本小書，分成三個部分來討論五個正規立體）基本上就只是把法蘭契斯卡用拉丁文寫成的《五個正規立體的短書》逐字譯成義大利文。帕西歐里在這本書中沒有一個字提到他不過是這本書的譯者而已，因而觸怒了藝術史家瓦薩里，瓦薩里如此描述法蘭契斯卡，他：

　　……（當時）被認為是正規立體在算術及幾何方面的大師，可是老年遭逢失明，然後死去，使得他的許多輝煌研究和著書都不為人所知。照理說，這個人應當竭盡所能

來發揚法蘭契斯卡的聲譽，因為法蘭契斯卡對他是傾囊相授。可是他卻不知廉恥地湮滅了他老師的名字，篡奪了那應當完全屬於法蘭契斯卡的尊榮；他用自己的名字，波哥的路加修士出版發表那位可敬老人所有的研究成果，法蘭契斯卡是一位卓越的畫家也專精於科學。

因此，帕西歐里是剽竊他人作品的「文抄公」？相當可能，雖然在《概要》中他的確對法蘭契斯卡表達敬意，認為他是「我們這個時代的繪畫之王」，而且「他在大量作品中所展現出來的繪畫藝術，和用透視法所展現出來的線條力量也是我們所熟悉的」。

泰勒（Robert Emmert Taylor, 1889-1956）在一九四二年出版的《沒有皇家專有的道路：帕西歐里與他的時代》（No Royal Road: Luca Pacioli and His Times）這本書中，對帕西歐里抱持了較為同情的態度。他辯稱，從寫作風格來看，帕西歐里也許根本和《神的比例》第三卷無關，它不過是附加在帕西歐里的作品中罷了。

即使真是如此，但可以肯定的是，如果沒有帕西歐里那些印出的書，法蘭契斯卡的理念及數學作圖也不會流傳得這麼廣。再者，我們應當瞭解，一直到帕西歐里的時代，黃金比例都以「中末比」或「有一個中項及兩個外項」這類教人害怕，而且只有數學家才懂的名字為人所知。一五○九年，《神的比例》的出版引爆了新一波對黃金比例話題的興趣。因為以書的形式發行，使得人們認定黃金比例是一個值得尊敬的議題，而受到全新的注目，並得以再次被人審視。另外，把哲學和神學的意義注入書名「神的比例」中，也突顯了黃金比例，使得它成為人數日增的折衷主義學派知識份子，可以投身鑽研的數學主題之一。最後，有了帕西歐里的書，藝術家就

有了不太數學化的黃金比例理論論著，可以讓他們真正去應用。

　　達文西以他「難以形容的左手」（帕西歐里說的）為《神的比例》所畫的多面體，也發揮了它自己的影響力。它們很可能是第一批有骨架的立體插畫；這些骨架很容易就讓人一眼看出前面和後面之分。達文西可能是從一系列木製模型中得到靈感，而畫出了這些多面體，因為佛羅倫斯市政委員會的紀錄指出，該市曾經將買到的一套帕西歐里木製模型展示給大眾看。除了那些出現在帕西歐里書中的插畫，我們還可以在達文西的記事本中看到許多關於立體的素描。有一張素描，他畫出了一個近似五邊形的幾何作圖。藝術和數學的融合在達文西的《繪畫論著》（*Trattato della pittura*，由達文西手稿的繼承人梅爾茲〔Francesco Melzi〕整理）中達到高峰，這本書以這句忠告作為開場白：「非數學家勿讀」。

　　《神的比例》第三卷的插畫也啟發了弗隆那修士（Fra Giovanni Verona）創作出他在一五二〇年左右的鑲木作品。鑲木是一種特別的藝術型式，一種由木片鑲成精緻的馬賽克工藝。弗隆那修士的鑲木嵌板包括了一個二十面體，我們幾乎可以肯定地說，這二十面體是以達文西有骨架的立體插畫為藍本創作出來的。

　　即使《神的比例》這套書完成後，達文西和帕西歐里的生命多少仍繼續糾結纏繞著。一四九九年十月，當法國國王路易十二率領軍隊佔領米蘭後，兩人雙雙逃出米蘭。兩人在曼圖亞（Mantua）及威尼斯短暫停留後，在佛羅倫斯定居了一陣子。在兩人相交為友的這一段期間，帕西歐里的名字和兩部重要的數學著作連在一起——一是把歐幾里德《幾何原本》譯成拉丁文，和一部討論趣味數學但未出版的著作。帕西歐里的《幾何原本》譯本是根據康帕努斯（Campanus of Novara, 1220-1296）稍早所譯的譯本寫成的注釋本，

並在一四八二年首次在威尼斯印行（也是第一本印行本）。一直到他一五一七年過世之前，帕西歐里都沒有打算出版他所彙編的趣味數學問題集和諺語集，《數字的威力》（*De Viribus Quantitatis*）。這部著作是帕西歐里和達文西共同合作的成果，達文西筆記本中所記錄的許多問題都包含在《數字的威力》中。

帕西歐里修士當然不會因為他的「原創力」而被人紀念，可是他在數學發展上的影響力，尤其是在黃金比例歷史上的影響，卻是無法否認的。

《憂鬱》的數學之祕

另外一位我們要看到的文藝復興時代人物，對於藝術與數學的迷人結合深感興趣，他就是德國畫家杜勒。

許多人認為杜勒是文藝復興時期最偉大的德國藝術家。一四七一年五月二十一日，他出生在今日德國的皇家自由城紐倫堡，父親是一位勤奮的珠寶匠。十九歲的時候，他已經表現出作為畫家及木刻設計家的天賦和能力，而且超越了他的老師，也是紐倫堡首屈一指的畫家及書的插畫家渥爾蓋慕特（Michael Wolgemut）。因此，他展開了為期四年的旅行，這段期間讓他確信「科學中最精確、最富邏輯和圖形結構」的數學，一定是藝術中最重要的成分。

在紐倫堡短暫停留後——這段期間他和一位成功工匠的女兒艾格妮斯·弗雷（Agnes Frey）成婚——他再度離開，來到義大利，希望可以擴大自己的藝術及數學視野。他在一四九四年至九五年間的威尼斯之行中達成了這個目標。杜勒遇見了威尼斯繪畫學校的創辦人貝里尼（Giovanni Bellini, 1426-1516），留給這位年輕藝術家深刻印象，而且終其一生都推崇貝里尼。同時，杜勒和畫出叫人驚嘆

的帕西歐里畫像的畫家（見圖 6-6）狄巴巴雷的邂逅相遇，讓他認識了帕西歐里的數學著作以及它和藝術之間的關聯性。尤其，狄巴巴雷展示了兩幅根據幾何方法畫出的男、女人像給杜勒看，這個經驗激發了杜勒對於人體的運動和比例的好奇，進而一探究竟。杜勒可能在一五○五年到一五○七年間二度造訪義大利的時候，和帕西歐里本人在波隆那見了面。他在一封寫於這段期間的信中，描述了他去波隆納是「為了藝術之故，因為那裡有個人可以教導我透視的祕訣」。許多人認為他所提到的這位神祕「人」就是帕西歐里，雖然也有人建議是別人，如出色的建築家布拉蒙泰（Donato di Angelo Bramante, 1444-1514）以及建築理論家色利歐（Sebastiano Serlio, 1475-1554）。在同一趟義大利之行中，杜勒再次和狄巴巴雷見面。可是這趟二度造訪，杜勒懷有幾分妄想不安，深怕其他藝術家妒忌他而要傷害他。例如，他拒絕晚餐的邀請，怕有人會毒害他。

從一四九五年起，杜勒表現出他對數學的認真與執著。他投入許多時間鑽研《幾何原本》（用的是他在威尼斯得到的拉丁文譯本），以及帕西歐里在數學及藝術方面的著作，和羅馬建築師維特魯威及義大利理論家阿爾伯提（Leon Baptista Alberti, 1404-1472）在建築、比例及透視方面的重要著作。

杜勒在黃金比例史上的貢獻，主要來自他的寫作以及藝術創作。他的主要論著《論用圓規及直尺量度》（*Unterweisung der Messung mit dem Zirkel und Richtscheit*）於一五二五年出版，是最早以德文寫作的數學書之一。在書中，杜勒埋怨說，有太多藝術家對幾何不理不睬，他說：「沒有幾何的知識，就不算是一位真正的藝術家，也不能成為一位真正的藝術家。」這四卷《論用圓規及直尺量度》中的第一卷詳細描述了如何畫出不同種類曲線的方法，包括

和黃金比例有密切關係的對數螺線。第二卷包含了多種精確以及近似的多邊形作圖方法，包括兩個畫出五邊形的方法（精確和近似的各一種）。在第四卷中則討論到了柏拉圖立體以及其他立體，有些是杜勒自己的發明；也談到了透視和陰影的理論。杜勒無意寫一本幾何教科書——例如，他只在一個例子中寫出相關的證明；反之，他總是先從一個實際的應用開始，接著闡述相關的基本理論觀點。這本書包含了一些對於多邊形網絡的最早陳述；它們是些平面紙張，上面畫有多邊形，畫的方法使得這些圖形可以被剪開，然後可以摺疊成一個三維立體（如圖 6-10a）。

　　杜勒的十二面體（和黃金比例有關）插畫如圖 6-10b 列所示。

　　杜勒把他在木刻及版畫上的精湛技藝和他對數學的興趣，相互交織成帶有神祕寓意的版畫創作：《憂鬱 I》（*Melencolia I*，見圖 6-11）。這是三件一套大師級版畫中的一幅（其他兩幅是《騎士、死神和魔鬼》〔*Knight, Death and Devil*〕和《在書房中的聖哲羅姆》〔*St. Jerome in His Study*〕）。《憂鬱》的中心人物是一位坐在石頭上、看起來無精打采、身上兩側有雙翼的女性。她的右手拿著一把測量用的打開圓規。在這幅版畫中，大多數物件都具有象徵意義，而且已經有許多專論文章對這些物件做了完整的解釋。一般認為在版畫右上方的「魔方

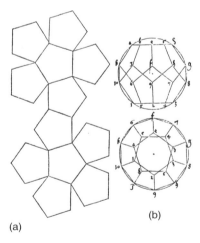

(a)

(b)

圖 6-10

圖 6-11

圖 6-12

陣」（其中每一欄、每一列，以及對角線的數字加起來的總和是
34；順帶一提，這也是一個費波納奇數字）象徵數學（見圖
6-12）。刻在最下方中央的數字則是版畫創作的年代「一五一
四」。把魔方陣放進去大概是受了帕西歐里的影響，因為帕西歐里
的《神的比例》中包括了一些魔方陣的蒐集。這幅有幾何圖形、鑰
匙、蝙蝠、海景等等意象的版畫，似乎象徵著這位被憂鬱所吞噬的
藝術家或者思想家，正兀自懷疑自己的辛勞努力能否成功，而在畫
中上方代表時間的沙漏則依然不斷地滴漏著。

　　至於出現在版畫中央靠左的奇怪立體，一直是人們認真探討和
試圖重建的對象。乍看之下，它似乎像是一個兩個對角被切掉的正
立方體（這一點啟發了某些佛洛伊德學派的解釋），可是事實並非
如此。大多數的研究學者都下結論說：這圖形原來是個菱面體（一

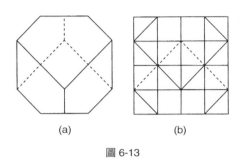

(a)　　　　　　(b)

圖 6-13

個六面體，每一面的形狀都長得像菱形，見圖 6-13a），可是把它截形使它能內接於一個球體。當它仰臥在它的某個三角面上時，正面正好可以精確地嵌在這個魔方陣內（見圖 6-13b）。該面的角度也成了某些爭論的議題。雖然許多人認為這個角度是 72°。如此一來就可以使此圖形和黃金比例產生關聯（見圖 4-7），可是荷蘭晶體學家馬克吉拉弗雷（C. H. MacGillavry）利用透視分析法得到的結論為，這些角度是 80°。林區（T. Lynch）於一九八二年在《華堡及庫陶爾得學院期刊》（*Journal of the Warburg and Courtauld Institutes*）發表的一篇文章中，對於這個立體弔詭的性質做了如下美妙的總結：

　　因為，如何畫出多面體被視為是透視幾何中的主要問題之一，因此對於杜勒而言，除了將這麼一個新穎，甚至於可以說是獨一無二的圖形加進他的版畫中，並且把這些問題：它是什麼？又來自何處？留給其他幾何專家去解答之外，他還能想出什麼其他更好的辦法，可以證明自己在這領域上的能力。

　　除了這些有影響力的帕西歐里著作，以及畫家達文西和杜勒的數學、藝術解釋之外，十六世紀並沒有帶給我們其他令人驚異的黃金比例發展的故事。雖然少數幾位數學家如義大利的龐貝利

（Rafael Bombelli, 1526-1572）以及西班牙的康達拉（Franciscus Flussates Candalla, 1502-1594）在好幾類牽涉到五邊形及柏拉圖立體的問題中使用了黃金比例，但更為令人興奮的應用必須等到十六世紀即將結束之際，方才出現。

　　無論如何，帕西歐里、杜勒以及其他人的研究重新燃起人們對柏拉圖主義和畢達哥拉斯主義的興趣。突然之間，文藝復興時代的知識份子在柏拉圖世界觀的啟發下，看到了一個真正的機會可以把數學和理性邏輯與環繞他們的宇宙聯繫在一起。一些和「神的比例」類似的觀念搭起了一道橋樑，一方面把數學和宇宙的活動聯繫在一起，另一方面也把數學和物理、神學及形而上學連結起來。有一個人，無論是在理念上或在研究成果上都要比其他人更能把數學和神祕主義以吸引人的方式融合在一起，他就是克卜勒。

神祕的宇宙論者，克卜勒

　　克卜勒最被人記得的是，他是一位出色的天文學家，他導出了三條以他為名的行星運動定律和其他成就。除此之外，克卜勒也是一位才華出眾的數學家、好思索的形而上學家及多產作家。出生於一個政治極端動盪及宗教紛亂的時代裡，克卜勒的教育、生活及思想深受周遭事件的影響。一五七一年十二月二十七日，克卜勒出生在德國韋爾·德斯達特皇家自由城（Weil der Stadt），祖父希巴特的家中。他的父親海因雷區是一位職業傭兵；在克卜勒的童年時代裡，他幾乎完全不在家，在他短暫的幾次回家期間，用克卜勒自己的話說，他是：「一位幹壞事的人、莽撞，而且愛爭吵。」當克卜勒十六歲時，這位父親離家出走，從此再也沒有回來過。傳說他參加了一場在那不勒斯的海戰之後，在回家的路上丟掉性命。因此，克

卜勒由母親凱莎琳娜帶大。凱莎琳娜本人相當古怪，而且惹人厭，她採集藥草，相信它們具有神奇的醫療威力。她在六十歲高齡時，由於個人之間的宿怨，還有不幸的流言蜚語和貪婪事件的牽累遭到逮捕，並被控以女巫罪。這類控告在當時相當普遍，在一六一五至一六二九年間，在德斯達特城至少有三十八位婦女因女巫罪遭到處決。她被逮捕的時候，克卜勒已經相當出名，他對母親受審新聞的反應是「說不出來的悲痛」。他極有效率地接管母親的辯護工作，並獲得杜賓根大學法學院教授群的協助。

經過長期的痛苦折磨之後，法庭根據她在嚴刑逼供之下所做的口供，終於撤銷凱莎琳娜的罪名。這個故事傳達了克卜勒從事科學研究的當時，充斥於整個社會的氛圍和在智識上的困惑。克卜勒出生在這樣的一個社會中，不過才五十年以前，馬丁‧路德（Martin Luther, 1483-1546）和天主教會決裂的時代才剛落幕，馬丁‧路德宣稱人類在上帝面前能為自己辯護的唯一理由就是對神的信心。在克卜勒的有生之年中，這個社會即將開始發動一場血淋淋的瘋狂戰爭，稱為「三十年戰爭」。我們只能驚嘆，處於如此狂暴不安的生活中，克卜勒居然還能做出一項發現，而且被公認為促成了現代科學的誕生。

克卜勒在墨爾布朗（Maulbronn）高等神學院開始他的學習，然後於一五八九年從伍騰堡大公（Duke of Württemberg）那兒獲得了一筆獎學金，進入杜賓根大學路德神學院就讀。神學和數學是最吸引他的兩門學科，而且認為它們具有密切關係。在當時，天文學被視為是數學的一部分，而克卜勒的天文老師就是赫赫有名的天文學家馬斯特林（Michael Mastlin, 1550-1631）。即使離開杜賓根後，他仍然和這位老師保持聯繫。

　　在正式的教學中，馬斯特林一定只教傳統那種以地球為中心的托勒密宇宙系統，在這系統中月球、水星、金星、太陽、火星、木星及土星都繞著靜止不動的地球轉。可是，馬斯特林完全知道哥白尼（Nicolaus Copernicus, 1473-1543）在一五四三年發表的日心宇宙系統，在私底下他也確實和他最喜愛的學生克卜勒討論這個系統的優點。在哥白尼系統中，六大行星（包括地球，可是不包括月球，因為在當時已經不認為月球屬於行星，而是一顆「衛星」）繞著太陽轉動。就像在一輛行進中的汽車裡，你只能觀察到其他汽車的相對運動一樣，在哥白尼系統中，許多看來似乎是行星的運動，簡單來說，只不過是反映出了地球本身的運動而已。

　　克卜勒似乎立即就喜歡上了哥白尼系統。這個宇宙論的基本理念與他的宇宙觀完全契合：一個處於中心的太陽被恆星所在的天球圍繞著，而這個天球和太陽之間留有空間。對於擁有全然宗教信仰的克卜勒來說，他相信宇宙是創世者本身的反映。太陽、恆星與其間的空間對他說來，則相當於聖父、聖子、聖靈三位一體的象徵。

　　雖然克卜勒以優異成績從神學院畢業，也幾乎要完成了他在神學上的學習，可是發生了一件事，把他從牧師的道路上帶離，變成了一位數學教師。在奧地利格拉茲的新教神學院要杜賓根大學推薦適合的人選，來替代他們一位剛去世的數學老師，而杜賓根選擇了克卜勒。因此，一五九四年三月克卜勒不情不願地展開了為期一個月的長途旅行，前往奧地利施蒂利亞省的格拉茲。

　　瞭解到命運之神安排他成為一位數學家，克卜勒決心履行他認為屬於他的基督徒職責，也就是瞭解上帝的創造，以及這個宇宙。因此，他開始念翻譯本鑽研《幾何原本》以及阿波羅尼奧斯和巴普斯的著作。接受了哥白尼日心宇宙說的一般性原則之後，他開始探

索下面兩個主要問題的答案：（一）為什麼剛剛好只有六顆行星？以及（二）是什麼原因決定了這些行星軌道之間的距離❺？在天文學的字彙中，這些個「為什麼」和「是什麼」的問題是全新的詞語。不同於以前的天文學家，他們只記錄下觀測到的行星位置就感到心滿意足了，但克卜勒不同，他要搜尋一個可以全面解釋這個個現象的理論。他如此美妙地表達了自己在人類這項探索上所使用的新方法：

> 在所有追求知識的過程中，很湊巧地，我們都從能夠激動我們感官的東西開始，然後隨著頭腦的運作被帶到感官敏銳度所無法掌握到的更高境界去。同樣的事也發生在天文工作上；我們先用雙眼看到這些行星在不同時候的各種位置，然後將推論加諸於這些觀測之上，接著引導我們的腦子去辨識出這個宇宙的型態。

可是，克卜勒問自己，上帝用什麼工具來設計祂的宇宙？

第一次的靈光乍現降臨於一五九五年七月十九日，後來變成了他對於這些宇宙問題的驚人解釋的來源，當時他正在一場演講中嘗試著去解釋這兩顆外行星，木星及土星的相合（conjuction）❻現象。基本上他瞭解到，如果他能把一個正三角形內接於一個圓（它的三個頂點都在圓上）而且能在這三角形的內部又內切一個圓（在邊的中點相切；見圖 6-14），那麼這個大圓的半徑和小圓的半徑比，大約等於土星和木星的軌道之比。繼續沿著這樣的思路思索，他決定要找到火星的軌道，而他將要到用下一個幾何圖形，即正方形內接於這個較小的圓。可是，他一直找不出正確的尺寸。不過，

克卜勒並未因此而放棄，由於這一路他都是循著柏拉圖觀點來思索這個問題，這觀點說「上帝從來就應用幾何」，因此對他而言，下一步採取幾何步驟去試一下三維圖形，是再自然不過了。這就使得克卜勒第一次應用到和黃金比例有關的幾何物件。

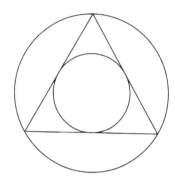

圖 6-14

克卜勒在他的第一本論著中針對這兩個激起他好奇心的問題，提出了解答，這本《宇宙的奧祕》（*Mysterium Cosmographicum*）出版於一五九七年。它的完整書名出現在書裡的書名頁中（見圖 6-15；雖然出版日期印為一五九六，但在翌年出版）：「宇宙結構學論述的先驅，包含了天球不可思議的比例、產生相關數字的真實理由及正確理由，天穹的週期運動等宇宙奧祕，以五個正規幾何立體來證實。」

圖 6-15

克卜勒對於為什麼有六個行星的問題，回答得很簡單：因為恰好只有五個正規柏拉圖立體。以它們為邊界，這些立體定出了六個空間（最外面的

球面邊界和恆星的蒼穹相應）。再者，克卜勒模型的設計也可以同時回答軌道大小的問題。以他自己的話來說是：

> 地球的軌道是量度所有其他軌道的準繩；圍繞它畫出一個十二面體，包圍住這個十二面體的天球就是火星；圍繞火星畫出一個四面體，包圍住這四面體的天球就是木星；圍繞木星畫出一個立方體，包圍住這個立方體的天球就是土星。現在，在地球的內部畫出一個二十面體，圍繞這二十面體的天球就是金星；在金星的內部畫出一個八面體，圍繞這八面體的就是水星。你現在知道行星數目的根本原因了。

圖 6-16 是一幅摘自《宇宙的奧祕》的示意圖，闡明了克卜勒的宇宙模型。克卜勒在他的書中花了不少篇幅，從它們在幾何、星相和形而上學的屬性，來解釋為什麼他在這些柏拉圖立體和行星之間建立特別的關係。他根據這些立體與天球之間的關係來安排立體，假設這個天球和其他立體的差異反映出了造物主與其受造物之間的分別。例如，正立方體的特徵是只有一個角度——直角（right angle）。對克卜勒而言，這象徵了土星的孤立性

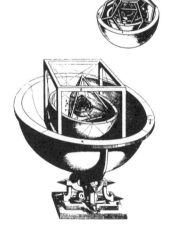

圖 6-16

❼ 等等。更廣泛地說，星相學對克

卜勒而言是可敬的，因為「人是宇宙及所有創世的目的」，而應用形而上學的方法的理由是「數學事物乃物理世界之因，因為打從開天闢地之初，上帝本身就帶著簡單及神聖的抽象數學概念，作為祂計劃中的物理世界的原型。」

地球所在的位置之所以雀屏中選，是為了能把那些直立的立體（如正立方體、四面體及十二面體）和那些「漂浮」的立體（如八面體及二十面體）分開。

從這些模型中得到的行星間間隔和某些觀測值十分相符，可是有一些卻出現了顯著的差異（雖然差異通常都在 10% 之內）。克卜勒對於自己的模型是百分之百有信心，因此他把出現這些不相符的責任大多歸給軌道的量度不精確。他把書寄給不同的天文學家，請他們評論，包括當時最重要的人物，丹麥天文學家第谷（Tycho Brahe, 1546-1601）❽。有一本甚至送到了偉大的伽利略（Galileo Galilei, 1564-1642）的手中，他告訴克卜勒說，他本人也相信哥白尼模型，但不禁惋惜地說道：「身在一大群（笨蛋）當中，」哥白尼「看上去似乎只有受人嘲笑，被噓下台的份兒。」

不必說，克卜勒根據柏拉圖立體建立的宇宙模型非但絕對錯誤，即使在克卜勒的時代，都是癲狂至極。一七八一年天王星的發現以及一八四六年海王星的發現，則把這個垂死的理念送進棺木。誠如天文學家金格瑞契（Owen Gingerich）在他所寫的克卜勒生平文章中說的：「在歷史上，很少有一本內容錯誤的書能在未來科學的發展進程上，產生這麼大的影響力。❾」克卜勒把畢氏學派這種用數學來解釋宇宙的理念，向前推進了一大步。他發展出一個真正的宇宙數學模型，它一方面是基於既有的觀測值，另一方面卻又被後來的觀測所推翻。這些恰是「科學方法」不可或缺的要素——這

是一種有系統的方法，以一個大自然的模型去解釋觀測到的事實。一個理想的科學方法從蒐集事實開始，然後提出一個模型，這個模型的預測再透過實驗或更進一步的觀測來測試。事實上，克卜勒有機會根據他的理論做出成功的預測。一六一〇年，伽利略用他的望遠鏡發現了太陽系中的四個新天體。如果證明這些新天體就是行星，那麼它早已在克卜勒有生之年中給予他的理論致命的一擊。不過，可以讓克卜勒鬆一口氣的是，最後證實這些新的天體只是繞著木星轉的衛星（和月球一樣）而已，並不是繞著太陽轉的新行星。

今日志在解釋所有基本粒子（次原子粒子）及其之間交互作用的物理理論的建立，以一種很像克卜勒理論的形式來倚賴數學上的對稱性，克卜勒則倚賴柏拉圖立體的對稱屬性去解釋行星的數目和性質。克卜勒的模型和今日的基本宇宙理論有些共同點：這兩個理論的本質都十分簡約——它們嘗試以幾個基本定律去解釋許多的現象。例如，克卜勒的理論可以從柏拉圖立體推論出行星的數目以及它們軌道的屬性。同樣的，稱為弦論的現代基本理論應用某種基本實體（弦，它們極小，比原子核小上 10^{-18} 倍）來推論出所有基本粒子的屬性。和小提琴的弦一樣，這些弦能振動，產生出不同的「音色」，而所有已知基本粒子不過是這些不同的音色而已。

克卜勒停留格拉茲期間，由於他對黃金比例的興趣始終不減而引發了另一個有趣的結果。一五九七年十月，克卜勒寫信給他以前的教授馬斯特林下面這則定理：「如果在一條被中末比分割的直線上作圖一個直角三角形，而且使得這個直角落在以第二個點（即黃金分割點）所做的垂直線上，那麼直角三角形直角上的短邊和被分割直線的長段相等。」克卜勒的陳述如圖 6-17 所示。其中直線 AB 被點 C 做黃金比例分割。克卜勒作了一個以 AB 為斜邊的直角三角

形 *ADB*，直角 *D* 位在以黃金分割點 *C* 所做的垂直線上。然後，他證明了 *BD*（直角的短邊）等於 *AC*（被黃金分割後的較長線段）。這個三角形之所以變得特別，並非它運用了黃金比例，而是它在一八五五年

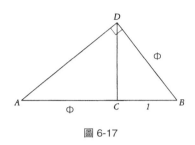

圖 6-17

被金字塔學家羅伯（Friedrich Röber）應用在一個錯誤的理論中，來解釋黃金比例出現在金字塔的設計中。羅伯並不知道克卜勒的著述，可是卻用了類似的作圖法來支持他的觀點，說「神的比例」在建築上扮演著重要的角色。

克卜勒的《宇宙的奧祕》促成了他和第谷在布拉格的會面，當時布拉格是神聖羅馬帝國的行政中心。這次的會晤時間在一六○○年二月四日，同時也揭開了同年十月克卜勒遷居布拉格擔任第谷助手的序幕（發生於克卜勒因其路德派信仰，而被迫離開格拉茲之後）。一六○一年十月二十四日第谷去世之後，克卜勒接棒成為皇家數學家。

第谷留下大量的天文觀測資料，特別是火星軌道的觀測。克卜勒使用這些數據發現了以他命名的三大行星運動定律中的前兩條。「克卜勒第一定律」陳述繞太陽旋

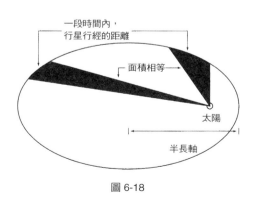

圖 6-18

轉的行星的軌道並非圓形而是橢圓形，太陽位在其中的一個焦點上（見圖6-18）。「克卜勒第二定律」則確立了，行星離太陽最近時則運動最快（這一點稱為近日點〔perihelion〕），當它離太陽最遠時最慢（這一點稱為遠日點〔aphelion〕），其運動方式是，把行星和太陽連接起來的直線在相同期間內掃描出相同的面積。

許多研究學家認為，克卜勒在計算火星軌道時所投入的英勇努力（被他戲稱為「我和火星的戰爭」）預示了現代科學的誕生。尤其，他曾經一度發現了一個幾乎可以和所有第谷觀測相合的圓形軌道。可是在兩個實例中，這個軌道所預測的位置和觀測到的位置相差了約為滿月的四分之一角直徑的角度。克卜勒如此描述這事件：「如果我真的相信我們可以視而不見這八弧分（1度＝60弧分），我就可以把我在第十六章的假設拼湊成形。可是，因為不允許這麼做，這八弧分指出了一條全面革新天文學的道路。」

克卜勒停留在布拉格的期間，是他在天文學和數學研究上最多產的一段時光。一六〇四年，克卜勒發現了一顆「新」星，現在稱為「克卜勒超新星」。超新星是一個威力強大的星體的爆炸，在此階段，已近生命終點的恆星以每秒一萬英里的高速將它的外層向外射出。在我們的銀河系中，這類爆炸平均每隔一百年發生一次。第谷的確在一五七二年發現了一顆超新星（第谷超新星），克卜勒則在一六〇四年發現了另外一顆。自那時候起，因為一些不明的理由，在銀河系中還沒有發現過其他的超新星（雖然在一六六〇年代，顯然有一顆爆炸過，可是卻沒有人注意到）。天文學家開玩笑說，超新星如此少見也許單純地反映出了這個事實，即自第谷及克卜勒以降，就沒有再出過真正偉大的天文學家。

克卜勒在數學方面的研究，也產生出了黃金比例歷史上幾個最

吸引人的發現。他在一六○八年寫給一位萊比錫教授的信上，我們可以看到他發現了費波納奇數字和黃金比例之間的關係。他在另外一篇追蹤雪花六角形形狀原因的隨筆中，再次重述了這項發現。克卜勒寫道：

> 關於這兩個正規立體，十二面體及二十面體……如果沒有這個今日被幾何學家稱為神的比例，那麼這兩個立體，甚至連五邊形都無法形成。這樣的安排使得一個在遞增級數中的數項是前兩項之和，這最後兩項之和再得出下一項，以此類推直到無窮，而且以相同的比例持續不斷下去……愈遠離 1，就愈完整。取 1、1 為最小值……加起來，其值為 2；把後面的 1 與 2 相加，得到 3；把 2 與 3 相加，得到 5；5 加上 3，得到 8；加 5 到 8，得到 13；加 8 到 13，得到 21。5 比 8，約等於 8 比 13；8 比 13，約等於 13 比 21；13 比 21，約……。

換句話說，克卜勒發現了相鄰費波納奇數字向黃金比例收斂的屬性。事實上，他也發現了另一個費波納奇數字的有趣性質：「每一項的平方與相鄰兩項的乘積之差至多為 1。就以數列：1, 1, 2, 3, 5, 8, 13, 21, 34 …… 為例，如果我們取 $3^2 = 9$，那麼它和 3 的兩個相鄰項的乘積，$2\times5 = 10$ 之差只有 1。同樣的，$13^2 = 169$ 和 $8\times21 = 168$ 也只差 1，等等。

費波納奇數字的這個特性也引出了一個令人相當困惑的弔詭，由數學謎的開山師祖洛伊德（Sam Loyd, 1841-1911）首度提出。

我們拿圖 6-19 的 8×8 正方形（面積為 64）為例，來思索這個

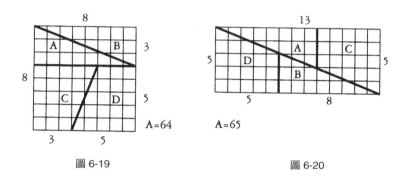

圖 6-19　　　　　　　　　圖 6-20

問題。現在按照指示把它分割成四部分；它們可以重新組合（見圖6-20）成一個面積長寬為13和5，面積為65的長方形！多出的一個單位方塊來自何處？這個弔詭問題的解答是，沿著這個長方形的對角線，這些切片的嵌合並不完整——其中有一個很窄狹的空間（一條長而細的平行四邊形），其面積正好是一單位小方塊。

　　你也許注意到，克卜勒把黃金比例稱為「神的比例，一如今日幾何學家對它的稱呼」。克卜勒把他的基督教信仰和理性元素結合為一，成了他所有研究的特徵。作為一位基督徒自然哲學家，克卜勒認定他的天職就是根據這個宇宙的創世者的意向來瞭解這個宇宙。克卜勒把他對太陽系的理念與數字5強力結合（採自畢氏學派的思想）後，如此描述黃金比例：

　　　　這個比例的一個奇特之處是，可以從較大的一部分
　　　及整體得出一個差不多的比例值；本來是較大的部分，現
　　　在變成較小的，以前是整體的現在變成較大的，而這二者
　　　之和現在也有了這個整體的比例。這可以無止盡地做下
　　　去；神的比例永遠留駐。我相信當創世者引入以祂自己為

形象、可以延無盡的創造（指人）時，也曾引用過這個幾
何比例的理念。我在幾乎所有果樹的開花中，都看到了這
個數字五；這些果子是創造，而花之存在不是為了它們自
己，而是為了將結的果子。幾乎所有會開花的果樹都在此
被一網打盡了；雖然我沒有看過它們開的花，但單單從它
們的果核為七、十一、或九個，而非五個來判斷，我或許
必須把檸檬及橘子摒除在外。可是在幾何中，這個數字
五，即五邊形，是由這個神的比例所建構。再者，在太陽
的運動（或者，就我所信的，地球的運動）和處於有衍生
能力頂端的金星的運動之間有 8 對 13 的比例，而我們將
要聽到，這比例很接近神的比例。最後，按照哥白尼的說
法，地球的（軌道）球面在火星及金星的（軌道）球面之
間。從它們之間可以得到十二面體及二十面體，二者在幾
何中都是神的比例的衍生；但不管怎麼樣，生育繁殖就是
在我們的地球上發生了 ❿。

　　簡言之，克卜勒真的相信黃金比例是上帝創世時所使用的一個
基本工具。這段敘述也證實了，克卜勒的確知道黃金比例及費波納
奇數字出現於花瓣的排列中。

　　克卜勒這段在他一生中相對平靜、專業上也豐收有成的布拉格
歲月，在一連串不幸事件的打擊下，終於在一六一一年宣告結束。
先是愛子菲德利希死於天花，接著愛妻芭芭拉也感染傷寒而死（佔
領當地的奧地利軍隊帶來的傳染病）。最後，魯道夫皇帝被迫遜
位，把王位讓給不能容忍新教徒的兄弟馬提亞斯。克卜勒因此被迫
離開布拉格來到今日奧地利的林茨（Linz）。

一六一九年，克卜勒出版了他的第二本宇宙學力作：《宇宙的和諧》（*Harmonice Mundi*），也把克卜勒在林茲的事業推向最高峰。

還記得，對畢達哥拉斯及畢氏學派而言，第一個代表宇宙現象和諧的證據是數學吧。只有依據某種簡單數字比製作的弦長能發出和諧的樂音。2：3弦發出的是五度音，3：4發出的是四度音，等等。類似的和諧行星間隔也被認為會發出「天球的音樂」。克卜勒對這些觀念非常熟悉，因為他讀過老伽利略所寫的《古代及現代音樂的對話》（*Dialogue Concerning Ancient and Modern Music*）的大部分內容（雖然他對老伽利略的某些理念不表同意）。由於他相信自己擁有一個完整的太陽系模型，因而他能發展出不同行星的不同小「旋律」。

因為他深信「在一切事物發軔之前，幾何和神的意向永久共存」，因此《宇宙的和諧》的大部分內容都專注在幾何上。這本書在鋪磚（tiling）或鑲嵌上的論述，對於黃金比例的故事尤其重要。

一般說來，「鋪磚」這字眼是用來描述一種包含了一或多種瓷磚（或地磚）形狀的模式或結構排列，恰好可以鋪滿一個平面，而且瓷磚與瓷磚之間完全沒有空隙，這就和排列馬賽克或地磚一樣。在第八章中我們會看到，鋪磚中的某些數學觀念和黃金比例有密切關係。雖然克卜勒並未盡悉鋪磚數學的微妙之處，但他對於不同幾何圖形之間的關係的興趣，以及他對五邊形的崇拜——「神的比例」的最直接彰顯——已經足夠把他導引到有趣的鋪磚研究上。克卜勒對幾何形狀（如多邊形）及立體的全等（congruence；即相合）特別有興趣。圖6-21顯示了一個從《宇宙的和諧》取出的例子。這個鋪磚的模式由四種不同的形狀所組成，它們全都和黃金比例有關：五邊形、五角星形、十邊形及雙十邊形。對克卜勒來說，這就

是「和諧」的一種彰顯，因為「和諧」的希臘字源 *harmonia* 的意思就是「相合」。

有趣的是，在克卜勒之前，兩位在黃金比例歷史上也佔有一席之地的人物（前面幾章中已描述過）——第十世紀的阿拉伯數學家阿布爾-瓦發和德國畫家杜勒，兩人都提出了包含五重對稱性（杜勒的一個例子如圖 6-22 所示）的設計——也對鋪磚感興趣。

《宇宙的和諧》第五卷包含了克卜勒在天文學中最重要的成果——行星運動的「克卜勒第三定律」。該定律代表了他在尋求行星軌道的尺寸，以及它們繞日運轉的週期時所經歷到的種種痛苦的至高展現。他二十五年來的研究成果全部濃縮成一條簡單得令人難以置信的定律：所有行星的週期的平方與其半長軸（橢圓長軸的一半長度，見圖 6-18）的立方之比都相等。這條定律在《宇宙的和諧》已經付梓印刷時才被克卜勒發現，這條定律就成為了牛頓公式化萬有引力定律的基礎。他無法控制自己的興奮，大聲宣稱：「我已經偷到了埃及人的金瓶，來替我的上帝在遠離埃及邊界的地方造

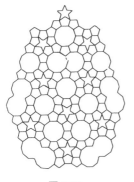
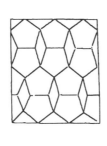
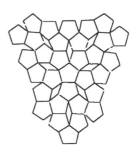

圖 6-21   圖 6-22

圖 6-23

圖 6-24

出一座聖殿。」下面這則定律的本質自然來自重力定律：行星愈靠近太陽，這個力愈強，所以內行星運動的速度一定比較快，以免墜入太陽中。

一六二六年克卜勒遷居到德國烏爾姆（Ulm），並在那裡完成了《魯道夫星表》（*Rudolphine Tables*，譯按：為紀念資助他的神聖羅馬帝國皇帝魯道夫），這是一個到那時為止，範圍最廣、也最精確的天文一覽表。二〇〇一年，我前往維也納大學參觀訪問，接待的主人展示了該校天文台圖書館所收藏的第一版《魯道夫星表》。在它卷首插圖（如圖6-23）的左下角，有一幅很可能是目前唯一的克卜勒自畫像（見圖6-24）。這幅圖顯示克卜勒就著一盞燭光、在臚列其重要著作的橫幅下方工作。

克卜勒於一六三〇年十一月五日中午離世，並安葬在德國雷根斯堡（Regensburg）。

彷彿與他動盪不安的一生相呼應，三十年戰爭把他的墓摧毀殆盡，一點殘跡都不留。所幸，他的一位朋友所畫的墓碑草圖還在，上面有克卜勒自己寫的墓誌銘：

> 吾嘗量測諸天，而今量測冥府，
> 吾心嚮往蒼穹，而身歸於塵土。

　　以今日的眼光來看，克卜勒的原創性及多產幾乎讓人難以理解。我們應當瞭解克卜勒一生飽嘗苦難，包括在一六一七和一六一八年間，他的三位兒女不到半年內相繼去世。英國詩人唐恩（John Donne, 1572-1631）也許說的最好，他說克卜勒「把蒼穹收來由他照顧，如果沒有他，天堂裡便製造不出新事物。」

譯注

❶ 法蘭契斯卡，義大利畫家。他的畫有數學般完整的型式和出色的空間感，整體看來又有一種不受時間限制的寧靜氣息。但是這種寧靜的氛圍和對透視的探索似乎對他同時代的畫家的影響不大，可是在二十世紀時卻被認為對義大利的文藝復興具有重大貢獻。

❷ 複式記帳法。一種平衡記帳法，每項交易紀錄的借、貸項金額必須相等，以維持帳戶平衡。

❸ 指的是三位一體，只此一神別無他神（十誡中的第一誡）。三位一體是指聖父（耶穌自稱上帝是他的父）、聖子（耶穌）及聖靈（透過耶穌而及於世人的神靈）。

❹ 羅馬建築大師、工程師及作家。他在《論建築》（De Architectura）一書中，明確指出構成建築的三原則：實用、堅固、美麗，即達到「外型美觀」的境界。

❺ 這兩個問題其實和他後來發現的行星運動定律無關。這些問題到了二十世紀才有些眉目。

❻ 行星及月球都在上下約八度的繞日軌道中，有時在天上它們會很近，稱為相合。星相學家把相合看得很重要，可是，這其實只是從地球上看去的主觀景象。

❼ 在當時，尚未發現土星有衛星。

❽ 丹麥天文學家，一生從事天文觀測，是當時最好的天文觀測家。可是很自大，雖然他把克卜勒請來，可是對克卜勒既敬之又畏之，生時不把數據給克卜勒看。直到臨死之前才立遺囑把數據交給克卜勒，因為他知道只有克卜勒才能把他的名字留傳青史。克卜勒的確沒有讓他失望（這段歷史可參閱遠流出版公司出版的《銀河系大定位》第四章）。

❾ 克卜勒在這方面的貢獻有如希臘的塔利斯（參見第四章）。二者的理論從現代觀點來看，都大錯特錯。可是塔利斯的貢獻是最先以理性及觀測來臆測宇宙的屬性及起源。

❿ 這一段把神學、數學、天文、植物學、黃金比例等都混在一起。現在看來當然許多他說的話都沒有意義，可是要以當時的理念及後來它在數學上的影響來讀它。

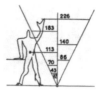

第七章

藝術家也瘋狂？

繪畫不是一種美感的操作；它是一種魔法，
作為這個奇怪的逆境世界和我們之間的仲裁者。

畢卡索（Pablo Picasso, 1881-1973）

文藝復興時期引發了黃金比例歷史上一個重大的轉向，使得黃金比例的觀念不再侷限於數學。現在，黃金比例不僅可以解釋自然現象，也找到了用之於藝術的解釋。

我們已經在前文看到一些主張，說某些古代的建築結構，如大金字塔及巴特農神殿等都是根據黃金比例來設計。但是，當我們更進一步仔細檢視這些主張後發現，大多數案例都無法獲得證實。隨著「神的比例」的觀念的引入，以及普遍認知到數學在透視上的重要性後，使得有些藝術家開始使用有科學根據的方法，尤其是在他們的作品中應用到黃金比例的事情變得較為可信。哈克尼（David Hockney）這位當代畫家在《神祕的知識》（*Secret Knowledge*，二〇〇一年出版）一書中宣稱，大概在一四三〇年，藝術家開始暗中使用類似照相機的輔助元件，包括了透鏡、凹透鏡和暗箱等，創作出看起來十分逼真的繪畫。可是，他們究竟有沒有應用黃金比例呢？如果答案是有的話，那麼黃金比例的應用是否僅限於視覺藝術，還是它也穿透到其他藝術領域的創作中？

藝術家的祕密幾何？

許多關於在繪畫中應用黃金比例的主張，都直接牽涉到人們所認為的黃金比例的美學屬性。我會在本章後面討論這類美學規範的真實性或謬誤。目前，我要專注於一個更為簡單的問題：是否有任何文藝復興時期或在這之前的畫家，真的根據黃金矩形安排他們作品中的藝術元素？要回答這個問題，我們必須回到第十三世紀。

《萬聖節的聖母像》（*Ognissanti Madonna*）（亦稱為《聖母的榮輝》〔*Madonna in Glory*〕，見圖 7-1，目前收藏在義大利佛羅倫斯烏菲茲美術館 ❶），為著名的義大利畫家及建築師喬托（Giotto di

Bondone, 1267-1337）的最佳蛋彩木板畫之一。這幅畫創作於一三
○六至一三一○年間，圖中聖母瑪麗亞半笑著，坐在寶座上愛撫著
聖子耶穌的膝蓋。喬托運用層次分明的透視手法安排聖母和聖子被
天使和聖徒所環繞。許多關於黃金比例的著書和文章一再重複這個
陳述，說這幅畫的整體及中心人物，可以精確地內接於一個黃金矩
形之內（見圖 7-2）。

　　類似的聲明也出現在另外兩幅主題相同的畫作中：偉大的義大
利錫耶納（Siena）畫家杜奇歐（Duccio di Buoninsegna, 1255-1319）
的畫作：《魯切拉耶聖母像》（*Rucellai Madonna*，約完成於一二八五
年），以及佛羅倫斯的畫家謝尼（Cenni di Pepo，也被稱為契馬布
耶〔Cimabue〕，1240-1302）的《三位一體聖母像》（*Santa Trinita
Madonna*）。似乎是命中注定，這三幅畫恰巧都掛在烏菲茲美術館中

圖 7-1　　　　　　　　　　　　　　　圖 7-2

的同一間展覽廳內。這三幅畫「萬聖節」、「魯切拉耶」和「三位一體」的長寬比各為 1.59、1.55 和 1.73。雖然這些數字距離黃金比例都不太遠，其中兩個實際上更接近這個簡單比 1.6，而不是 ϕ 這個無理數。此一事實可能也暗示了，這些藝術家追隨維特魯威的建議，採用簡單比（即兩個整數之比），而不用黃金比例。《萬聖節的聖母像》中的內矩形（如圖 7-2 所示）也留給我們同樣模稜兩可的印象；不僅是因為這個矩形的邊界用相當粗的直線畫出，使得任何量度都不是那麼確定，還因為上水平邊界擺放的位置也相當隨意。

再回想一下那種完全依賴量度出來的尺寸所可能帶來的風險，我們可能想知道是否還有其他理由可以去質疑，這三位藝術家是否真打算把黃金比例包含在他們的繪畫中？答案似乎是否定的，除非他們受到某種不自覺的美感偏愛，驅使他們使用這個比例（本章後面會討論到）。要記得，這三幅「聖母像」早在《神的比例》出版之前的兩個多世紀，就已經畫出。

法國畫家及作家布魯（Charles Bouleau）在他一九六三年出版的書《畫家的祕密幾何》（*The Painter's Secret Geometry*）中，表達了一個不同的觀點。布魯並未特別提及喬托、杜奇歐或契馬布耶，可是卻議論說帕西歐里的書代表的是一個時代的結束而非開始。他力陳《神的比例》透露出了「這麼長世紀以來口述傳統的思維」，而在這段期間裡，黃金比例被認為「是完全之美的表現」。如果這是真的，那麼契馬布耶、杜奇歐和喬托有可能真的採行了這個公認的完美規範。不幸的是，我找不到證據可以支持布魯的說法。恰恰相反，黃金比例的歷史文獻告訴我們，這種認定在帕西歐里出版他的書之前的幾個世紀裡，黃金比例即特別受到藝術家推崇的想法，與史不符。再者，藝術專家針對這三位藝術家作品所做的嚴謹研究

（例如，狄阿刻伊斯〔Francesca Flores D'Arcais〕鑽研喬托；貝羅西〔Luciano Bellosi〕研究契馬布耶）也都沒有指出，這三位畫家有在哪一幅作品裡應用到了黃金比例——這種聲明似乎只能在黃金比例狂熱者的著作中找到。

只要談到黃金比例出現於藝術作品中這類話題，另外一個幾乎一定會提到的名字就是達文西。有些作家甚至把「神的比例」一詞的創造歸功給達文西。這類討論通常都集中在這位義大利大師的五幅畫作上：未完成的畫布《聖哲羅姆》（*St. Jerome*）、有兩個版本的《在岩洞中的聖母》（*Madonna of the Rocks*）、《一位老人的頭》（*a head of an old man*）的素描，以及著名的《蒙娜麗莎》。基於下列兩個原因，我不擬在這裡討論《蒙娜麗莎》：（一）這幅畫已經成為許多在內容上互相矛盾的學術性及大眾化書籍探討的對象，它們已經多到幾乎不可能得出一個明確而清晰的結論；（二）人們認為可以在《蒙娜麗莎》臉部周圍的一個長方形尺寸中看見黃金比例。但是在缺乏任何清楚、有據可查的文獻指示的前提下，指出可以在哪裡精確地畫出這矩形，這樣的想法不過是提供了另外一次可以大玩胡湊數字把戲的機會。不過，在討論《一位老人的頭》時，我會再回來探討達文西作品中這個更廣泛、關於臉的比例的主題。

至於有兩個版本的《在岩洞中的聖母》（一幅收藏在法國巴黎的羅浮宮中，見圖 7-3，另一幅則由倫敦國家藝廊收藏，見圖 7-4）的情況則不怎麼令人信服。這幅畫的長寬比，羅浮宮版約為 1.64，國家藝廊版為 1.58，兩者都合理接近黃金比例，可是也接近這個簡單比 1.6。

關於這兩個版本的年代斷定和真偽，也為那些探討黃金比例出現與否的主張增添了有趣的曲折。研究這兩幅畫的專家們下結論

圖 7-3 　　　　　　　　　　圖 7-4

說，毫無疑問的，羅浮宮的版本完全出自達文西之手；可是在倫敦
國家藝廊的那幅很可能是共同創作，真相如何至今依然爭論不休。
羅浮宮版被認為是達文西在米蘭期間的第一幅作品，可能是在一四
八三至一四八六間畫出。而國家藝廊版的創作時間，一般認為是在
一五〇六年左右完成。這些年代之所以重要，可能是因為達文西第
一次在米蘭的宮廷中見到帕西歐里的時間為一四九六年。在《神的
比例》第七十一章（這套書第一卷的結尾），用帕西歐里自己的話
來說，「在十二月十四日於米蘭完成，我們仍然安靜遁世的一四九
七年」。因此，羅浮宮版的《在岩洞中的聖母》大約在達文西有機
會直接從權威者的嘴中聽到「神的比例」這名詞之前的十年畫出。
如此一來，那些宣稱達文西在《在岩洞中的聖母》中使用了黃金比
例的主張，無異相信達文西甚至在與帕西歐里合作之前，就採用了

這個比例。雖然這不是不可能，但是並沒有證據支持這個解釋。

《在岩洞中的聖母》是達文西最成功的傑作之一。也許是因為他沒有將下面這個充滿詩意的公式，更好地應用在其他畫作中：「每一件不透明的物件都被光和影所環繞著及籠罩著。」這些畫中的人物原原本本地展現它們自己，吸引觀畫者的情感。若宣稱這些畫作的實力全是來自它們的尺寸比例，無異是看低了達文西的天才。切莫讓我們自己愚弄了自己；因為當我們駐足觀看《在岩洞中的聖母》，內心所感受到的敬畏之情，和這畫的尺寸是否和黃金比例相符幾乎完全沒有關係。

對於未完成的《聖哲羅姆》（圖 7-5，目前收藏於梵蒂岡博物館）而言，也存在著同樣的未知數。不僅僅是這幅畫的日期可追溯至一四八三年，遠在帕西歐里遷居米蘭之前，還因為有些書宣稱：「一個黃金矩形剛剛好嵌合在聖哲羅姆的四周。」這的確需要些一廂情願的想法。事實上，這個矩形的邊沒有完全包含整個身體（尤其是左側）和頭部，手臂甚至延伸到矩形外面。

最後一個達文西可能用到黃金比例的例子是《一位老人的頭》（圖 7-6；這幅畫目前收藏在威尼斯藝術學院畫廊）。它的輪廓和比例圖用筆 ❷ 畫出，時間在一四九〇年左右。大約在一五〇三至一五〇四年時，達文西在同一張畫上增加了用紅色粉筆畫的兩位騎馬人的試畫素描；這兩位騎馬人和達文西的《安吉里之戰》（*Battle of Anghiari*）有關。雖然他臉上覆蓋的方格線毫無疑問地說明了達文西的確對人的臉部比例有濃厚興趣，可是我們很難從這張素描中導出任何肯定的結論。例如，在方格線中列左邊的矩形和黃金矩形相當類似，可是線條畫得相當粗糙，因此我們無法確定它就是黃金矩形。即使如此，這張畫可能是達文西所有畫作中最能顯示這個事實

 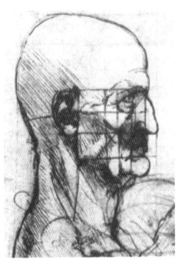

圖 7-5   圖 7-6

的,即他習慣利用矩形來決定畫中元素的尺寸,甚至他可能曾經考慮把黃金比例應用在他的畫作中。

　　達文西對於臉部比例的興趣,可能產生了另外一種頗有意思的表達。藝術史家及電腦繪圖藝術家麗蓮‧許華茲(Lillian Schwarz)在她一篇一九九五年發表於《科學美國人》的文章中,提出了一個很有趣的臆測。許華茲聲稱,當擔任蒙娜麗莎的模特兒缺席的時候,達文西就用他自己臉部的特徵完成這張畫!許華茲經由電腦的協助,將蒙娜麗莎臉上的各種尺寸和一幅許多人(但不是所有人)認為是達文西所畫的唯一自畫像相互比對之後,得出了這番見解。可是,就如其他藝術分析家所指出的,這些比例之所以如此相似可能只是單純地反映出了,達文西在這兩幅畫中採用了相同的比例準則(可能用到,也可能沒有用到黃金比例)。事實上,許瓦茲自己

也注意到，即使在他的怪誕作品結集中——集合了各種臉部五官怪異的畫作，它們有高度誇張的臉頰、鼻子、嘴巴和額頭——達文西所使用的比例原則依然和《一位老人的頭》的一樣。

如果有人認真質疑，達文西這位帕西歐里的朋友、《神的比例》一書的插畫作者，是否在他的畫作中使用過黃金比例，那麼這是否意謂著，就一定沒有其他畫家用過黃金比例？當然不是！在十九世紀末，當討論黃金比例的學術文獻蜂擁而出時，藝術家們也開始注意到了黃金比例。可是在開始討論哪些藝術家使用了黃金比例之前，我們必須先釐清下面這個沒有事實根據的觀點。

儘管有許多人持相反的觀點，但是法國的點描派著名畫家秀拉（Georges Seurat, 1859-1891）可能並未在他的畫中用到黃金比例。秀拉的興趣在於色彩的視覺效果以及色彩的搭配，並全力運用點畫的技巧去模仿光的閃爍和振動。他在晚年的時候，也專注於如何透過繪畫的方式來表達心中的具體感受。他在一封寫於一八九〇年的信中，簡述了他部分的觀點如下：

> 藝術是和諧。和諧是矛盾和相似的類比；透過色調、明暗層次、線條等，由最突顯的部分來決定，而這也受到歡樂的、輕快的、悲傷的組合的光的影響。就線條來說，矛盾是那些形成直角者……喜悅是在水平線上的線……寧靜是水平線；而悲哀是朝下的線。

秀拉在《馬戲團的遊行》（*The Parade of a Circus*，圖 7-7）中，明顯地應用了這些理念。請特別留意畫中中間右邊由欄杆和垂直線形成的直角。整張畫的構圖是根據秀拉從藝術理論家薩特（David

圖 7-7

Sutter）的著作《精緻藝術的哲學在繪畫上的應用》（*La philosophie des Beaux-Arts applique àla peinture*）中擷取出來的原則。薩特寫道：「當突顯的（物體）呈水平時，一連串的垂直物件可以放置其上，因為它們和水平線會呈現和諧一致。」

　　黃金比例的熱衷者經常針對《大遊行》（*The Parade*）和秀拉其他的作品，如《馬戲團》（*The Circus*）提出分析，來「證明」黃金比例的應用。即使在伯甘米尼（David Bergamini）與《生活》（*LIfe*）雜誌編輯群共同撰寫的這本《數學》（*Mathematics*）一書中，我們都會發現這類陳述：「法國印象派畫家秀拉以他的點描式畫風畫出的《大遊行》裡面，包含了許多黃金比例的例子。」這本書更進一步引用一位不具名專家的說法，說秀拉「把黃金分割應用在每塊畫布上」。不幸的是，這些陳述都缺乏事實根據。

　　特別是，《大遊行》的水平線分割比例固然很接近黃金比例（事實上，是 8/5 這個簡單比），可是垂直線卻不然。把這整幅畫的

構圖與秀拉的其他畫作，和象徵派畫家夏凡納（Pierre Puvis de Chavannes, 1824-1898）的畫加以分析後，即使連擁護黃金比例的布魯也不得不下這樣的結論：「我不認為我們可以在不歪曲證據的情況下，就能說夏凡納的構圖是根據黃金比例。同樣的話也可以用在秀拉的畫上。」數學家及作家費許勒在一九八○年時，把秀拉的寫作、素描和繪畫作品全盤做了詳盡的分析後，也得出同樣的結論。還有，哲學家及藝術評論家亨利（Charles Henry, 1859-1926）也在一八九○年堅稱，黃金比例「全然為當代藝術家所忽略」。

　　那麼，究竟有誰在實際的畫作或繪畫理論中應用到了黃金比例呢？第一位應用這個比例的著名藝術家及藝術理論家可能是賽胡西耶（Paul Sérusier, 1864-1927）。賽胡西耶出生於巴黎，念完哲學以後，進入著名的藝術學校，朱利安學院（Académie Julian）就讀。在和畫家高更（Paul Gaugin, 1848-1903）及伯納（Émile Bernard, 1868-1941）會面以後，他改變了原來的理念，轉而服膺他們的色彩表現觀和象徵主義者觀點。他聯合了伯納德（Pierre Bonnard）、維拉（Édouard Vuillard）、鄧尼斯（Maurice Denis）以及其他畫家共同創辦了一個稱為「那比斯」（Nabis）的團體，那比斯源自希伯來語，意思是「先知」。他們以半認真、半諷刺的姿態來看待自己鼓吹的新畫風，認為這是受到了某種宗教啟迪之故，這也是他們為什麼取名「那比斯」的原因。音樂作曲家德布西（Claude Debussy, 1862-1918）也和此畫派有來往。賽胡西耶可能是在一次拜訪（時間在一八九六至一九○三年間）荷蘭畫家朋友弗卡得（Jan Verkade, 1868-1946）時，第一次聽到黃金比例。弗卡得是德國南部波隆本篤修道院中的見習修士。在那個修道院中，有一群僧侶畫家，他們追隨冷茲（Didier Lenz）神父的理論，根據「神聖的量度」繪畫他

們枯燥無味的宗教作品。按照冷茲神父的理論，古代的偉大藝術作品（如諾亞的方舟，以及古埃及的作品等等）都是基於簡單的幾何實體，如圓、等邊三角形和六角形等而來。賽胡西耶發現這個理論的魅力深深令他著迷，他寫信給弗卡得說：「就像你想的，我講了一大堆關於你的量度的東西。」從畫家鄧尼斯所寫的賽胡西耶傳記注釋本中，我們得知在冷茲神父所應用的量度當中，包括了黃金比例。即使賽胡西耶承認，他一開始學習波隆的數學「並非一帆風順」，但是黃金比例和它可能與大金字塔及希臘的藝術品相關的故事，全都納進到他的重要藝術理論著作《繪畫入門》（*L'ABC de la Peinture*）裡去了。

雖然賽胡西耶對於黃金比例的興趣，看上去較重它的哲學意涵而比較不重其應用，但他的確在他的某些作品中使用了這個比例，主要用它來「證實和不時檢查他所創造出來的各種形狀及構圖」。

在賽胡西耶之後，黃金比例的觀念蔓延到了其他藝術圈子裡，特別是立體派。「立體派」（Cubism）是藝術評論家佛色爾（Louis Vauxcelles，順便一提，他也是「表現派」〔Expressionism〕及「野獸派」〔Fauvism〕這兩個名詞的創始人）在一九〇八年參觀布拉克（Georges Braque, 1882-1963）的畫展後，新創的名詞，而由畢卡索的《亞威農的年輕女郎》（*Les Demoiselles d'Avignon*）以及布拉克的《裸女》（*Nude*）拉開了這個運動的序幕。畢卡索和布拉克為了反抗熱情的「表現派」，他們發展出了一種樸實無華、近乎單色的繪畫風格，存心排斥任何可能會引人情感聯想的題材。像樂器物件甚至於連人像都被切割成為多面的幾何平面圖，然後透過移位式透視法把它們組合起來。這種有意暴露出結構的立體形式分析，

很容易就會應用到諸如黃金比例之類的幾何觀念。事實上，有些早期立體派畫家如維庸（Jacques Villon）和他的兄弟馬歇爾（Marcel）與雷蒙（Raymond Duchamp），以及格列斯（Albert Gleizes）和畢卡比亞（Francis Picabia）於一九一二年在巴黎舉行了一個名為「黃金分割」的畫展。儘管取了一個如此具有高度暗示性的名字，但沒有一幅展出的畫真的以黃金分割作為它們構圖的基礎。毋寧說，這個畫展的策劃者之所以選擇這個名字，只是投射出了他們對於如何把藝術和科學及哲學連結起來，具有廣泛的興趣而已。儘管如此，有些立體派的藝術家，如西班牙裔的畫家格里斯（Juan Gris, 1887-1927）及立陶宛裔的雕塑家利普契茲（Jacque Lipchitz, 1891-1973）的確在他們某些後來的作品中用到了黃金比例。利普契茲寫道：

「在那時候，我對數學比例的理論非常感興趣，和其他立體派一樣，我也嘗試把它們應用在我的雕塑作品上。我們對黃金律或黃金分割的理念都有極大的興趣，這個體系被歸在古希臘的建築及藝術之下。」利普契茲協助格里斯建立起《阿里昆》（*Arlequin*，目前收藏於費城藝術博物館；見圖 7-8）的架構；在這雕塑作品中，兩位藝術家應用了（基於黃金比例的）克卜勒三角形（圖6-17）作為他們想要的比例。

　　另外一位在一九二〇年代初應

圖 7-8

用到黃金比例的藝術家，是義大利

畫家賽弗里尼（Gino Severini, 1883-1966）。他嘗試在他的作品中調解「未來主義派」及「立體派」之間的衝突。「未來主義派」代表一群來自文學、視覺藝術、劇院、音樂以及電影圈的義大利知識份子，為了重新恢復義大利文化的活力所做的努力。用賽弗里尼的話來說：「我們選擇把我們的注意力專注在運動中的物體上，因為當代對於速度的感受性特別可以勝任。」第一份未來派畫家的宣言於一九一〇年簽署，它積極鼓吹年輕的義大利藝術家們「極度鄙視所有模仿的形式」。雖然他本人也是未來主義派，但賽弗里尼卻在立體派中找到了「量度的觀念」，正好和他的意圖契合：「繪畫創作所使用的技巧與細工木匠製作傢俱時一樣講究完美。」這個追求幾何完美的努力，引領了賽弗里尼開始應用黃金分割於他的好幾幅繪畫的試畫素描中（如《為人母》〔Maternity〕，目前在羅馬，私人藏畫，見圖 7-9）。

圖 7-9

俄國立體派畫家瑪莉亞・福羅貝瓦（Maria Vorobëva），亦名瑪雷夫娜（Marevna），對於黃金比例在立體派藝術裡所扮演的角色，提供了一個有趣的例子。瑪雷夫娜在一九七四年出版了一本非常迷人的著作：《和呂區藝術家們的生活》（Life with the Painters of La Ruche），這本書記錄了她的一些藝術家朋友們的生活及工作——他們是在一九二〇年代生活於巴黎的一群人，其中包括了畫

家畢卡索、莫迪里亞尼（Modigliani）、蘇亭（Soutine）及李維拉（Rivera，瑪雷夫娜和他生了一個女兒），還有一些其他的人。雖然瑪雷夫娜並沒有舉出任何具體的例子，而且她的歷史評論也不盡正確，但她在書裡暗示畢卡索、李維拉和格里斯都使用過黃金比例，他們把它「當作另外一種分割平面的方法」。

另外一位在二十世紀初葉，對黃金比例產生濃厚興趣的藝術理論家是美國人韓畢治（Jay Hambidge, 1867-1924）。韓畢治在他一系列的文章和著書中，定義出了兩種出現在古典及現代藝術中的對稱。一個他之稱為「靜態對稱」，這是基於如正方形及等邊三角形這類正規圖形而來，目的是產生出無生命的藝術（靜物）。另一種被他謔稱為「動態對稱」，其中主角為黃金比例和對數螺線。韓畢治的基本論點是，在設計中應用「動態對稱」可以創造出有活力且感動人的藝術。在今日，已經沒有幾個人還認真地看待他的這些理念。

一位強力擁護把黃金比例應用在藝術及建築上的人，是著名的瑞士—法國建築師暨畫家科比意（Le Corbusier，本名 Charles-Édouard Jeanneret, 1887-1965）。

科比意出生於拉夏德芬（La Chaux-de-Fonds），他在那裡學習藝術和版畫。他的父親是一位鐘錶商及琺瑯瓷器商，母親則是鋼琴家和音樂老師，她鼓勵兒子培養音樂家的靈敏度以及更多的抽象訓練。他在一九〇五年開始學習建築，最後成為當代建築界中最有影響力的人物之一。一九一六至一九一七年冬季，科比意遷居巴黎，他在那裡遇見了歐增方特（Amédée Ozenfant）。歐增方特和當時巴黎上流社會裡的藝術家與知識份子有很好的來往。透過歐增方特的牽線，科比意會晤了一些立體派人物，而不得不去吸收他們的傳

統。尤其，格里斯更燃起了他對比例體系以及它們在美學中的角色的興趣。一九一八年秋季，科比意和歐增方特聯袂在湯馬士藝廊（Galérie Thomas）舉辦藝術展。他們稱自己為「純正主義者」（Purist），還把他們藝術展的目錄取名為「後立體派」。純正主義引用法蘭契斯卡以及柏拉圖的美學理論，主張：「藝術作品不是隨興而發的、與眾不同的、印象派的、無生命的、抗議的、圖畫一般的，相反的，它是普遍性的、靜態的，以及對不變性的一種表達。」

　　一直到三十三歲，他才開始使用「科比意」這個名字，因為這個時候的他，開始在巴黎揚名立足，對於自己未來的人生道路充滿了信心。他這麼做似乎是刻意要隱瞞他蹣跚的起步，好創造出他的建築天才是在一夕之間迸發就臻於成熟的神話。

　　本來科比意對於黃金比例在藝術中的應用，一開始抱持著十分懷疑，甚至於否定的態度，並警告說，不要「讓黃金分割取代了我們鑑賞力裡的那種神祕體驗」。費許勒曾經針對科比意的建築設計和純正主義畫作做了很透徹的分析，證實在一九二七年之前，科比意從來沒有使用過黃金比例。可是，在吉卡（Matila Ghyka）出版了他極有影響力的書《在大自然及藝術中比例的美學》（*Aesthetics of Proportions in Nature and in the Arts*）之後，事情有了驚人的轉變。科比意之所以被吉卡的這本書及黃金比例所蠱惑，原因有二：一方面，這是他對構成大自然現象的基本形式和結構產生興趣後的自然結果；另一方面，科比意來自一個音樂家庭，因此對於畢派希望經由數字比例達成和諧的渴望，也更能夠體會。他寫道：「這三十多年來，數學的元氣早已流經我的建築及繪畫作品的血脈中；因為音樂一直都在我的裡面。」科比意對一個標準化比例的搜尋，在引入一個稱為「模距」（Modulor）的比例系統後，宣告完成。

　　人們認為這個模距系統提供了「一個和諧的人體尺寸量度，而且可以通用在建築及力學上」。事實上，這不過是西元前五世紀畢達哥拉斯這句著名談話：「人類是一切事物的量度。」的翻版而已。於是，在維特魯威人（圖6-9）想法的影響下，以及人們立定主意要找尋一個猶如大自然創造一般的比例系統，使得模距系統建立在人體的比例上（圖7-10）。

　　取一個六英尺高（大約183公分左右）、有點像著名的法國「米契林人」輪胎商標（Michelin Man）上的男性，然後把他的手臂向上高舉（到226公分的高度），再把他放入一個正方形中（圖7-11）。那麼，他的身高（183公分）和他的肚臍眼的高度（在中點，113公分）之比，剛好就是黃金比例。他的全高（從腳到舉起的手）也在向下垂的手臂的手腕處，被分割成黃金比例（分割成140公分及86公分）。這兩個比例113/70及140/86，則更進一步被費波納奇數列分割成更小的尺寸（見圖7-12）。因此在最後的模距版本中（圖7-10及7-12），引入了兩個逐漸盤旋而上的費波納奇尺寸標度。

圖7-10

　　科比意認為，模距會給予任何物體和諧的比例，從櫃子的尺寸到門把，再到建築及城市中的空間。在一個對大量製造需求日增的世界裡，模距應當可以提供一個標準化的模型。科比意的兩本書，《模距》（Le Modulor，一九四八年出版）及《模距II》（一九五五年）廣受建築設計圈的注

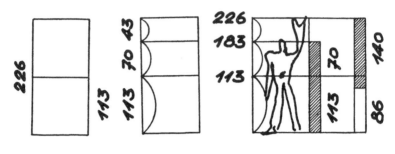

圖 7-11

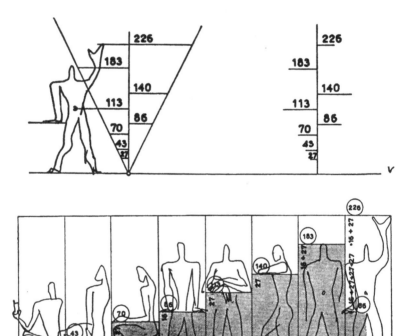

圖 7-12

意，而且把它們當作學術一般來認真研究。柯比意對於自己能在一九四六年於普林斯頓大學的一次會晤中，當面向愛因斯坦提出模距系統的解釋，深感驕傲。他在描述這次的會面時說：「我表達得糟透了，我對模距的解釋陷入『因果』的泥沼中。」即使如此，他還是接到了愛因斯坦的一封信，在信中這位大人物如此表達他對模距的看法，他說：「有了這比例標度使得壞東西不容易出現，而好東西變得容易。」

科比意當然不是最後一位對黃金比例感興趣的藝術家，可是大部分在他後面的藝術家之所以被黃金比例所吸引，主要還是迷戀它在數學 - 哲學 - 歷史上的特性，而不是後來所賦予它的種種美學屬性。例如，英國抽象派畫家希爾（Anthony Hill）在他的一九六〇年作品《構造的浮雕》（*Constructional Relief*，圖 7-13）中，採用了費波納奇數列的尺寸。同樣的，以色列畫家及雕塑家杜馬金（Igael Tumarkin）則精心在他的一幅畫中含括了 ϕ 值的公式：$\phi = (1 + \sqrt{5})/2$。

義大利藝術家莫茲（Mario Merz）則將費波納奇數列轉化成為他作品中的重要元素。他自一九七〇年起，開始在他一系列的「觀念性」作品中使用費波納奇數字和各種螺線。莫茲之所以利用費波納奇數列作為他的創作元素，來自於他發覺此數列構成了許多生物的生長模式。他的一九八七年作品《衝擊波》（*Shock Wave*），將層層疊疊的報紙堆排成一長串，並在費波

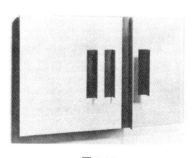

圖 7-13

納奇數字堆上點亮一根藍色的霓虹燈。

　　各種宣稱藝術家應用黃金比例的錯誤主張，如雨後春筍般出現。其中有一個主張值得特別注意，因為它不斷地被口耳相傳下去。

　　荷蘭畫家蒙得里安（Piet Mondrian, 1872-1944）以他的幾何式抽象畫風而著稱，他自己稱之為「新造形主義」（neoplasticism）❸。他作品的最大構圖特徵是，只有垂直線及水平線、矩形和正方形，而且只在白底上應用原色（有時會用黑或灰色），如《百老匯爵士樂》（*Broadway Boogie-Woogie*，見圖 7-14）。他的畫把曲線、三維、和寫實的圖像通通給排除掉了。

　　蒙得里安的幾何構圖吸引了相當多黃金數字家的臆測，一點都不奇怪。在《數學》中，伯甘米尼承認，連蒙得里安本人「都不是很清楚自己畫作中的構思」，但卻又宣稱他的直線抽象畫《協和廣場》（*Place de la Concorde*）具體展現了重疊的黃金矩形。布魯在《畫家的祕密幾何》中更大膽斷言：「法國畫家從來沒有膽子敢走到

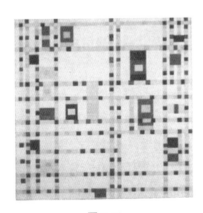

圖 7-14

那麼遠，就像冷酷、無情的荷蘭人蒙得里安一樣，進入到純幾何中，並精確地應用黃金分割。」布魯更進一步說道，在《百老匯爵士樂》中，「構成這幅畫的水平線及垂直線幾乎都追隨著黃金比例」。對於蒙得里安的作品，我自己花了不少時間去閱讀分析更為嚴謹的資料，但都沒有發現任何提到黃

金比例的地方。於是，我很好奇：蒙得里安真的在他的構圖中用過黃金比例嗎？或者根本就沒有？無可奈何之下，我決定去問真正的專家——哈佛大學的波伊斯（Yves-Alain Bois），他是《蒙得里安》（*Mondrian*）的合著者，這本書是為了一九九九年所舉行的蒙得里安大型回顧畫展而發行的出版物。波伊斯的回答非常肯定：「就我所知，蒙得里安從來沒有使用過任何一種比例系統（如果把他在一九一八至一九一九年間畫的模距格子除外的話，可是這個系統是演繹自這幅畫本身的格式：它們被分割成 8×8 的單位格子）。」波伊斯再附帶說了一句：「我還依稀記得蒙得里安本人對於自己作品的一個評論，取笑他作品中的算術計算。」他最後下結論說：「我認為就蒙得里安而言，黃金分割完全是擾亂視聽的東西。」這個難解的歷史公案，的確讓我們對一個問題百思不得其解。如果不是出於智識上的好奇，那究竟是為了什麼原因，有如此多的藝術家曾經考慮過要在他們的作品中應用到黃金比例？是因為這個比例天生就具備了超群的美學屬性嗎？光是要回答這個問題就衍生出了一大堆心理實驗和卷帙浩繁的文獻。

黃金矩形，最美的矩形？

　　義大利神學家阿奎那斯（St. Thomas Aquinas, 1225-1274）曾經說過：「感官喜悅比例適當之物」，嘗試在美和數學之間找到一個基本關係。人類似乎對於具備某種對稱性或遵守某種幾何規則的「形式」，容易產生喜悅的反應。

　　我們在審視黃金比例潛在的美學價值時，將專注於那些非常簡單、寫實的形式和線條上，而不是那些複雜的視覺材料及藝術作品。再者，我在描述大多數心理實驗時，會避免使用「美麗」這個

字眼，而寧願用「悅人」或「有吸引力」來形容。如此一來，就可以免去定義「美麗」的必要，而直接訴諸於這個事實：大多數人都很清楚他們喜歡什麼東西，即使他們不能解釋箇中原因。

許多作家宣稱，在所有矩形中，黃金矩形的美感最為悅人。德國研究者柴興於十九世紀中期發表的一系列獨特論著，引發了晚近人們對於這個問題的興趣；這一系列文獻始於一八五四年的《最新人體比例理論》（*Neue Lehre von den Propotionen des menschlichen Körpers*），終於出版大部頭巨作《黃金分割》（*Der Goldne Schnitt*，於柴興死後出版）。在這些著作中，柴興把自己對於畢派的解釋和維特魯威的理念相互結合，辯稱：「人體的分割、發育良好的許多動物的結構、還有許多植物的基本形式……以及最令人滿足的音樂和諧音，和最美的建築及雕塑作品」都基於黃金比例。因此對他而言，黃金比例是瞭解那些存在於「最精緻的自然和藝術形式」中的比例的關鍵。

現代心理學的始祖之一，費區那攬下了求證柴興這個得意理論的任務。費區那也被公認為是實驗美學的先驅。他在早期的一項實驗中，向參觀德勒斯登藝術館的訪客做問卷調查，請他們在兩幅並排展出，而且幾乎是一模一樣的聖母像：《達姆斯塔特聖母像》（*Darmstadt Madonna*）及《德勒斯登聖母像》（*Dresden Madonna*）中，選出哪幅比較美。這兩幅畫都是德國畫家小漢斯‧霍爾班（Hans Holbein the Younger, 1497-1543）所繪。結果，這個實驗完全失敗，在一萬一千八百四十二位參觀者中只有一百一十三人回答他的問卷，即使是願意受訪的人，他們大多數不是藝術評論家，就是已經心有定見。

費區那的第一批矩形實驗於一八六○年代展開，實驗結果在一

八七〇年代發表，最後在他一八七六年出版的《美學介紹》
（*Vorschule der Aesthetik*）一書中發表總結。他反對「從上而下」的
美學方法——這種方法先從公式化的美的抽象原則開始——而主張
發展從下而上的實驗美學。這個實驗相當簡單：把十個矩形放在一
位受試者前面，請他選出最喜歡以及最不喜歡的矩形。這些矩形的
長寬比都不同，從一個正方形（比例為 1.00）到一個拉長的矩形
（比例為 2.5）不等。其中有三個矩形要比黃金矩形更長，有六個較
接近正方形。按照費區那自己對此實驗背景的敘述，受試者往往先
是等待著，然後猶豫著把一個又一個的矩形排除。同時這位實驗者
也向他們解釋，他們應當小心選出最合意、最和諧，也最優美的矩
形。在費區那的實驗中，有百分之七十六的選擇都集中在這三個分
別具有 1.75、1.62 及 1.50 長寬比的矩形，其中又以選擇黃金比例
（1.62）為最多。其他矩形的選擇每個都少於百分之十。

　　但是，費區那的研究動機並非毫無偏見。他自己承認這項研究
的啟發來自「他看到了一個異象，一個被數字的神祕所連結，而在
思想、精神和物質上統一的世界」。雖然沒有人譴責他竄改結果，
不過有些人臆測他可能下意識地營造出有利於他想要的結果的實驗
環境。其實，費區那一些未發表的論文也透露出，他在類似的橢圓
實驗裡，可是沒有找到任何對黃金比例的偏好，但是他並沒有發表
這些結果。

　　費區那更進一步去測量數千冊出已版的書籍、藝廊中的畫框，
還有窗戶，或其他矩形物件的尺寸。他的結果相當有趣，有時顯得
好笑。例如，他發現德國的紙牌傾向於比黃金矩形更長，可是法國
的紙牌卻要稍短些。另外，他發現取自公共圖書館的四十部小說的
長寬比相當接近 ϕ。還發現繪畫框內的尺寸「明顯比黃金矩形」來

得短。費區那對於窗戶形狀的觀測心得是：「似乎只有農家的窗戶形狀才經常呈方形，符合這個事實：教育程度低的人所喜愛的窗戶形式和教育程度高的人不同。」費區那更進一步宣稱，平均說來，在墓園中的十字架墓碑，它們的橫槓也把直柱按黃金比例分割。

在二十世紀，許多研究者重複類似的實驗，但得到各式各樣不同的結果。如果是熱衷的黃金比例迷，通常只報告那些在美學上似乎對黃金矩形有偏愛的實驗。可是，有更多嚴謹的研究者指出了許多這類實驗的粗糙本質以及在實驗方法上的缺陷。有些人發現這些實驗結果取決於，譬如是將這些矩形的長邊水平或垂直放置著，還有尺寸的大小、矩形的顏色、受試者的年齡，和文化背景的不同，尤其倚賴實驗的方法。美國心理學家史東（L. A. Stone）及柯林斯（L. G. Collins）在他們一篇發表於一九六五年的文章中指出，某些實驗對於黃金矩形的偏好暗示了這和人眼的視野面積有關。這些研究者發現，沿著雙眼視野四周畫出的矩形平均長寬比是 1.5，離黃金比例不太遠。不過，後續的實驗並沒有證實史東和柯林斯的臆測。其中魯特格斯大學（Rutgers University）的許福曼（H. R. Schiffman）在他於一九六六年所指導的一項實驗中，要求受試者在一張紙上盡可能「畫出一個最有美感的矩形」。畫好以後，要他們把這個圖形按照他們最喜歡的位置（把長邊）水平或垂直排好。雖然許福曼發現喜歡水平位置的人佔壓倒性的多數，符合視野的形狀，可是它們的平均長寬比是 1.9 ——和黃金比例及視野的「平均矩形」都相差甚遠。

多倫多大學的心理學家高奎奇（Michael Godkewitsch）就黃金矩形為最受人喜歡的矩形這一點，提出了他的質疑。高奎奇首先指出這個重要的事實，即團體的平均喜愛度，可能根本不能反映個人

最喜愛的矩形。因為經常發生這樣的狀況：平均而言，最受人喜愛的東西往往不見得是每個人的第一選擇。我們以選擇巧克力的品牌為例，每一個人心目中排名第二的某牌子巧克力，它的平均排名往往反而變成第一，可是沒有一個人會去買它！因此，第一選擇要比平均的偏好度排名，更能提供一個更有意義的喜好值。高奎奇進一步注意到，如果人們對黃金比例的喜愛真是放諸四海皆如此，那麼它應當是最多人的第一選擇，無論你給受試者多少的矩形都一樣。

　　一九七四年，高奎奇發表了一項研究結果。他將二十七個矩形依其長寬比分為三組。有一組，黃金矩形緊鄰一個最長的矩形，在另外一組，它放在中央，在第三組則與最短的矩形相鄰。按照高奎奇的說法，這項實驗的結果顯示出，受試者對於黃金矩形的喜愛是依據它在矩形中的位置，以及早期實驗所使用的平均偏好排行（而不是第一選擇）所得出的人為結果。高奎奇下結論說：「在西方世界中，關於『是否已經有一個可靠的陳述，可以表達出人們對於某種特殊長寬比，具有美學上的偏愛？』這個基本問題，答案大概是『沒有』。」

　　不是所有人都同意高奎奇的結論。英國心理學家馬克蒙努斯（Chris McManus）在一九八〇年發表了一個兩兩比較法得出的周密研究結果，他的方法是比較一對對的矩形。人們認為這個方法要比其他實驗方法更勝一籌，因為有充分的證據說，人們在決定排名時，具有將受試物兩兩比較的傾向。馬克蒙努斯下結論說，「雖然費區那的實驗方法和工具在最好的狀況下，還是引來其他人的高度質疑，但還是有蠻多的證據支持他所觀察到的現象。」可是馬克蒙努斯也承認，「相較於類似的比例（如 1.5、1.6，甚至於 1.75），我們不很清楚黃金比例在本質上是否真的那麼重要。」

你可以用圖 7-15 測試你自己或你的朋友們這個問題，你最喜愛的矩形是哪一個。圖 7-15 顯示了一組有四十八個矩形的集合，它們的高都一樣，可是寬從 0.4 到 2.5 倍的高度不等。緬因州立大學的數

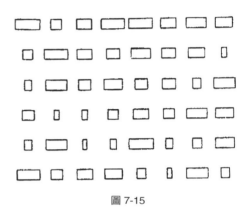

圖 7-15

學家馬考斯基把這個矩形集合應用在他自己的非正式實驗中。你是否第一次就選擇了黃金矩形？（它在第四列，從左算來第五個。）

黃金音樂

今日，每一個弦樂四重奏和交響樂團仍然應用到畢達哥拉斯的發現，即不同音樂音調之間的整數比例關係。再者，在古希臘的必修課程裡甚至一直到中古世紀，仍然把音樂視作是數學的一部分，而「音樂家」也專注於瞭解音調的數學基礎。只有到了十二世紀音樂才脫離了數學所定下的成規及公式。可是，即使到了十八世紀，德國理性哲學家萊布尼茲（Gottfried Wilhelm Leibnitz, 1646-1716）仍然如此寫道：「音樂是一種祕密的數學演練，耽溺其中的人並不瞭解他是在操作數字。」有了這樣的音樂與數字之間的歷史關係，去懷疑黃金比例（及費波納奇數字）在音樂，或在樂器的發展及音樂的作曲上是否扮演過任何角色，是再自然不過了。

小提琴是一種黃金比例佔有重要地位的樂器。在最著名的小提琴中，有些出自義大利史特拉第瓦里（Antonio Stradivari, 1644-

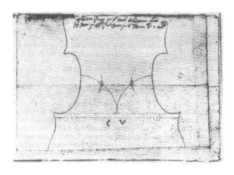

圖 7-16

1737）之手。從圖 7-16 的原圖中可以看到，史特拉第瓦里對於 f 洞之「眼」該放在哪個位置上特別小心謹慎，他根據幾何學把它們放在黃金比例定出的地方。沒有幾個人（如果有的話）相信，史特拉第瓦里小提琴的超群品質來自黃金比例的應用。它的光漆、底漆塗料、木料，以及其他的手工製作，可能更是它經常被提到的「祕密」品質。大多數專家都同意，一般說來，十八世紀的小提琴之能風行主要是因為它們適用於在大型音樂廳裡的演奏。大多數的專家也會告訴你，史特拉第瓦里小提琴沒有「祕密」，它們只是無法仿製的藝術品，是構成它出眾精巧手藝品質的所有組成的總體展現。

　　另一個人們經常提起和費波納奇數字有關的樂器就是鋼琴。鋼琴琴鍵上的一個八度音含有 13 個鍵，即 8 個白鍵及 5 個黑鍵（如圖 7-17）。這五個黑鍵本身又可以再形成由二個黑鍵及三個黑鍵分別組成的音群。這些數字 2、3、5、8、13 正好都是相鄰的費波納奇數字。譬如 C 大音階之所以佔首席位，有部分原因是因為它只能用鋼琴的

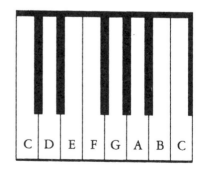

圖 7-17

白鍵彈出。可是，鋼琴的琴鍵和費波納奇數字間的關係，極可能又是另外一個擾亂視聽的禍源。第一，注意半音階（圖 7-17 中從 C 到 B），其實是由 12 個而不是 13 個半音所組成。同樣要注意的是，在一個八度音中，C 重複兩次，暗示了一個循環的結束。第二，也更為重要，這些鍵安排在兩個不同的音列中，其中升半音和降半音為一組，其餘三個則屬於更高音列，這樣的安排可以追溯到十五世紀早期，遠在帕西歐里的書出版之前，更遠在人們認真理解費波納奇數字之前。

　　黃金數字迷聲稱，黃金比例在視覺藝術中擁有某種很特別的美學質感；同理，他們也把特別悅耳的音樂效果歸功給它。例如，討論黃金比例的書很快就指出，許多人認為大六度及小六度是最悅耳的音程，而這些音程全和黃金比例有關。通常，固定的頻率（每秒鐘的振動次數）加固定的振幅（它決定了瞬間的響度）就決定了純音的特徵。而 A 調是用來調音的標準音調，它每秒振動 440 次。一個大六度音程可以由 A 調及 C 調組成，後者每秒的振動次數為 264。這兩個頻率之比是 5/3，是兩個費波納奇數字之比。一個小六度音程可以由一個高八度 C（每秒振動 528 次）及一個 E 調（每秒振動 330 次）得到；這個例子的比是 528/330，可以簡化為 8/5，也是一個費波納奇數字之比，而且已經非常接近黃金比例（要記得，相鄰費波納奇數字之比例趨近於黃金比例）。可是，就像在繪畫中，在這個例子裡我們也要特別注意，所謂「最悅耳的音程」其實也是個相當模糊的概念。

　　我們已經看到了許多例子，顯示黃金比例的熱衷者檢視了許多視覺藝術作品的比例，以求能發現黃金比例的應用。這些入迷者對於許多音樂作品也如法炮製一番。得出的結果也非常類似——除了

少數幾個真正以黃金比例作為它們的比例系統之外，其他許多案例很可能只是誤會一場。

天普大學（Temple University）的拉森（Paul Larson）於一九七八年宣稱，他在最早期的有譜西方音樂，即葛利果聖歌 ❹「慈悲經」（Kyrie）中的一首詠唱（*Liber Usualis*）裡，發現了黃金比例。這一輯的葛利果聖歌中包含了三十首慈悲經詠唱；這些詠唱自第十世紀開始，跨越了大約六個世紀的時間。拉森說，他在他所分析的一百四十六個慈悲經樂節中，在一〇五個黃金比例切割的地方發現了有意義的「事件」（譬如是一個樂節的開始或結束）。可是，如果沒有其他歷史證據或能使人信服的理論可以支持這些詠唱確實應用到了黃金比例，我擔心這不過是另一個大玩數字遊戲的例子而已。

一般說來，從數算一個樂曲的音符及拍子中，我們經常會發現不同的樂節之間存在著各式各樣的數字關係，因此分析者就面對了一個可以讓人理解的誘惑，而下結論說這位作曲家引入了某些數字關係。可是，在缺乏可靠的文獻基礎下（大多數的案例都付諸闕如），我們對於這類主張最好還是秉持著懷疑的態度。

一九九五年，美國阿爾馬學院（Alma College）數學家普茲（John F. Putz）針對莫札特（1756-1791）是否在他包含了兩個樂節的鋼琴奏鳴曲中的二十九個樂章裡用到黃金比例這個問題，做了詳細的檢視。一般說來，奏鳴曲由兩個部分組成：（一）主題的闡明；（二）展開及重複，在重複中再把主題再度展開及重複。因為樂曲都被分割成稱為小節的等長時間單位，因此普茲就針對這些奏鳴曲兩個樂節中的小節數目比來做審視。根據莫札特的姊姊的說法，他在學校讀書期間，「所說及所想的都是數字」，因此莫札特是在作曲中會用到數學的理想人選。事實上，之前已經有好幾篇文章宣

稱，莫札特的鋼琴奏鳴曲的確反映了黃金比例。普茲的第一批研究結果看上去似乎很有希望。在《C 大調奏鳴曲第一章》中，第一樂章的展開和重複有 62 節，而在主題的闡明中有 38 節。這個比例 62/38 = 1.63，相當接近黃金比例。可是，在他把所有數據做了徹底的審視後，普茲深信莫札特在他的奏鳴曲中並沒有用到黃金比例，也不清楚為什麼幾個簡單的小節就可以譜出如此動聽的音樂。因此，雖然莫札特的音樂的確可以說是「神賜的」，可是「神的比例」卻不是它的一部分。

一位可能廣泛應用黃金比例的著名作曲家是匈牙利人巴爾托克（Béla Bartók, 1881-1945）。身為鋼琴家及民俗學者，巴爾托克把他所崇拜的音樂家，像是史特勞斯、李斯特和德布西等人音樂中的元素和民歌混合，創造出他高度個人化的音樂。他曾經說過：「我的弦樂四重奏中的旋律世界和民歌的旋律並無實質上的不同。」他音樂中所展現出來的節奏活力在與經過精密計算的形式對稱結合之後，使得他成為二十世紀最具原創性的作曲家之一。

匈牙利音樂學家連得懷（Ernö Lendvai）不辭勞苦地研究巴爾托克的作品，並發表了許多相關的書籍和文章。連得懷證實：「從巴爾托克的音樂風格來分析，我可以下結論說，他的半音節技巧的主要特徵，是在每一樂章中遵守黃金分割律。」

根據連得懷的研究，巴爾托克對於音樂旋律的安排提供了一個絕佳例子，說明他如何應用黃金比例。例如，從分析巴爾托克的《為弦樂器、打擊樂器和鋼板琴所寫的音樂》（*Music for Strings, Percussion and Celesta*）的賦格樂章中，連得懷證明該樂章中的 89 個音節可以分成兩部分，一個有 55 個音節而另一個有 34 個音節，而以金字塔高峰（即響度最大的地方）為界。更進一步的分界則以

放入和移除弱音為界，或是以其他結構上的改變作為分界點（如圖7-18）。所有這些樂章的數目都是費波納奇數字，重要樂節之間的小節數目比例（如55/34）都十分接近黃金比例。同樣的，在《雙鋼琴及打擊樂器奏鳴曲》（*Sonata for Two Pianos and Percussion*）中，不同的主題皆以半音數目的費波納奇數字／黃金比例的順序來展開（圖7-19）。

有些音樂學家不接受連得懷的分析。連得懷自己也承認巴爾托克對於自己的作品不是一言不發就是說得很少，他說：「讓我的音樂自己發言；我對我的作品不做任何解釋。」巴爾托克沒有留下任何手稿，顯示他透過任何數字的計算來導出他音樂中的節奏或音階，因此任何的分析頂多只能說它們具有建議性。匈牙利音樂學家宋法（Laszlo Somfai）在他一九九六年出版的《巴爾托克：作品、觀念及親筆手稿的出處》（*Béla Bartók: Composition, Cencepts and Autograph Sources*）一書中，就表達出他完全不相信巴爾托克曾經應用過黃金比例的概念。其他音樂學家，如塔特羅（Ruth Tatlow）及格雷菲斯（Paul Griffiths），則對連得懷的研究保持「存疑」。

在這本有趣的書《在比例中的德布西》（*Debussy in Proportion*）裡，劍橋大學的霍華特（Roy Howat）辯稱，法國作曲家德布希（他在和諧音方面的創新，對許多世代的作曲家產生深遠的影響）在他的許多音樂作品中都應用到黃金比例。譬如，在《印象》（*Images*）系列第一部的鋼琴獨奏曲《水之反光》（*Reflection in the water*）中，第一個迴旋曲再現部出現於第 34 個小節之後，這個點剛好是從這首樂曲的開始一直到第 55 小節之後的高潮起始處，這一段的黃金比例點。34 及 55 這兩個數字當然也是費波納奇數字，而 34/21 也很趨近黃金比例。同樣的結構也在《印象》的第二部反

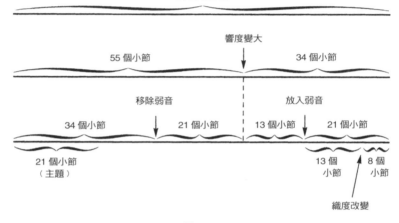

共 89 個小節

響度變大

55 個小節　　　　　　　34 個小節

移除弱音　　　　　　放入弱音

34 個小節　　　21 個小節　　13 個小節　　21 個小節

21 個小節
（主題）　　　　　　　　　　　　　　　　　13 個　　　8 個
　　　　　　　　　　　　　　　　　　　　　小節　　　小節

織度改變

圖 7-18

中心主題

主要主題

次要主題

中心主題　　　　3+5= 8
主要主題　　　　3+5=13
次要主題　　　　13,21

圖 7-19

映出來，這一部則被分割成 24/15 之比（等於 8、5 這兩個費波納奇數字之比 8/5，也接近黃金比例，如圖 7-20）。霍華特發現在德布西的三首管弦樂交響素描《海》（*La Mer*），還有鋼琴曲《雨中花園》（*Jardins sous la Pluie*）及其他作品中都發現類似的分割。

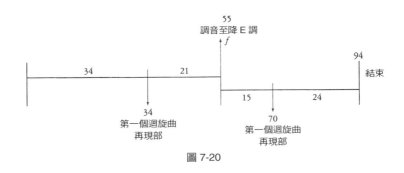

圖 7-20

　　我必須承認，在檢視過了《海》的現有歷史資料後，我發現實在有些令人難以相信，德布西在他這首獨特的樂曲中使用了任何的數學設計。他從一九〇三年開始創作《海》，在寫給友人梅西格（André Messager）的信中，他說：「你可能不知道，我注定要成為水手，可是在一次偶發事件後，命運帶領我朝另一個方向走去。但是，我始終熱愛著她（大海）。」一九〇五年，就在《海》大功告成之際，德布西的生活出現了大翻轉。他為了充滿誘惑力的愛瑪·巴達克（Emma Bardac），離開第一任妻子莉莉（Rosalie Texier）；結果，莉莉鬧自殺；最後，她和愛瑪兩人告上法庭控告德布西。如果你仔細聆聽《海》──這可能是德布西最個人化也最熱情的作品──你聽到的不僅僅是海的音樂肖像，也傳達出了作曲家當時生活的騷動與混亂。

　　因為德布西向來不太談論自己的作曲技巧，因此我們必須清楚區分出何者是對他作品的強加解釋，什麼又是這位作曲家的真實想法和意圖（至今仍舊不明）。為了要支持他的分析，霍華特主要依賴兩項間接證據：首先，德布西和某些對黃金比例有興趣的象徵主義派畫家來往密切；二是，德布西在一九〇三年寫給他的音樂出版商都朗（Jacque Durand）的一封信。這封信附帶了《雨中花園》的校正稿，在信中德布西談到他為何沒有放入一個小節時，他解釋說：「可是，對數字而言，這是必需的；這個神的數字。」這暗示，德布西不僅在建構他的和諧音結構時會應用到數字，而且「神的數字」（假設他講的是黃金比例）也扮演著重要的角色。

　　霍華特還提議說，德布西可能也受到數學家及藝評家亨利著作的影響。亨利對於旋律、和諧音、節奏等與生俱來的數字關係十分感興趣。他的著作《科學美學入門》（*Introduction à une esthetique scientifque*）即賦予黃金比例非常吃重的角色。

　　我們也許永遠無法確定，這位法國現代主義大師真的有意以黃金比例去控制其音樂形式上的比例。他的少數幾位鋼琴學生之一，羅米麗（Mademoiselle Worms de Romilly）小姐有一次寫道，他「老是後悔自己從事的是音樂而不是繪畫」。應用黃金比例對於德布西的高度原創性音樂美感或許有些許助益，但這絕不是他創造力的主要來源。

　　二十世紀時，隨著錄音技術及電腦音樂 ❺ 的引進，加速了數字量度的精確性，因而鼓勵了數字音樂的創作。例如，奧地利作曲家伯格（Alban Berg, 1885-1935）完全繞著數字 3 創作出他的室內協奏曲（Kammerkonzert）：它有三個主題、三十個小節組成的單元，以及使用三個基本「音色」（鋼琴、小提琴和管樂器）來伴奏。梅

湘（Olivier Messiaen, 1908-1992）這位深受其天主教信仰以及對大自然喜愛所驅策的法國作曲家，也有意識地使用數字（例如，用來定出樂章的數目）來建構音樂的節奏。

　　許林格（Joseph Schillinger, 1895-1943）這位一生多彩多姿的作曲家、數學家和教師以身作則，來示範柏拉圖如何看待數學和音樂之間的關係。自聖彼得堡音樂學院（St. Petersburg Conservatory）畢業後，他在卡可夫（Kharkov）及列寧格勒國立學院一邊教學，一邊作曲，而在一九二八年定居美國，在好幾所大學教授數學和音樂。他的學生當中有著名的作曲家及鋼琴家蓋希文（George Gershwin）、樂團團長及豎笛演奏者古得曼（Benny Goodman），以及舞蹈樂團團長米勒（Glenn Miller）等等。許林格深信數學為音樂的基礎，尤其他發展出了一套音樂作曲系統，在這系統中相鄰的旋律音符用半音單位來算時，都遵守費波納奇音程（圖 7-21）。對許林格而言，這些費波納奇音符跳躍所傳達出的和諧感，就和植物莖幹上的葉序比例所傳達給植物學家的一樣。許林格在最不尋常的地方找到「音樂」。在他遺孀法蘭西斯（Frances Schlinger）所執筆的傳記，《約瑟夫・許林格回憶錄》（*Joseph Schillinger: A Memoir*）中，她說了一個故事，有一次在一場暴風雨中，一群人坐在汽車裡，突然許林格說話了：「這些飛濺的雨點有它自己的節奏，擋風

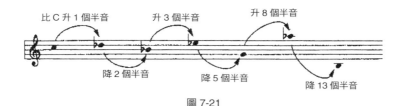

圖 7-21

玻璃上的雨刷也有它自己的節奏。這些都是無意識的藝術。」許林格有一次想要證明音樂可以完全依據數學方程式創作出來，這個嘗試格外有趣。基本上，他把《紐約時報》上的股市指數波動曲線抄下，然後把這些上下起伏轉換為比例式的音程，結果證明他得到了一個曲風有點像偉大作曲家巴哈（Johann Sebastian Bach, 1685-1750）所作的曲子。

我從這趟短暫的音樂世界漫遊之旅中得出的結論是，那些主張某些作曲家確實在他們的作品中應用到黃金比例的聲明，通常只憑簡單的計算一下小節、音符等的數量，就開始迫不及待地分析起來。儘管如此，但有一件事是不可否認的，那就是人們在音樂上使用數字的興趣再次被喚醒，尤其是在二十世紀。作為「畢派的再復興」的一部分，黃金比例開始在許多作曲家的作品中更加被突顯出來。

韓司里克（Eduard Hanslick, 1825-1904）在《音樂中之美》（*The Beautiful in Music*）一書中，很了不起地表達出音樂和數學之間的關係：

> 大自然的音樂和人的音樂，屬於兩種完全不同的類別。從前者到後者的轉換必須透過數學這門科學。這是一個重要且富於想像力的說法。可是，如果我們從這樣的角度來理解，說人乃是根據有目的的計算，並透過巧妙的測量和計數來建構他的音樂系統，至於這個系統則來自無意識地應用早就存在的數量和比例觀念，可就大錯特錯了；但是，後者所遵循的定律終究只能由科學來證實。

黃金比例詩

　　著名的愛爾蘭詩人葉慈（William Butler Yeats, 1865-1939）說過：「不管是哪一類的天才，他的本質就是精確。」在他的詩作：〈雕像〉（The Statues）中，葉慈檢視了數字和激情之間的關係。這首詩的第一節如下：

> 畢達哥拉斯策劃了它。為什麼人們凝視？
>
> 他的數字們，雖然在大理石或在青銅上動，
>
> 或者似乎在動，
>
> 但卻缺少了個性。
>
> 可是男孩女孩們，在孤單的床上
>
> 幻想著愛情，他們面色蒼白，
>
> 卻知道它們是什麼。
>
> 熱情可以帶來足夠的勇氣，
>
> 可以在子夜，在公眾場所，
>
> 使活人的唇壓在鉛垂線量出的臉上。

　　葉慈優美地強調這事實，雖然古希臘雕塑經過算計的比例對某些人來說，可能顯得太過冷漠，可是年輕及熱情的人們卻把它們看成是心上人的化身。

　　乍看之下，沒有一件東西像詩那樣遠離數學。我們以為，來自詩人純然想像的詩的盛開，應當和一朵紅玫瑰一樣，是無盡綻放的。可是，要記得玫瑰花瓣的生長來自一個基於黃金比例的精心安排模式。詩能否依樣畫葫蘆，從這種基礎來解釋呢？

原則上，至少有兩種方式可以把黃金比例和詩聯繫在一起。第一，有以黃金比例或費波納奇數字為主題的詩作（如布魯克曼的詩《一成不變的中項》，見第四章），或者拿與黃金比例有密切關係的幾何圖形或現象作詩。第二，有詩人使用黃金比例或費波納奇數字來建構詩的形式、模式或節奏。

第一類例子包括有林東（J. A. Lindon）的詩、歌德的著名詩劇《浮士德》，以及霍姆斯（Oliver Wendell Holmes）的詩〈有室的鸚鵡螺〉。

趣味數學作家葛登能在《數學馬戲團》（*Mathematical Circus*）一書中，使用了林東的詩作為討論費波納奇數列那一章的開場白。這詩提到了定義費波納奇數列的遞迴關係，摘錄如下：

費波納奇的每一任妻子，

除了澱粉外什麼都不吃，

她的體重就是前面兩位體重的總和，

他的第五任妻子真是了不起的（胖）夫人啊！

德國詩人暨戲劇作家歌德，當然是世界文學界的大師之一。他的天才全都濃縮於《浮士德》一書中——這本書對於人類掙扎追求知識和權力的野心，做了精彩的象徵性描述。主角浮士德博士學問淵博，他把靈魂賣給魔鬼梅菲斯托菲勒斯，以此來交換知識、青春以及魔法的威力。當梅菲斯托菲勒斯發現，在浮士德居處的門檻上畫有五角星形的「德魯登福斯」（Druidenfuss，「男巫的腳」）時，他無法跨門而過。自畢氏學派以降，人們就賦予五角星形神奇的力量（後來導出黃金比例的定義），而為基督教添加了新的象徵意

義，因為人們假定它的五個頂點代表「耶穌」（Jesus）的五個字母。在《浮士德》中就有著這樣一段對話：

> 梅菲斯托菲勒斯：我必須承認，我碰到了一個很小的麻
> 　　　　　　　　煩，使我無法離開這兒，那就是你門檻
> 　　　　　　　　上的德魯登福斯腳。
> 　　　浮士德：你讓五角星形給難倒了？
> 　　　　　　　但是，告訴我，你這個地獄之子，
> 　　　　　　　如果這阻礙了你，那你是怎麼進來的？
> 梅菲斯托菲勒斯：看好了！這些線畫得糟透了；
> 　　　　　　　　那個，角度朝外的那個，
> 　　　　　　　　你看，不是有個小洞嗎。

　　梅菲斯托菲勒斯最後用了一個詭計——因為這個五角星形有一個小開口——穿越而過。顯然，歌德並無意在《浮士德》中提及黃金比例的數學觀念，他只是因為五角星形的象徵意涵而把它含括進去。歌德曾經在別的地方以這句話表達出他對數學的看法：「數學家可以說是一種法國人：當你和他們談話時，他們會立即把你講的話轉譯成他們自己的語言，使得它們在倏忽之間就變成了另外一種完全不同的東西。」

　　美國醫生作家霍姆斯發表了一些詼諧、可愛的詩集。他從鸚鵡螺外殼所呈現的對數螺線自我相似成長模式中，看到潛藏其中的寓意，而創作出了〈有室的鸚鵡螺〉。

> 哦，我的靈，

你在季節快速更替之際，

造出了更華貴的大廈！

留下過去小的室！

讓每一個新廟要比上一個更華麗，

把你自己以一個更大的房頂把天隔開

直到你最後完全自由（譯按：指死去），

把你長大而無法用的貝殼，留給生命永不歇息的海洋。

　　還有許多例子，可以說明基於數字創作而來的詩的結構。例如，義大利詩人但丁（Dante Alighieri, 1265-1321）的經典文學作品《神曲》（*Divine Comedy*）三部曲，每一部皆以三行為單位，而每一部皆有三十三篇（除了第一部有三十四篇，以便總數加起來恰好為一百篇）。

　　費波納奇數字最早可能出現於詩中，甚至早於兔子的繁殖假設。在印度梵文與古印度方言的詩作裡，有一種詩的韻律稱為mātrā-vittas。它的莫勒（mora，詩的韻律單位，相當於普通短音節）數目保持固定，可是字的多寡可以隨意自訂。一九八五年，印度拉吉諾瑞恩學院（Raj Norain College）的數學家賽恩（Parmanand Singh）指出，費波納奇數字與定義它們之間關係的描述出現在三本討論mātrā-vittas的權威性著作裡，早於費波納奇出書的時間（一二〇二年）。第一位作者是維拉漢卡（Ācārya Virahānka），大約是六至八世紀的人。雖然他給的規則不是那麼明確，但他的確提到了將前二個韻律的變奏加以混合，以得到下一個的韻律；就像費波納奇數字為前二項之和一樣。第二位作者是哥普拉（Gopāla），他在一一三三至一一三五年間所寫的手稿裡，明確提到了這個規則。他

解釋說，每一韻律皆是前二個韻律之和，並且算出了這個韻律序列：
1, 2, 3, 5, 8, 13, 21,... 剛好為費波納奇數列。最後一位就是十二世紀偉
大的耆那教徒作家赫瑪坎德拉（Ācārya Hemacandra），大約是在一
一五〇年左右，他在手稿中寫道：「前一個和前前一個變奏數字之
和，就是緊接而來的 mātrā-vittas。」不過，費波納奇數字出現在這
些早期的詩作中，似乎並沒有受到數學家的注意。

在《迷人的費波納奇》（*Fascinating Fibonaccis*）一書中，作者
裴蘭（Trudi Hammel Garland）舉了一首五行打油詩為例，這首詩有
5 行，每行的強音 ❻ 有 2 或 3 個，強音的總數為 13；全都是費波
納奇數字。全詩如下：

> A fly and a flea in a flue（有 3 強音）
>
> （一隻蒼蠅和一隻跳蚤都在焰管中）
>
> Were imprisoned, so what could they do?（3 強音）
>
> （被關住。它們能做些什麼？）
>
> Said the fly, "Let us flee!"（2 強音）
>
> （蒼蠅說，「讓我們逃出去吧！（flee 和跳蚤 flea 同音）」
>
> "Let us fly!" said the flea.（2 強音）
>
> （「讓我們飛出去吧！〔蒼蠅 fly 和飛 fly 同字同音〕」
>
> 跳蚤說。）
>
> So they fled through a flaw in the flue.（3 強音）
>
> （因此，它們從這焰管的裂痕中逃出。）

我們不要因為幾個費波納奇數字的出現，就把它當作證據說這
位詩人在構思這首詩的結構模式時，腦中就想到了黃金比例。和音

樂一樣，詩的用意經常是要人去聆聽，而不僅止於讀出而已。因此，聽起來要感到悅耳，比例及和諧音（韻音）都是構成詩的結構的重要元素。可是這並不意味著，黃金比例及費波納奇數字是詩人唯一的選擇。

在普林斯頓大學教授經典文學的達克華斯（George Eckel Duckworth）教授，對於黃金比例出現於詩中一事，提出了最戲劇化的主張。在《魏吉爾伊尼亞德中的結構模式及比例》（*Structural Patterns and Proportions in Vergill's Aeneid*，一九六二年出版）一書中，達克華斯陳述說：「魏吉爾根據數學比例架構他的伊尼亞德；在每一個小單元及主要篇章中都顯露出這個被人稱為黃金分割、神的比例，或者黃金中項比的著名比例。」

這位羅馬詩人魏吉爾（Vergil, 70-19 B.C.）在農場長大，他的許多早期田園詩都提到鄉村生活的可愛。他的國家史詩作品，描述伊尼亞斯冒險的《伊尼亞德》（*Aeneid*），被公認為是史上最偉大的詩作之一。在長達十二卷的長詩中，魏吉爾追隨伊尼亞斯的足跡，從特洛伊逃到迦太基，歷經了他和蒂朵的戀愛，直到羅馬建國為止。因為魏吉爾，伊尼亞斯成為了人們心中虔敬、摯愛家庭，以及對國家忠誠的典範。

達克華斯對於《伊尼亞德》中的每個段落長度，做了非常詳細的測量。很特別的是，他將每一段落中的行數分為長（以 M 表示）、短（以 m 表示）兩種，然後計算出這些數字的比例。從他的分析中，他下結論說，《伊尼亞德》含有「數百個黃金中項比」。達克華斯也提到，他在一九四九年針對魏吉爾的另一部作品《喬吉歐斯一世》（*Georgius 1*）所做的分析，他從兩個部分：〈工作〉及〈日子〉的行數比中得到一個很接近 ϕ 的值。

不幸的是，數學家費許勒證明，達克華斯的分析是建立在一個很嚴重的數學誤解上。因為這個失察是許多「發現」黃金比例者的共同毛病，因此我要在這裡對此做個簡短的解釋。

假設你有任何一對正的（m, M）值，而且 M 大於 m。例如，$M = 317$ 可能是你最近看過一本書的頁數，而 $m = 160$ 可能是你以磅計的體重。我們把這兩個數字放在一條直線上，如圖 7-22 所示。其中短線段對長線段之比等於 $m/M = 160/317 = 0.504$，而長線段對整條直線之比是 $M / (M + m) = 317/477 = 0.665$。你也注意到 $M / (M + m)$ 要比 m/M 更接近 $1/\phi$。根據黃金比例的定義，我們知道當一條直線按黃金比例分割後，m/M 剛剛好等於 $M / (M + m)$。因此，當你檢視一系列的數字，如段落的長度，以求能從它們的比例中搜尋可能存在的黃金比例時，你可能會因此而認為，無論是用短對長之比，或是長對整個之比都可以。我要引證的是，絕對有關係！一位對黃金比例過於熱衷的人想要在讀者的體重和他們讀的書的頁數之間證明有黃金比例的關係時，就可以把這些數據根據黃金比例的 $M / (M + m)$ 形式表示出來。這就是發生在達克華斯的情形。他採用了這個不幸的決定，只在他的分析中用到 $M / (M + m)$，因為他認為這個方法「稍微更精確一些」，其實不然，結果他壓縮了數據也扭曲了數據，使得他的分析在統計學上是無效的。事實上，渥太華大學的柯沁（Leonard L. Curchin）以及費許勒於一九八一年時利用達克華斯的數據重新將《伊尼亞德》加以分析（不過，他們用的

$M = 317$　　　　　　　　　　$m = 160$

圖 7-22

是 m/M 這個比例），證明沒有證據顯示在它當中有黃金比例存在。他們的結論是，不如說「在魏吉爾的例子裡，它們是隨機散置的」。再者，達克華斯還「賦予」魏吉爾這個知識，即兩個相鄰的費波納奇數字之比是很好的黃金比例近似值。從另一方面來說，柯沁和費許勒也提出令人信服的證據證實了，即使連亞歷山卓城的希羅，這位與魏吉爾同時代的出色數學家，也不知道黃金比例和費波納奇數字之間的關係。

悲哀的是，關於魏吉爾和 ϕ 的這個陳述繼續在大多數關於黃金比例的文獻中出現（例如，裘蘭的《迷人的費波納奇》），也再次證實了「黃金數字主義」的威力。

所有這些設法把黃金比例含括至各種藝術作品、音樂或詩的嘗試，都基於這個假設，那就是存在著一個理想的美的規範在，而且可以把此規範轉變成實際的用途。可是歷史已經證實了，能創作出具有永恆價值作品的藝術家，恰好就是那些能擺脫這類學院式規則的人。無論黃金比例在許多數學領域中，以及在科學上和自然現象裡有多麼重要，我的愚見是，我們都應該放棄這種想法，不要再把它當作是個一成不變的標準應用在人的體態上，或是把它當作是精緻藝術的檢驗標準。

譯注

❶ 佛羅倫斯最大的美術館，烏菲茲的意思是辦公樓（原來是政府的辦公樓），後來改為博物館。

❷ 一種沾了墨水寫字的羽毛筆。

❸ 新造形主義，以蒙得里安為首，源自荷蘭，而後影響整個歐洲的藝術運動。主張將

所有的事物簡化成為單純的水平線、垂直線，配上紅、黃、藍三原色，和黑、白、灰中性色的各種組合。

❹ 葛利果聖歌，為天主教的無伴奏合音齊唱祈禱樂，用在彌撒中的講話。以第六世紀教皇葛利果（Gregory I，教皇期為 590-614）為名，因為他在任內把這些音樂規則化。後來查里曼大帝強迫使用，來替代高盧的詠唱，可是在第九及十世紀時二者混合使用。多為五音程。

❺ 有許多人提起電腦音樂。其實，在古典音樂中有許多如何應用和諧音的規則，這些規則都可以寫進程式中，再由電腦加上一些隨機的音樂種子，也可以譜出聽起來像古典音樂的樂曲。

❻ 古時西方的詩和中國的詩一樣，除注重韻律及押韻之外，還注重強弱音（或節奏，中國古詩相應的是平仄），也有許多的規律，念出來就像唱歌一樣。中國古時念詩也有一定的詠唱法。因為韻律和押韻及節奏（或平仄）把詩的內容嚴重地限制了，因此現代的西方及中國詩作很多都放棄了韻律及押韻。

第八章

從地磚到蒼穹

畢竟，科學所要做的就是理解、領悟——
科學比起無需動腦筋的計算工作當然重要許多。

潘洛斯（Roger Penrose, 1931-）

黃金比例背後縱橫交織的故事，把我們從西元前六世紀一直帶到現代，其中有兩個發展彼此糾結纏繞，橫跨這段長達二十六個世紀的歷史。一方面，畢氏學派的格言：「所有的一切都是數字」已經成為事實，主要透過黃金比例在自然現象所扮演的角色而突顯出來，包括葉序、星系的形狀等等。另一方面，畢氏學派過度執迷於五邊形的象徵意義，認為黃金比例可說是理想中完美事物的普世準則，而我認為這是錯誤的觀念。說了這些之後，你可能會想，這看似是個簡單的二分法問題，是否值得繼續深入探索呢？

從鋪地磚通往準結晶之路

荷蘭畫家維梅爾（Johannes Vermeer, 1632-1675）❶ 以他那極度迷人的繪畫風格著稱，畫中通常描繪一、兩個人做著家常事的情景。在他的繪畫中，光線由觀畫者左面的窗戶射入，輕柔地照耀著畫中的房間，而鋪了地磚的地板會反射光線，那反射的方式至為迷人。如果你仔細審視這些畫，如《演奏會》（*The Concert*）、《寫作中的夫人與她的女僕》（*A Lady Writing a Letter with Her Maid*）、《情書》（*Love letter*，見圖 8-1，收藏於荷蘭阿姆斯特丹的國家博物館）以及《繪畫的藝術》（*The Art of Painting*，見圖 8-2，收藏於奧地利維也納的藝術史博物館），你會發現地磚的排列方式一模一樣，都由黑色與白色的正方形地磚組成。

如果想要把整個平面都鋪上瓷磚，而且要在一定的距離內不斷重複同樣的花樣（稱為週期性鋪磚，見圖 8-3），則正方形、等邊三角形及六邊形特別容易鋪。簡單、未加裝飾的方塊磚及它們形成的花樣具有四重對稱性，即旋轉四分之一周（九十度）後仍為原來的形狀。同樣的，等邊三角形瓷磚具有三重對稱性，即旋轉三分之

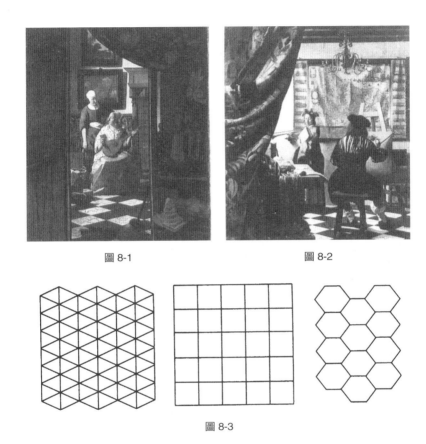

圖 8-1　　　　　　　　　　　　　圖 8-2

圖 8-3

一周後（一百二十度）仍為原來形狀，而六邊形瓷磚有六重對稱性。

　　週期性鋪磚還可用更複雜的形狀來鋪。在西班牙格拉那達（Granada）伊斯蘭教的阿罕布拉宮（Alhambra），有許多錯綜複雜的鋪磚實例（見圖 8-4），著名的荷蘭畫家埃歇爾（M. C. Escher, 1898-1972）❷ 便由此獲得許多靈感，畫出許多極富想像力的鋪磚實例（如圖 8-5），他稱這些模式為「平面分割」。

　　與黃金比例最直接相關的平面幾何圖形，當然是有五重對稱性

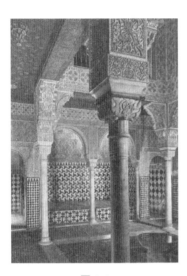

圖 8-4

圖 8-5

的正五邊形，可是五邊形不能透過週期性鋪磚方式填滿某個平面，無論你多麼辛苦地嘗試，總會剩下一些間隙無法填滿，因此有很長一段時間，人們認為不可能有五重對稱性的週期性鋪磚花式。不過在一九七四年，英國牛津大學的物理學家潘洛斯發現兩組基本的鋪磚樣式，兩種方式組合起來可以把平面完全鋪滿，又能排出過去認為不可能達成的五重旋轉對稱性。嚴格說來，他所排成的花樣不具週期性，最多只能說呈現出一種「長程序」（long-range order，長距離內擁有某種秩序）。

在潘洛斯的鋪磚方法中，到處都可看到黃金比例的痕跡。潘洛斯試過的一組地磚包含「鏢形」及「鳶形」（圖 8-6a 與 8-6b）。注意看，這兩個形狀都由出現在五邊形中的等腰三角形所組成，其中斜邊和底長之比為 ϕ 的三角形

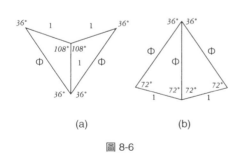

(a)   (b)

圖 8-6

（圖 8-6b）稱為「黃金三角形」，而斜邊和底長比例為 1/φ 的三角形則稱「黃金磬折形」（圖 8-6a）。要得到這兩個形狀，可由分割一個包含 72°及 108°角的鑽石形或菱形而得，分割時要在長對角線上以黃金比例分段（圖 8-7）。

　　潘洛斯及美國普林斯頓大學數學家康威（John Horton Conway, 1937-）證明，如果要用鏢形及鳶形以非週期性方式蓋滿整個平面（如圖 8-8 所示），一定要遵守某些配對規則（matching rule）；你可以在圖形邊上加一些凹進去或凸出來的「配對線索」，就像拼圖一樣，以保證過程中必定遵守這些配對規則（圖 8-9）。潘洛斯及康威更進一步證明，鏢形和鳶形可以用無窮多種非週期性方式鋪滿整個平面，每一種模式的四周都是另一種模式，因而可以清楚辨認出來。在任何一種潘洛斯設計的鏢形 - 鳶形鋪設方法中，最令人驚奇的特性是，鳶形的數目約為鏢形的 1.618 倍，也就是說，如果我們把

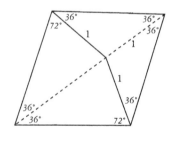

圖 8-7

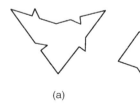

(a)

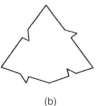

(b)

圖 8-8

圖 8-9

鳶形的數目以 N_{kites} 表示，鏢形的數目以 N_{darts} 表式，那麼當面積愈大時，N_{kites} / N_{darts} 的比值愈接近 ϕ。

另一種能夠以非週期方式鋪滿平面的潘洛斯地磚組合是兩種鑽石形（即菱形），一個是胖的（鈍角），另一個是瘦的（銳角），見圖 8-10。和鳶形與鏢形組合一樣，這些菱形全都由兩個黃金三角形及黃金罄折形組成（圖 8-11），而且若要把平面鋪滿（圖 8-12），一定要遵守特別的配對規則才行（圖 8-13）；我們在菱形特定的邊與角塗上花紋，以呈現配對規則。再者，當面積很大時，胖菱形的數目為瘦菱形的 1.618 倍，N_{fat} / N_{thin} $= \phi$。

胖菱形、瘦菱形與鏢形、鳶形之間有密切的關係，而透過黃金比例，它們又與五邊形—五角星形系統相關連。回想一下，畢氏學

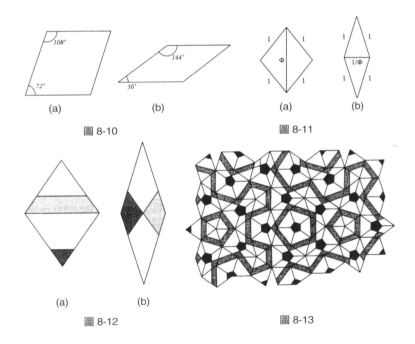

圖 8-10　　　　　　　　　　　圖 8-11

圖 8-12　　　　　　　　　圖 8-13

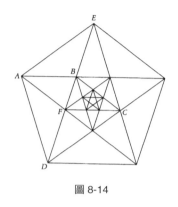

圖 8-14

派對黃金比例的興趣始於圖 8-14 那個無窮盡、一個套一個的五邊形及五角星形，而四種潘洛斯地磚也都隱藏在這個圖中。點 *B* 及點 *D* 標示出鳶形 *DCBA* 的長對角線，而點 *A* 及點 *C* 標示出鏢形 *EABC* 的「兩翼」。同樣的，你也可以找到胖菱形 *AECD* 及瘦菱形 *ABCF*（不同比例）。

　　潘洛斯的地磚研究已經延伸到三維空間了。就如二維地磚可以用來鋪滿平面，三維的「積木」也能用來填滿空間。一九七六年，數學家安曼（Robert Ammann）發現，把立方體略為「壓扁」或「拉長」所形成的兩種「菱面體」（圖 8-15），可以把空間完全填滿。安曼更進一步證明，如果給定一套斜面的配對規則，便可看出填塞的模式為非週期性，而且具有二十面體的對稱性；這等於是三維空間的五重對稱性，因為每一個頂點有五條對稱的斜邊相交。理所當然，這兩個菱面體都是「黃金菱面體」，它們的斜面和潘洛斯地磚的菱形其實是一模一樣的（圖 8-10）。

　　如果不是一九八四年出現一項極為驚人的發現，潘洛斯的鋪磚法可能只是個數學遊戲而乏人聞問。以色列的材料工程師雪特曼

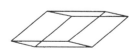

圖 8-15

（Dany Schectman）和同事發現，一種鋁鎂合金的晶體同時顯現出長程序及五重對稱性；對結晶學家來說，他們震驚的程度有如動物學家發現一群五條腿的牛。多年來，固態物理學家及結晶學家深信，固體就只有兩種基本型態，要不是高度有序及完全週期性排列的晶體，就是非晶態（amorphous）❸。在有序的晶體中，如普通的食鹽，原子或原子群排列成精確且不斷重現的圖式，稱為「單位晶胞」（unit cell），形成週期性的結構。舉例來說，食鹽的單位晶胞是立方體，每一個氯原子被鈉原子包圍，反之亦然（圖 8-16）。就和地磚排列完美的地板一樣，每一個單位晶胞的位置及方向也決定了獨一無二的整體結晶樣式；至於非晶態，例如玻璃，其原子排列方式完全沒有秩序可言。當我們鋪磚時，只有像是正方形（四重對稱性）、三角形（三重對稱性）及六邊形（六重對稱性）的地磚，才能以週期性的方式把整個平面鋪滿，而在晶體之中，一般認為同樣也只存在兩重、三重、四重及六重對稱性，因而雪特曼發現的晶體令人大驚失色，它們似乎既是高度有序（如同具有週期性的晶體），也呈現五重對稱性（即二十面體）。如果沒有這項發現，很少人會懷疑物質還能以其他型態存在，即同時擁有結晶及非晶態物質的重要特性。

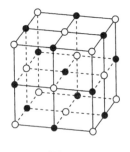

圖 8-16

這種新型結晶目前稱為「準結晶」（quasi-crystal），既非玻璃那樣的非晶態，也沒有像食鹽那樣具有精確的週期性。換句話說，這些不尋常的物質似乎恰好擁有潘洛斯鋪磚法所需的性質！可是了解它具有這樣的性質，對物理學家來說並無大用，因為他們更想了解準結晶為什麼

會形成以及如何形成；潘洛斯及安曼的配對規則僅是些巧妙的數學演練，並不能解釋真實原子或原子團的行為，而且若是真有兩種原子團組成類似安曼所說的兩種菱面體，還恰好以所需的比例形成正確的密度，物理學家認為，其中的能量關係根本很難推導出來。

　　一九九一年出現了一條線索，很可能指向上述問題的答案。那時莫斯科蘭道理論物理研究院（Landau Institute of Theoretical Physics）的數學家伯可夫（Sergei E. Burkov）發現，不必用到兩種形狀的地磚，也可以在平面上以類似週期性的方法鋪磚。伯可夫證明，這種「準週期」（quasi-periodicity）甚至可以只用單一種十邊形即可達成，只要能讓這些地磚彼此重疊就行了；以往鋪磚時不允許地磚彼此重疊。五年後，德國格賴夫斯瓦爾德大學（Ernst Moritz Arndt University in Greifswald）的德國數學家古美爾特（Petra Gummelt）以嚴謹的方法證明，只需用一種繪有花紋的十邊形，再加上一種特定的重疊規則，就可以達成潘洛斯鋪磚法；兩個十邊形只能以暗色部分彼此重疊（圖 8-17）。十邊形也和黃金比例密切相關，邊長為一單位的十邊形，其外接圓的半徑等於 ϕ。

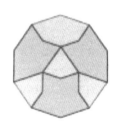

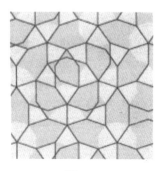

圖 8-17

　　古美爾特的成果把數學帶進物理學內。美國普林斯頓大學的物理學家斯坦哈特（Paul Steinhardt）和韓國漢城世宗大學（Sejong University）的鄭炯采（Hyeong-Chai Jeong，音譯）證

明，純數學的重疊規則可以轉換成一種物理描述，即用來描述「準單位晶胞」的結構，它們是彼此共用原子的一個個原子團。斯坦哈特和鄭炯采認為，準結晶是由許多完全相同的原子團組成的構造（即準單位晶胞），每個原子團會和鄰近的原子團共用原子，而且這種排列方式可讓原子團的密度達到最大。換句話說，這種「準週期」的原子堆積方式，可以產生相較之下較為穩定的系統（密度較高、能量也較低）。一九九八年，斯坦哈特和鄭炯采及共同研究者也嘗試以實驗證明這個模型，他們用 X 光及電子束去轟擊會形成準結晶的鋁、鎳及鈷合金，射線經過散射之後所形成的影像，果然與彼此重疊的十邊形圖案非常吻合；圖 8-18 便是以十邊形鋪磚法的圖形重疊在實驗所得的影像上。最近又有一些實驗的結果似乎並不是很明確，即使如此，大多數的人仍然認為準結晶可以用斯坦哈特和鄭炯采的模型來解釋。

這些準結晶的表面影像（於一九九四及二○○一年攝得）顯示出，它與黃金比例之間還有另一種令人著迷的關係。瑞士巴塞爾大學（University of Basel）以及美國愛荷華州立大學（Iowa State University）阿姆斯實驗室（Ames Laboratory）的科學家們，使用了掃描穿隧顯微鏡（Scanning Tunneling Microscope, STM）技術觀察鋁銅鐵合金及鋁鈀錳合金的表面，得到高解析度的表面影像，顯示這二者都是準結晶構造。這些影像顯示出許多平坦的「階地狀」構造（圖 8-19），主要分成兩

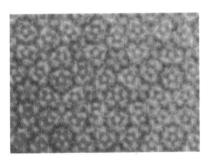

圖 8-18

圖 8-19

種不同高度的台階，即「高」及「低」兩種（兩者都只有數億分之一英寸高）。發現這兩種高度的比例正好等於黃金比例！

　　準結晶剛開始出現在純數學的領域（根據黃金比例推得），可是最後卻對真實的自然現象提出了解釋，這真是一個很棒的例子。而更令人稱奇的是，這個觀念竟是從趣味數學中發展出來的。數學家怎能為物理學家後來的發現提出「預言」？讓我們再回憶一下，杜勒和克卜勒早在十六及十七世紀時便已對五重對稱形狀的鋪磚問題很感興趣，於是這類問題更激起我們的好奇心。這是否意味著，即使是最深奧難解的數學問題，最後終將在自然界或人類引發的現象中找到實例？我們在第九章還會回到這個問題。

　　準結晶還有另外一個有趣的故事，這與兩位參與其中的理論學家有關。在潘洛斯及斯坦哈特的科學研究生涯中，兩人都花了大部分的時間研究宇宙學，即研究宇宙整體的學問。潘洛斯就是發現愛因斯坦的廣義相對論可預測其本身缺陷的人，在這些缺陷所在的點上，重力的強度將會變得無限大。而這些數學上的「奇異點」（singularity）正符合我們稱之為「黑洞」的物體；黑洞是指物體的質量塌縮至非常緻密，其重力非常強大，因而任何光線、質量或能量都無法逃離它們的掌握。過去四分之一世紀的觀測顯示，黑洞不僅是想像出來的理論，而是確確實實存在於宇宙中的真實物體。透過兩個大型的太空望遠鏡，哈伯太空望遠鏡（Hubble Space Telescope）

及錢卓拉 X 射線太空望遠鏡（Chandra X-ray Observatory）❹，最近的觀測結果顯示，黑洞甚至不是稀有物體，大多數的星系核心都藏有巨大的黑洞，其質量約為太陽質量的數百萬到數十億倍。要如何發現黑洞的蹤跡呢？主要是觀察它們對鄰近恆星和星際氣體所施予的重力。根據「大霹靂」標準模型，即對於宇宙起源的描述，整個宇宙便從這類奇異點展開其膨脹過程，這個奇異點形成溫度極高、極度緻密的狀態。

斯坦哈特則是發展宇宙暴脹模型的關鍵人物之一。這個模型最早是由美國麻省理工學院的谷史（Alan Guth, 1947-）提出，按照這個模型，當宇宙剛剛誕生、僅只一秒的極小分之一時（0.000...1，小數點後面有 35 個零），它經歷了一場極為驚人的高速膨脹，在一秒的極小分之一時間內，使宇宙的大小增加約 10^{50} 倍（1 的後面跟了 50 個零）。我們的宇宙有許多令人費解的謎團，而這個模型便解釋了其中一些謎，例如宇宙從各個方向看去幾乎是完全一樣，也就是具有完美的「各向同性」（isotropy）❺。二〇〇一年，斯坦哈特和共同研究者提出關於宇宙創生的全新看法，稱為「火劫宇宙」（ekpyrotic scenario），這個典故是出自於希臘文的「大火災」（conflagration）一字，或有突發大火之意。在這個仍屬臆測的模型中，有兩個三維的宇宙沿著一個隱藏的額外維度移動，這兩個宇宙相互撞擊因而發生大霹靂。

令人不解的地方在於：這兩位出色的宇宙學家，為什麼決定要跨足趣味數學及準結晶的領域呢？

我和潘洛斯及斯坦哈特相識多年，因為我也從事理論天文物理及宇宙學方面的工作。我曾在一九八四年負責規畫相對論天文物理學的首次大型會議，潘洛斯便應邀於那次會議上發表演講，而斯坦

哈特則應邀於二〇〇一年的會議發表演講。可是我還是不知道，到底是什麼契機激發他們開始鑽研那些趣味數學，那和他們對於天文物理的專業興趣相距甚遠啊！於是，我直接詢問他們。

潘洛斯聽到我的問題時，他說：「我不確定我會說出什麼有深度的答案。你也知道，大多數的數學家都以數學當做娛樂嘛。」他又想了一陣子，然後補充說道：「我小時候就很喜歡把不同的形狀湊合在一起；我在鋪地磚方面的研究，其中有些早在研究宇宙學之前就已經開始了。不過，我在趣味數學方面的工作，某些時候會受到宇宙學方面的研究所啟發。我思索宇宙的大規模結構時，同時也以簡單的基本規則建立小模型；簡單的模型往往可以用來建構大尺度的複雜結構。」

「可是，到底是什麼促使你持續鑽研那些問題呢？」我又問。

潘洛斯笑了，然後他說：「你也知道，我一直都很喜歡幾何學，簡單來說就是因為我對那些問題很感興趣。再者，我有種直覺認為，那樣的結構必定會出現在自然界中；我只是不了解，自然界到底以何種正常的成晶過程把它們組合起來。我仍然對某些問題感到十分困惑。」

而斯坦哈特在電話中的第一個反應是：「問得好！」想了幾分鐘之後他說：「我在大學時代還不確定將來要做什麼，後來念研究所主修粒子物理，很想找些消遣抒發研究中的緊張心情，於是開始研究固體的有序性及對稱性。後來無意中碰上準結晶的問題，我發現它實在令人難以抗拒，於是我不時會回到這個問題上面來。」

碎形

斯坦哈特—鄭的準結晶模型有一個有趣的屬性，它能透過鄰近的交互作用產生「長程序」，而不是產生具備週期性的晶體。不只如此，我們還能在費波納奇數列找到這種屬性，很驚人吧！來看看下面這種簡單的演算法，它能產生一種稱為「黃金序列」的數列。從數字 1 開始，然後以 10 取代 1，以後繼續把每一個 1 都以 10 代入，再把每一個 0 都以 1 代入，你會得到如下的階梯狀數字：

1
10
101
10110
10110101
1011010110110
101101011011010110101

以此類推。很明顯的，我們在這裡以一個「短程」定律開始（即簡單的轉換過程，0 → 1 及 1 → 10），結果得到一個非週期性的長程序。另外再注意一點，在這幾行序列中，1 的總數分別是 1, 1, 2, 3, 5, 8,... 個，也形成一個費波納奇數列，而 0 的數目（自第二行起）亦然。再者，當這些序列變長後，1 的數目和 0 的數目的比例趨近於黃金比例。事實上，仔細審視圖 5-1 可以看出，如果我們以 0 代表一對小兔子，以 1 代表一對成兔，那麼上述序列恰可準確表示兔子的對數。不過，黃金序列還有更多奇怪的性質，注意從第

一行的 1 開始，接下來第二行是 10，然後只要在每一行後面加上前
一行，就可以產生整個序列了，例如把第二行的 10 附加在第三行
101 的後面，就可以得到第四行 10110，以此類推。

　　前面說過，「自我相似性」的意思是無論大小都維持一種對稱；
對數螺線便展現自我相似性，因為無論放大至任何尺度，看起來都
完全一樣；圖 2-5 那一系列一個套一個的五邊形和五角星形亦然。
而每回你走進一間理髮店，也可以在兩面平行的鏡子裡面，看到一
系列無數個你自己的自我相似映像。

　　黃金序列在不同尺度下也有自我相似性。以下面序列為例：

　　　　　1 0 1 1 0 1 0 1 1 0 1 1 0 1 0 1 1...

　　然後以下面敘述的「放大鏡」來審視這個序列。從左邊開始，
如果你看到一個 1，就把接續的三個數字圈成一組，而如果遇到
0，就把接續的兩個數字圈成一組（不同組間不相重疊）。舉例來
說，第一個數字是 1，因此我們把前三個數字 101 圈成一組（見下
面）。自左算來第二個數字為 0，因此我們把第一組 101 之後的兩
個數字 10 圈成一組。第三個數字是 1，因此我們把第二組 10 後面
的三個數字 101 圈為一組，以此類推。圈好的數列如下：

　　　　　$\overline{101}$　$\overline{10}$　$\overline{101}$　$\overline{101}$　$\overline{10}$　$\overline{101}$ ...

　　現在，讓三個數字的每一組都只留下前面兩個數字，而兩個數
字的組別只留下第一個數字（留下的數字標有底線）：

　　　　　$\underline{10}$ 1 $\underline{1}$ 0 $\underline{10}$ 1 $\underline{10}$ 1 $\underline{1}$ 0 $\underline{10}$ 1 1...

如果看看剩下數字排成的數列：

　　　　1 0 1 1 0 1 0 1 1 0...

你會發現，它和上面所得到的黃金序列一模一樣。

我們可以再將黃金序列做一點延伸，就只是把任何一種數字排列模式或子序列畫上底線。例如，假定我們選擇 10 當作子序列，只要它一出現在黃金序列中，就把它畫上底線：

　　　　<u>10</u>1<u>10</u>1<u>0</u>1<u>10</u>1<u>10</u>1<u>0</u>1<u>10</u>...

如果現在把每一個 10 都看成是一個單獨的數字，然後把每一個 10 移去跟下一個 10 疊在一起所需要移動的位數記錄下來，於是得到這個序列：2122121...（舉例來說，第一個 10 需要移動 2 個位置才能和第二個 10 重疊，第二個 10 則只要移動一個位置就和第三個重疊，以此類推）。現在把每一個 2 都換成 1，每一個 1 都換成 0，則我們又回到黃金序列了。換句話說，注意看黃金序列中的任何數字模式，我們會發現，同樣的模式又會在這序列的另一個尺度（或說子序列）中出現。有這類屬性的事物，就像俄羅斯娃娃那樣一個套一個，稱為「碎形」（fractal，出自拉丁文 *fractus*，為破碎或斷裂之意）。碎形這個名稱是由知名的波蘭—法國—美國數學家曼德布洛（Benoit B. Mandelbrot, 1924-2010）所取，它是自然界幾何學和「混沌」（chaos）這種高度無序系統的中心概念。

　　要描述真實世界的各種形狀及物件，碎形幾何可說是一種非常高明的方法。我們朝四周圍看去，大概少有幾個形狀光用歐氏幾何的簡單圖形就能描述，如直線、圓形、立方體及球形。數學界有個老笑話是這樣說的：一位物理學家認為，他可以精確解出馬的運動

方程式，因而可以賭馬賺大錢；努力工作良久，他真的想辦法解出那些方程式，可是只適用於球形的馬。很不幸的，真實世界的馬兒並非球形，雲朵、花椰菜和肺臟也都不是。同樣的，閃電、河流及排水系統也都不是沿著直線前進；它們同時提醒我們，甚至有像樹的分枝及人類的循環系統那樣複雜的樣式，例如仔細看德國浪漫主義畫家弗列得里奇（Casper David Friedrich, 1774-1840）一幅題為《雪中的石板墓》（Dolmen in the Snow）的畫（圖 8-20），畫中描繪了極其複雜的樹枝分叉；這幅畫目前收藏在德國德勒斯登藝術博物館的「現代巨匠陳列室」（Gemäldegalarie Neue Meister）。

　　曼德布洛能夠把碎形幾何公式化、促成人類心智的巨大躍進，主要是因為他發現，這些錯綜複雜、七彎八扭的圖案不只是麻煩的怪東西，更是型態學中經常出現的重要數學特徵。曼德布洛最初發現，許多自然界的形狀具有重要的自我相似性，顯然是某種基本圖形重複出現而組成無止盡的序列。鸚鵡螺便展現這種美妙的性質；

圖 8-20

普通的花椰菜亦然，若從下面開始把花椰菜一叢叢剝下來，到達某一個程度，看上去都還像整棵花椰菜。幫一個小石塊照張相片，你會誤以為自己正看著一整座石山，而不是一個小石塊。甚至與黃金比例等值的連分數也有這個性質（圖 8-21）；若把連分數中幾乎看不清的符號

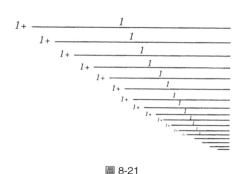

圖 8-21

放大，仍舊是同樣的連分數。如果把上述事物不斷放大，不規則的部分一點也不會減少，應該說，不管由何種尺度看來，不規則的程度完全一樣。

這時候，曼德布洛自問，如何決定這類碎形構造的維度？在歐幾里德的幾何世界中，所有物體都可用整數的維度來描述，點的維數為零，直線的維數是一，平面圖形如三角形及五邊形是二維，球體及柏拉圖立體等物的維數則是三。另一方面，像是「閃電行經路徑」這類碎形曲線，其劇烈彎曲的情形使之介於一維和二維之間；如果路徑相當平滑，我們可以想像其碎形的維數接近一，但如果路徑非常複雜，則可預期它們的維數接近二。這類思考已拿來用在下面這個出名的問題：「英國的海岸線有多長？」曼德布洛的回答出人意表，他說海岸線的長度實際上視你的尺有多長而定。假設你先從人造衛星繪製的英國地圖著手，地圖的邊長為一英尺，則你先測量地圖顯示的長度，然後乘上已知的地圖比例尺，將之轉換成實際的長度。這個方法顯然會略掉許多海岸線過於彎曲的地方，因為地圖上無法顯示這麼細微的部分。如果使用一碼長（約 0.9 公尺）的尺，你就得沿著英國海灘展開漫長的旅程，不厭其煩、一碼一碼地進行實際的測量工作，如此所得到的數字必定要比前一個大得多，因為可以測量到比較微小的彎曲及轉折，可是你立刻就會發現，許多地形變化比碼尺更小，你不得不將之略去。於是，你把量尺一次次縮小，得到的長

度值就更大，因為一直會發現更小的次結構。這件事讓我們了解，在處理碎形問題時，甚至還要重新考慮我們對於長度的觀念。海岸線的形狀放大之後並不會變成一條直線，不管尺度多大，曲折之處始終存在，因此測量到的長度可以無止盡地增加。

　　測量海岸線的問題，可用某些假想陸地的海岸線來當作美妙的例證。「卡赫雪花」（Koch snowflake，亦稱卡赫曲線）由瑞士數學家范卡赫（Helge von Koch, 1870-1924）於一九〇四年首先描述（圖8-22）。先以一個等邊三角形開始，邊長為一英寸，然後在每一邊的中央畫一個較小的三角形，邊長為三分之一英寸，於是這第二個圖形便是「大衛之星」。請注意，原來的三角形總邊長為三英寸，可是現在則分成十二段，每段長度為三分之一英寸，因此現在的總長度是四英寸。接連重複這個步驟，在每個三角形的邊上放一個新的三角形，其邊長是前一個三角形的三分之一；輪廓的總長度每次會變成之前的一又三分之一倍，而儘管邊界內的面積呈有限值（這可以證明，面積向原來三角形面積的五分之八收斂），但輪廓的總長度還是會增加至無窮大。

　　了解碎形之後，就可以研究與之有關的維數問題了。碎形的維度其實就是量度碎形的皺摺程度，或者當我們不斷降低測量的尺度時，碎形的長度、面積或體積增加的速度也就是碎形的維度。舉例來說，我們直覺上認為，卡赫曲線所佔的空間比一維的直線要長，但比二維的正方形

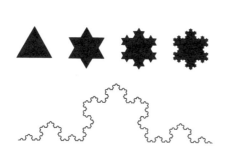

圖 8-22

要少，可是它如何能擁有介於整數之間的維數呢？畢竟在整數一及二之間沒有另一個整數啊。這時候，曼德布洛追隨德國數學家豪斯多夫（Felix Hausdorff, 1868-1942）於一九一九年引入的一個觀念，即分數的維度；表面上看來，這觀念實在令人非常吃驚。剛開始，我們或許會對於「分數的維度」感到十分震驚，但無論如何，當我們要定義碎形的複雜度或物體的無序程度時，這正是所需的工具。

若要對「自我相似維度」（self-similarity dimension）或「碎形維度」（fractal dimension）下確切的定義，可以用原本熟悉的整數維度○、一、二、三當作輔助，基本上就是要知道，在任何維度的空間中，需要用到多少個小物體才能組成大物體。舉例來說，平分一條（一維）直線，可得到兩個線段（約分因子 $f = 1/2$）；把一個（二維）正方形的邊長對半分開（約分因子也是 $f = 1/2$），則可得到 4（$= 2^2$）個正方形；若將正方形邊長切為三分之一（$f = 1/3$），則得 9（$= 3^2$）個小正方形（圖 8-23）。至於（三維的）正立方體，若

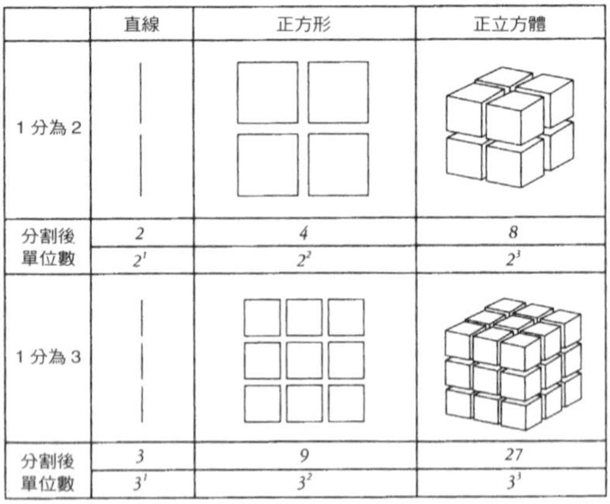

	直線	正方形	正立方體
1 分為 2			
分割後 單位數	2 2^1	4 2^2	8 2^3
1 分為 3			
分割後 單位數	3 3^1	9 3^2	27 3^3

圖 8-23

把每個邊長分割為一半的長度（$f = 1/2$），則產生 8（$= 2^3$）個正立方體，而如果將邊長分割為三分之一（$f = 1/3$），則得到 27（$= 3^3$）個正立方體。仔細看看這些例子可以發現，小物體的數目 n，長度約分因子 f 及維數 D 之間有個簡單的關係：$n = (1/f)^D$（我在附錄 7 以另一種形式來表達這個關係式）。把這個關係式應用在卡赫雪花上，可得到約為 1.2619 的碎形維度。結果，英國海岸線的碎形維數也約為 1.26，因此碎形確實可以當作真實海岸線的模型。紐約洛克斐勒大學開創混沌研究的理論學家費根鮑姆（Mitchell J. Feigenbaum）便利用這個現象，在一九九二年協助製作革命性的《哈蒙世界地圖集》（*Hammond Atlas of the World*），他儘可能用電腦處理大部分的工作，以人造衛星收集的碎形數據來決定海岸線上的哪些點最為重要。結果是：以南美洲地圖為例，準確度達到百分之九十八，相比之下，舊式傳統地圖的準確度只有百分之九十五。

自然界有許多碎形，從大樹到晶體的成長，最主要的特徵便是分枝現象。讓我們仔細看看下面這個隨處可見且極度簡化的模型，從長度為一單位的莖枝開始，先長出兩個分枝，夾角一百二十度、長度為二分之一（圖 8-24）。每一段分枝再以同樣的方式，無止盡地繼續生長下去。

如果約分因子不是二分之一，而是一個較大的數字的話（如 0.6），不同分枝之間的空間就會縮小 ❸，若是選了一個夠大的數字，則這些分枝就會彼此重疊（圖 8-25）。若是討論其他的系統（如排水系統或循環系統），我們顯然會很想找到某個約分因子，可使分枝剛好彼此接觸而不會重疊。令人吃驚的是（各位讀者看到現在也許不會覺得很吃驚了），這種約分因子竟然剛好是黃金比例的倒數，$1/\phi = 0.618...$（附錄 8 有個簡單的證明）。這種分枝方式

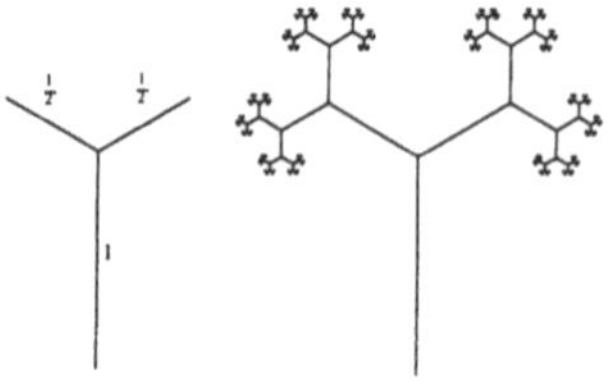

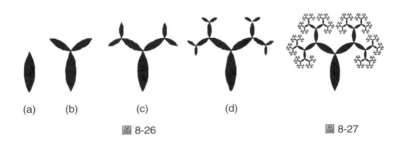

圖 8-24   圖 8-25

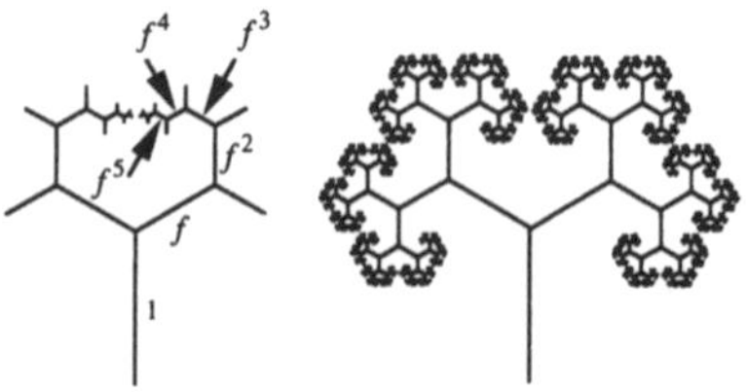

稱為「黃金樹」（Golden Tree），它的碎形維數約為 1.4404。經過幾重迭代（iteration，即重複替代）後，用肉眼不容易看出黃金樹及簡單線段形成的類似碎形之間的差別，這個問題多少可由一種類似「二角形」（lune）的二維圖形（圖 8-26）取代線條來解決。在每個步驟中，你可以用影印機自動縮小影像，以產生縮小 $1/\phi$ 倍的二角形。圖 8-27 顯示一個由二角形構成的黃金樹。

碎形非但可以由線段產生，也可以由簡單的平面圖形如三角形或正方形產生。舉例來說，你可以從邊長為一單位的等邊三角形開始，在每個角加上一個邊長為二分之一的新三角形，然後在每一個「第二代」三角形空出來的角上，再接上一個邊長為四分之一的新

(a)   (b)   (c)   (d)

圖 8-26   圖 8-27

三角形，以此類推（圖 8-28）。又一次你會想問，當約分因子為多少
時，這三大分枝會開始接觸呢？如圖 8-29 所示，而答案又是 $1/\phi$。
如果用正方形來產生類似的碎形（圖 8-30），一模一樣的情形又再次
發生，當約分因子是 $1/\phi$ = 0.618... 時，分枝開始重疊（圖 8-31）；不
僅如此，在圖 8-31 中，所有未填滿的白色矩形都是黃金矩形。因此
我們發現，雖然在歐氏幾何中，黃金比例起源於五邊形，但在碎形
幾何中，它甚至和正方形及等邊三角形等簡單圖形也有關係。

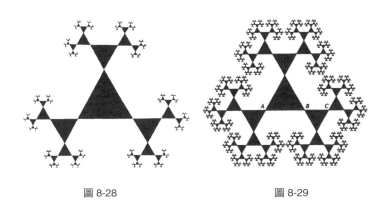

圖 8-28　　　　　　　　　　　　　　　圖 8-29

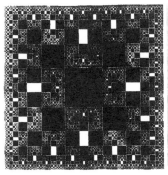

圖 8-30　　　　　　　　　　　　　　　圖 8-31

　　一旦能夠習慣這種觀點，你就會發現，周遭世界充滿了碎形。由水平線觀看森林樹冠層的翦影，或者腎臟內的循環系統，兩者看似差異甚大，但都可以用碎形幾何來描述。如果宇宙暴脹模型是正確的，那麼宇宙整體必也具有碎形的特質。讓我簡短解釋這個觀念，只給個最粗略的描述，最早提出暴脹理論的人是物理學家谷史，他認為，當宇宙的年齡只有一秒的極小分之一時，發生了如脫韁野馬般的膨脹事件，把空間的範圍急速拉大，大到比我們望遠鏡「目力」所及的地區還要大得多，而推動這場驚人膨脹事件的驅動力，是一種很特別的物質態，稱為「偽真空」（false vacuum）；如圖 8-32 所示，一顆球位於平坦的山頂，可拿來象徵性地解釋這種情形。只要宇宙停留在這種偽真空態（球位於山頂），它就可以極高速膨脹，在一秒的極小分之一時間內使大小加倍；而當球滾落小山，進入能量較低的「溝壑」（代表「偽真空衰減了」），那驚人的膨脹作用才停止。按照暴脹模型，「我們的宇宙」停留在偽真空階段的時間極短，可是它在這極短的期間內又以極為驚人的速率進行膨脹。最後等到偽真空衰減之後，我們的宇宙又回到今日觀測所見

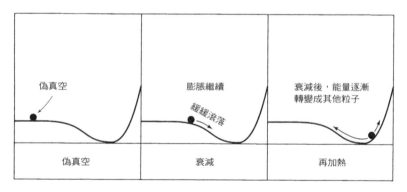

圖 8-32

的從容不迫膨脹狀態。我們宇宙中所有的能量及次原子粒子，都由衰減後的振盪作用（見圖 8-32 第三幅圖所示）中產生。暴脹模型也預測，偽真空狀態時的膨脹速率，要比偽真空衰減時大得多，於是偽真空區域的演變方式可以概略以圖 8-33 表示。我們的宇宙從某個偽真空區域開始發展，隨著時間推移，這個區域的某些部分已經衰減了（圖 8-32 第三幅），產生一個像我們這樣的「口袋宇宙」（pocket universe，又稱袖珍宇宙）。同一時間，仍處偽真空狀態的區域繼續膨脹，到了圖 8-33 中第二個帶狀圖所表示的狀況時，兩個偽真空區域實際上分別都已經膨脹到跟第一個帶狀圖一樣大了（受限於版面，無法依實際比例表示）。等到時間進展到第三個帶狀圖時，中央的口袋宇宙繼續慢慢演化，使我們的宇宙彷彿一直處於標準的大霹靂模型一般，而其餘兩個偽真空區域也和最初的偽真空區域一樣繼續演化，有些部分衰減了，又產生一個口袋宇宙。每一個偽真空區域都會膨脹至第一個帶狀圖一般（同樣的，受限於版

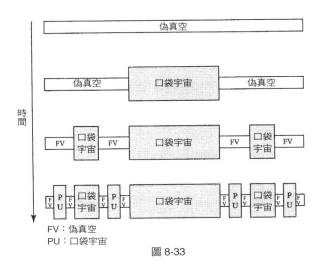

圖 8-33

面而無法依比例表示），因此可以產生無窮多個口袋宇宙，衍生出碎形模式，也就是說，尺度衰減的作用反覆不斷發生，於是產生了一系列完全相同的偽真空及口袋宇宙模式。如果這個模型真能代表整體宇宙的演化方式，則我們所在的口袋宇宙僅是無窮個口袋宇宙中的一個 ❻。

　　一九九○年，美國北卡羅來納州立大學教授美莫雷（Jasper Memory）在《數學雜誌》（*Mathematics Magazine*）發表一首詩，題名為〈布雷克和碎形〉（Blake and Fractals），言及神祕主義詩人布雷克的詩句「一沙一世界」。美莫雷寫道：

　　　　布雷克說他能在

　　　　手心所握

　　　　最微小的沙粒上看見

　　　　無垠的風景。

　　　　透過曼德布洛的研究

　　　　我們已有模型得以詮釋上述宣言：

　　　　碎形圖樣便參與

　　　　布雷克感受到的所有真髓。

　　　　無論大小

　　　　基本型態隨處可見；

　　　　無論從遠看、從近處看，

　　　　所有特徵一覽無遺。

　　　　放大一個小點，

　　　　以前看到的如今依舊存在。

　　　　小，更小，還要更小，

而同樣的細節仍舊不變；

比最細的髮絲還要細微之處

有著布雷克的無垠世界，

就如這位神祕詩人所說：

自始至終有著豐富的結構。

黃金比例於現代的某些應用，例如費波納奇數字及碎形，要比暴脹宇宙實際得多。事實上有些人說，它們的應用範圍甚至直達我們的口袋裡頭。

華爾街的黃金之旅

許多人想要應用費波納奇數列及黃金比例來分析股票行情，其中最為人所知的是艾略特（Ralph Nelson Elliot, 1871-1948）的嘗試。艾略特是一位執業會計師，曾在鐵路公司負責好幾種不同的行政工作，主要的工作地方都在中美洲。一場嚴重的消化道疾病迫使他必須臥床，因此只好在一九二九年退休。艾略特想找些事情做，於是開始仔細地分析道瓊工業指數回升與起伏的模式。他在有生之年目睹了一九二〇年代股票市場因利多而狂飆，也見識到隨後的大蕭條。經過巨細靡遺的分析後，他下結論認為，市場的動盪變化並非隨機發生，他還特別指出：「股市是由人類創造出來的，因此也反映了人類獨特的性格。」艾略特最重要的觀察結論是，股市的變化模式終究反映出了人們在樂觀及悲觀情緒間的反覆循環。

一九三五年二月十九日，艾略特將一份題為〈波浪理論〉的論文，寄給底特律股市的出版部門。他在論文指出，他已經發現某些特徵「能夠顯示一種原則，用以判定股市反彈回升的趨勢，並提供

明確的警告。」這份論文最後寫成同名書籍，於一九三八年出版。

　　艾略特的基本概念相當簡單。他主張，在市場起伏的過程中，上漲（即樂觀）時可看出一種含有五波的基本模式（見圖 8-34 標示的數字），而下跌（悲觀）時則以三次波動為特徵（見圖 8-34 以英文字母標示）。請注意，5、3、8（8 是波浪的總數）都是費波納奇數字。他再進一步指出，把時間尺度愈縮愈短再觀察波動模式，會發現大波浪本身還包含了反覆出現的同樣模式（圖 8-35），而且所有小波浪的數目也都和高階的費波納奇數字相同。一旦確認 144 為「有實用價值的最高數字」後，按照艾略特的看法，一個完整市場週期的變化狀況可能如下所述。一般說來，上漲的過程包含五個主波、二十一個中級波和八十九個小波（圖 8-35），然後接下來就是下跌的過程，由三個主波、十三個中級波和五十五個小波所組成（圖 8-35）。

　　最近有些書試圖把艾略特的基本概念應用於真正的交易策略上，並做了更進一步的闡釋。他們使用黃金比例進行計算，冀望能精確計算出上漲或下跌過程中股價的最高點及最低點（圖 8-36），

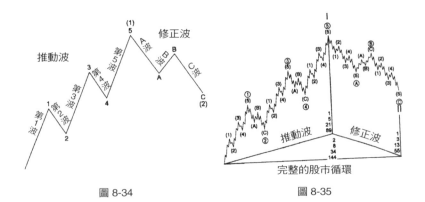

圖 8-34　　　　　　　　　　圖 8-35

甚至進行更複雜的計算，包括針對每日市場波動情形的高點進行對數螺線的演算，試圖找出股價和時間的關係；所有希望達到「預報」作用的嘗試都假設，費波納奇數列及黃金比例與大眾的心理模式有某種重要的關聯。但是，這些「波浪」還是有許多不足之處。艾略特提出的「波浪」常常受到各種不同的人為調整，將之拉長、壓縮或其他方式的改變（有時甚至是任意的調整），使它能「預測」真實世界的市場模式。可是投資者都知道，即使應用了所有最新、最好的「投資組合理論」（portfolio theory），推想能在已知的風險之中得到最大的收益，仍舊可能在一瞬間創造或損失大筆財富。

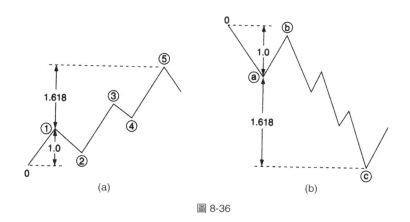

圖 8-36

你可能已經注意到，艾略特對於波浪的闡釋有個重要的概念，即曲線的每一部分都與整體曲線縮小之後一模一樣，這即是碎形幾何的核心概念。一九九七年，曼德布洛便出了一本書，書名為《金融領域的碎形及尺度：論其不連續性、集中性及風險》（*Fractal and Scaling in Finance: Discontinuity, Concentration, Risk*），把清楚明瞭的

碎形模型引進市場經濟學之中。曼德布洛的理論建立在下面這個已知的事實：以相同的價格與時間為單位，把股市的曲線圖表放大或縮小，你會發現股市的波動起伏看上去都一樣；如果從遠處觀看這類圖表，你無法看清圖上標示的尺度，就無法分辨某張圖表到底代表每日、每週還是每小時的變化。相較於標準的投資組合理論，曼德布洛理論最主要的創新之處在於，它不僅能夠仿效混亂起伏的市場交易狀況，也能模擬平靜無波的情形；反之，投資組合理論只能描述比較穩定的市場狀態。不過，曼德布洛從沒說過他的理論能夠預測某一日的股價是上漲還是下跌，而是說，這個理論可以用來估計事件發生的可能機率。曼德布洛於一九九九年二月在《科學美國人》雜誌針對他的模型發表了一篇簡單的介紹後，讀者回函如潮水般湧來，許多人都有不知所措的感覺，住在芝加哥的依諾特（Robert Ihnot）大致表達了這種感覺。他寫道：「如果我們知道某支股票會在某個時間從十元漲到十五元，則它符不符合碎形或圖表是否可信根本與我們無關。我們關心的是能不能在十元買入，然後在十五元賣出。而且每個人現在都應該很富有才對呀，為什麼事實並非如此呢？」

艾略特最初提出的波浪理論，試圖要在看似隨機的過程中找出某種模式，可說是個大膽但帶點天真的想法。不過，費波納奇數字最近與「隨機」有個邂逅，卻得到相當正面的結果呢。

兔子和擲錢幣

費波納奇數列具有「每一新項是前兩項之和」的性質，這個性質可由兔子的繁殖方式來說明；這實在有點不切實際，想像中的兔子序列似乎可在許多自然及文化現象之中找到例證，但從上述費波

納奇數列的性質似乎一點也看不出來。更難以想像的是，演算費波納奇數列的基本性質，可藉以了解無序系統的數學性質。這件事發生於一九九九年，當時是加州大學柏克萊分校數學科學研究所（Mathematical Sciences Research Institute）博士後研究員的電腦科學家維斯瓦那斯（Divakar Viswanath），大膽提出「如果怎樣會是如何？」之類的問題，結果意外發現一個從未見過的特別數字：1.13198824...。這項發現的精彩之處，主要在於它的核心概念實在太簡單了。維斯瓦那斯只是自問：假設我以兩個數字 1 和 1 開始，就和費波納奇數列的開頭一樣，不過我不把這兩個數字加起來得到下一項，而是投擲錢幣決定要把兩個數字加起來呢，還是使第一個數字減去第二個數字？例如你先決定，擲出錢幣正面的「人頭」代表「相加」（因此第三個數字為 2），擲出反面則代表「相減」（因此第三個數字為 0）。步驟繼續下去，每次都投擲錢幣以決定要加還是減，因而得到一個新的數字。舉例來說，投擲錢幣的結果若是「正反反正正反正反反正」，產生的數列就是：1, 1, 2, -1, 3, 2, 5, -3, 2, -5, 7, 2。可是如果擲幣的結果是「正正正正正正正正正正正正」（雖然不太可能發生），就會產生原來的費波納奇數列。

　　在費波納奇數列裡，數項的數值會迅速增加，很像是黃金比例的冪方。舉例來說，我們曾經提過，如果要計算數列的第十七項，我們可以算出黃金比例的十七次方，再以五的平方根除之，然後四捨五入取最近似的整數，便得到這一項（在這個例子裡是 1597）。由於維斯瓦那斯數列是完全取決於隨機的擲幣結果，因此數值緩步增加，即使把負號略去，只看這些數值的絕對值，增加的幅度也不是很明顯。可是維斯瓦那斯又發現，如果他把負號略去只看絕對值，則這個隨機數列仍舊以明顯且可預期的速度不斷增加，這實在

出乎他的意料之外。說得具體一點，以這種方法產生的任何序列，其第一百項和 1.13198824... 這個古怪數字的一百次方非常接近，符合的機率幾乎等於百分之百，而且項序愈高，與 1.13198824... 的冪值也就愈接近。為了實際計算這古怪的數字，維斯瓦那斯必須應用碎形的概念，還用上一個威力強大的數學定理，這個定理於一九六○年代初期由耶路撒冷希伯來大學的數學家弗斯登伯（Hillel Furstenberg）及美國康乃爾大學的克斯登（Harry Kesten）所發現，這兩位數學家證明，在一整組隨機產生的數列之中，數列中高項數字的絕對值，會和某一固定數字的適當冪方愈來愈接近，可是弗斯登伯及克斯登不知道怎樣計算這個固定數字。於是，維斯瓦那斯發現了計算的方法。

維斯瓦那斯工作的重要性不僅是發現了一個新的數學常數（這當然是個重要的功績啦），而且他還漂亮地證明出，看似完全隨機的過程卻能產生決定性的結果。這類問題經常在各式各樣的自然現象及電子裝置中遇到，舉例來說，像我們太陽這樣的恆星，是由它們中央核心的「熔爐」產生能量，可是我們若要「看見」這個星球發光，則必須有「光子」形成一束束的輻射，從星球深處想辦法抵達表面才行。光子不只是以光速穿過星球、飛到表面這麼簡單，它們在路程中還會被彈來彈去、受到氣體中所有電子及原子的散射、吸收和再度發射，這些過程基本上是完全隨機發生；經過「隨機漫步」的過程之後，這些輻射最後終於逃出恆星的掌握。以太陽為例，這種漫步所需的時間長達數千萬年。太陽表面發射的能量決定了地球表面的溫度，也讓生命得以出現。維斯瓦那斯的研究成果，以及他隨後在隨機費波納奇數列方面的研究，使得往後要解釋隨機體系的數學結構時有了額外的工具。

　　從維斯瓦那斯的發現，我們學到一個重要的教訓：即使一個數學問題已經研究了八百年之久，看上去似乎沒什麼好研究的，其實仍能讓你感到非常驚奇。

譯注

❶ 維梅爾，荷蘭十七世紀名畫家，作品描繪室內和工作中的女性為主，富巴洛克風格，擅於處理空間、光線和色彩，傳世作品只有36幅，最著名者為《倒牛奶的女僕》與《戴珍珠耳環的少女》。

❷ 埃歇爾，荷蘭版畫家，用非常寫實的細節描繪出離奇的光學效果。例如，在一張瀑布的版畫中，流下的水以光學的幻覺方法又流回瀑布之源去，如果只看其中任何一段，絕對看不出破綻。作品中洋溢著數學方法的實際應用，包括了反射、平移、旋轉等幾何變換，而受到科學家與數學家的重視，更被後人稱為「幻覺藝術之父」。

❸ 非晶態是物理術語，一般指無定形、不呈晶體結構的固體，如一團揉好的麵粉。玻璃是一種非晶體（超冷為固態的液體）。

❹ 錢卓拉X射線太空望遠鏡，以印度裔美國籍天文物理學家錢卓拉塞卡（S. Chandrasekhar）來命名，一九七四年他以對白矮星的解釋獲得諾貝爾物理獎。錢卓拉X射線望遠鏡於一九九九年六月升空後，不僅偵測到超新星的爆炸，也發現許多星系的核心有巨大黑洞存在。

❺ 各向同性指的是不依方向而變的屬性。晶體在某一方向的特性和另一方向可能不同，就是具方向性，可是氣體（如空氣）及液體（如水）則不具方向性。宇宙大體說來具各向同性，可是仍有很小的各向異性行為（約十萬分之一）。

❻ 我們通常認為我們的宇宙是獨一無二的。可是最近的理論認為我們的宇宙是無窮宇宙中的一個。我們宇宙的歷史開始於約一百五十億年前的一次大爆炸（即大霹靂），並繼續膨脹下去；星球生生滅滅。雖然星球死亡（以超新星爆炸或演變到白矮星的行星狀星雲的過程）後會釋放出一部分物質，而形成下一代及再下一代……的星球，終有一日星球都會用盡所有物質及能量，整個宇宙因此變得暗淡無光，實質上等同死去。按最近的粒子物理理論，所有的物質（如質子、中子、電子及它們所組成的原子、分子及萬物）都有一個有限的生命。因此有朝一日我們的宇宙會完全衰敗，化為烏有（如果最近的觀測及理論正確，宇宙的「重力能」和其他的能量相消，因此可以從「無」誕生出宇宙，可是同理，宇宙也可以從「有」衰敗為無。）可是在我們的宇宙之外，還會有別的宇宙誕生出來。

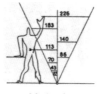

第九章

上帝是一位數學家嗎?

我應當以幾何方法去處理人類的罪行及愚蠢……
從大自然的需求和效力來思考憎恨
、憤怒、妒忌等等激情……因此,
我在處理大自然和情感的力量時,
會採取一視同仁的態度,
彷彿我所關心的是直線、平面,及立體。

史賓諾莎(Baruch Spinoza, 1632-1677)

不管有些業餘家嘀咕說二加二等於三,
或者評論家大聲疾呼說是五,
數學家依舊認定二加二等於四。

惠斯勒(James McNeill Whistler, 1834-1903)❶

歐幾里德之所以定義出黃金比例，是因為他要應用這個簡單的比例建構出他的五邊形及五角星形。如果這是黃金比例的唯一用途，那麼本書絕對寫不出來。今日，這理念依然帶給我們愉悅，主要在於它帶給我們驚訝。一方面，黃金比例後來搖身一變成連分數中最簡單的一種（但同時也是所有無理數中「最無理的」一個），而另一方面，它又是無窮複雜自然現象的核心。不知什麼緣故，黃金比例總是以最出人意表的方式，出現在簡單和複雜之間，以及出現在歐氏幾何和碎形幾何交會的地方。

我們從黃金比例突如其來冒出所得到的滿足感，也許和我們期待能從藝術品中所得到的感官歡愉非常接近。這就引出了下面這個問題：哪一類的美學判斷標準可以應用在數學上；或者，更明確地說，我們想知道，著名英國數學家哈地（Godfrey Harold Hardy, 1877-1947）說：「數學家的模式，就和畫家或詩人的一樣，一定美麗無比。」這句話的真正用意是什麼。

這個問題不是那麼容易回答。在討論到那些用來測試黃金矩形的視覺吸引力的心理實驗時，我曾刻意地避免使用「美麗」一詞。我在這裡也要採取同樣的策略，因為關於「美麗」的定義常常顯得含糊不清。對一位觀看者的眼睛來說，數學之「美」可以美到什麼程度，在大衛斯（Philip J. Davis）與赫許（Reuben Hersh）合寫的《數學的經驗》（The Mathematical Experience）一書中，有一個故事堪稱是絕佳範例。

一九七六年，一批著名的美國數學家受邀前往中國發表一系列演講，並和中國數學家做非正式的會面。這些代表後來發表了一份名為「中華人民共和國中的純數學及應用數學」的報告。在數學家的觀念裡，「純」的意思通常指的是那一類在表面上看來絕對和腦

之外的世界沒有直接相關的數學。在這些代表的對話中，有一段是
普林斯頓數學家科恩（Joseph J. Kohn）和招待他的一位中國數學家
之間的交談；這場對話特別具有啟發性。這場對話的主題是「數學
之美」，在上海的華東大學進行。

　　　　科恩：你是不是也發表一下您對於數學之美的看
　　法？它能不能啟發學生？有沒有把科學之美放進去的餘
　　地？
　　　　回答：第一個要求是生產。
　　　　科恩：這不是答案。
　　　　回答：幾何是為了實用而發展出來的。幾何的演化不
　　能滿足科學和工技；十七世紀時，笛卡兒發現了解析幾
　　何。他分析活塞和車床，也分析了解析幾何的原理。牛頓
　　的研究來自工業的發展。牛頓說過，「任何理論的建立是
　　為了可以讓社會應用」。目前，還沒有一個大家都可以接
　　受的美的理論。有些人認為某物美，有些人則認為是另外
　　一個東西美。在這裡，社會主義的建設是一件美麗的事，
　　它激發了這個土地上的人民。在文化大革命之前，我們之
　　中有些人相信數學之美，但它卻沒有辦法解決實際的問
　　題；現在我們應付的是水及煤氣管，電纜及輾壓廠。我們
　　是為了國家做這些工作，工人也知道它們的價值。這是很
　　美好的感覺 ❷。

　　誠如這段對話所指出的，在數學上，目前幾乎沒有一個正式的
公認美學評斷標準，以及如何去應用它的方法，而我寧願只去討論

數學中這個必定會帶給每個人（不論他是專家或非專家）喜悅的特別因素——驚訝。

數學應當使人驚訝

英國浪漫派詩人濟慈（John Keats, 1795-1821）在一封寫於一八一八年二月二十七日的信中寫道：「詩應當以精緻的誇張來使人驚訝，而不是用怪異——詩應當把詩人的最崇高思想化為文字來使讀者感動，覺得似曾相識。」可是不同於詩的是，數學更經常以出人意表的結果而非符合讀者的經驗，來愉悅它的讀者。再者，在許多情形裡，從數學而來的喜悅來自那些完全出乎意料的關係及一致性所帶來的驚訝。班佛定律（Benford's Law）就是一個精彩的案例，看這些因素如何結合起來帶給人極大的滿足感。

舉一個例子來說吧，讓我們看一下一九九九年《世界年鑑》中的「美國農業州交易表」。當中有一欄「農作物」及一欄的「畜牧及其產品」，金額數字以美元計。你或許會想，在所有列出的交易量中，第一位數字分別是 1、2……一直到 9 的出現頻率，應該是一樣的。具體地說，在所有列出的數字中，以 1 開始的數字應當佔所有數字的 1/9，和以 9 開始的數字一樣。可是如果你去數，就會發現有 32% 的數字，出現的第一位數字是 1，而不是預期的所有數字都以相同的頻繁率出現的 11%。數字 2 的出現率也比均等出現的次數要多——在所有數字中，它的出現率為 19%。可是數字 9 的出現率卻只有 5%——比預期中的要少。你可能會想，在一份列表中發現這個結果的確讓人吃驚，可是還不到震驚的地步，除非你再接下去多看幾頁的《年鑑》。譬如說，你去看一下「重大地震」中的死亡人數表，你會發現以 1 開始的數字佔了該表全體數字的 38%，以

2 開始的佔 18%。如果你去選一個完全不同的列表，像是美國麻州中人口大於五千的地方人口，以 1 開始的數字佔 36%，以 2 開始的佔 16.5%。可是在另一方面，在所有這些表中以數字 9 開始的數字僅佔 5%，比預期的 11% 少了許多。這些主題各異而且看起來都是隨機數據的列表，怎麼會有這樣的屬性：第一位數字 1 出現的頻率為 30% 左右，數字 2 出現的頻率約為全部的 18%？當你看了更為龐大的資料庫後，會更加一頭霧水。例如，美國達拉斯的南美以美大學（Southern Methodist University）的考克斯商學院會計學教授尼格里尼（Mark Nigrini）檢視了一九九〇年美國人口普查表中三千一百四十一郡的人口數目，發現以數字 1 開頭的數字佔所有數字的 32%，2 開頭的頻率約為 14%，3 為 14%，而 9 則少於 5%。美國首府華盛頓的未來資源分析家雷（Eduardo Ley）發現，一九九〇至一九九三年間的道瓊工業指數也有類似的數字屬性。如果所有這些都還不夠使人震驚，那麼還有另一件更出奇的事。舉例來說，檢視一下費波納奇數列中的前二千個數字，你會發現第一位數為 1 的數字的出現率為 30%，數字 2 為 17.65%，3 為 12.5%，隨著數字遞增而遞減，到了數字 9 為 4.6%。

　　一八八一年，天文學家紐康伯（Simon Newcomb, 1835-1909）
❸ 首先發現這個「第一位數現象」。紐康伯注意到圖書館收藏的計算用對數表的一開始幾頁（這幾頁正是以 1 或 2 開始的數字）最髒，愈往後愈乾淨。雖然被看得厭煩的讀者棄置一旁的小說可能也有這種現象，可是在數學列表的例子裡，這單純地反映出了以 1 及 2 開始的數字的出現率更為頻繁。可是紐康伯在觀察到這個現象後，採取了更進一步的動作——他找出了一個明確的公式，可以算出以某數開頭的數字出現的機率。這個公式（見附錄 9）算出 1 開

頭的機率是 30%，2 是 12.5%，4 是 9.7%，5 是 8%，6 是 6.7%，7 是 5.8%，8 是 5% 左右，9 是 4.6%。可是紐康伯在《美國數學期刊》中發表的論文及結果完全沒有人去注意，直到五十七年後，奇異電器的物理學家班佛（Frank Benford, 1883-1948）再次發現這項定律（顯然，他是獨力發現的），他以超大範圍的河流盆地流域數字、壘球統計數字，甚至於《讀者文摘》中出現的數字來做測試。所有的數據都出奇得與公式的結果相符，因此這公式就稱為「班佛定律」。

不是所有的數字列表都遵循班佛定律。例如，電話簿裡的電話號碼，因為相同區域的電話號碼傾向以某些數字開始。甚至於數字的平方根也不遵守班佛定律。可是從另一方面來說，如果你把一星期中所有你在當地報紙頭版中出現的數字都收集起來，你會得到相當契合的結果。可是，為什麼會這樣？為什麼麻州的地方人口會和全球各處地震的死亡數字，或者和在《讀者文摘》中出現的數字有關？為什麼費波納奇數字也遵守同一定律？

事實證明，要把班佛定律放在一個穩固的數學基礎上，遠比預期得困難許多。一個關鍵障礙在於，不是所有的數字列表都遵守這個定律（即使是從《世界年鑑》中取出的數字，也不一定遵守）。羅徹斯特大學（Rochester University）的數學家拉以米（Ralph A. Raimi）一九六九年在《科學美國人》發表了一篇文章，他的結論是：「答案依舊混沌不明」。

終於，在一九九五至一九九六年間喬治亞理工學院（Georgia Iustitute of Technology）的數學家希爾（Ted Hill）在他的論著中提出了班佛定律的解釋。他是在準備一場機率方面的演講時（一九九〇年代初），首次對班佛定律發生興趣。希爾在向我描述他的經歷

時，如此說道：「我是抱著一種好玩的心態來處理這個問題，可是有一些人警告我要小心些，因為班佛定律很易使人上癮。」經過幾年的研究之後，他終於頓悟到，不要只看某個來源的數據，真正的關鍵在於把這些數據混合使用。之後，他把班佛定律以一個新的統計形式寫出：「如果隨機選擇數據的分布，再從這些分布中隨機選擇數字樣本，那麼這些結合樣本中的有意義數字的出現頻率會向班佛分布收斂，即使某些個別的隨機選擇分布並不遵守這定律。」換句話說，假設你從一個大雜燴的分布中，如平方根表、重大的飛機出事死亡率表、郡縣的人口和全球城市之間的飛機航行距離表中，拼湊出隨機的數字集合，其中一些個別分布並不遵守班佛定律。可是希爾證明的是，當你收集愈多這類數字，第一位數出現的頻率會愈來符合該定律的預測。現在要問，為什麼費波納奇數字也遵循班佛定律？因為它們來自一個遞迴關係（從前面引出下一個），而不是從隨機分布中選出的隨機樣本。

事實上，這種情形並不是費波納奇數字才有的獨一無二屬性。如果你去檢視一大串 2 的冪方（$2^1 = 2$，$2^2 = 4$，$2^3 = 8,...$），它們也遵循班佛定律。這應該不會令人感到奇怪才是，因為費波納奇數字本身也可以從黃金比例的冪方得到（要記得第 n 個費波納奇數字和 $\frac{\phi^n}{\sqrt{5}}$ 很接近）。事實上，我們可以證明被一大類遞迴關係所決定的數列都遵守班佛定律。

班佛定律提供了另外一個迷人的例子，顯示如何把純數學拿來實際應用。其中一個有趣的應用是，偵測會計帳中的偽造數據。在數字浩繁的財務文件中，這些數據的頻率非常接近班佛定律。可是反過來說，偽造數據卻很少遵循班佛定律。希爾利用另外一個簡單的例子，示範他如何在機率理論的協助下偵測出其中是否有詐。他

在第一天教授機率的課堂上，要學生們做一項實驗。如果他們母親的娘家姓氏是以 A 到 L 的字母開頭，他們就擲硬幣兩百次，並把結果記錄下來。其他學生則去偽造二百個人頭和反面出現的數據。希爾次日收集了這些結果，他能在很短的時間內就辨別出真假，正確程度達百分之九十五。他是如何做到這一點的？通常，真正投擲錢幣一百次連續六次都是人頭或反面的機率非常高。反過來說，那些想要偽造連續投擲錢幣紀錄的人，卻很少會認為要偽造出這樣的序列。

最近有個案例就是在班佛定律的協助下，發現了一家美國旅遊公司有偽造數據的情事發生。事起這家公司的會計稽核主管發現，公司保健部門主管所製作的帳目，看起來有些怪異。他用班佛定律來檢查這些數據時發現，付款金額最前面為 65 的出現次數，形成了一個尖峰波形（這個定律的更詳盡版本能預測第二及更高位數出現的頻率）。結果，一個小心的審計稽核查出了十三張詐欺支票，面值從六千五百到六千九百美元不等。位於紐約布魯克林的州檢察官辦公室也根據班佛定律，偵測出紐約當地有七家公司在會計帳上作假。

班佛定律確確實實包含了那種可以吸引大多數數學家的驚訝成分在。它反映出一個單純，但卻令人大吃一驚的事實，即第一位數的分布非常奇特，此外，你也很難去解釋為什麼會如此。有時候，數字能給人立即的滿足感，其中一個傑出的例子就是黃金比例。例如，許多專業數學家及業餘數學家都被質數所蠱惑。為什麼質數會這麼重要？因為有一個「基本算術定理」說：每一個大於 1 的整數都能以質數的乘積來表示（注意，1 不被看成是質數）；例如，28 = 2×2×7，66 = 2×3×11，等等。質數在人類對數學的理解中已經深根柢固到這種程度，使得已故天文學家薩根在《宇宙・宇宙》

（*Cosmos*）一書中，當他描述一種外星智慧生物要向外太空發送訊號時，他選擇了質數序列為例。薩根寫道：「在任何一個自然物理過程裡，不太可能只傳送出含有質數的無線電訊號。如果我們接收到這一種訊號，我們會推斷至少有一個喜愛質數的文明在那裡。」偉大的歐幾里德早在二千多年以前就已經證明了，有無窮多個質數存在（他的優美證明參見附錄 10）。可是大多數人都會同意，有些質數遠比其他質數更具有吸引力。有些數學家，如法國的里昂納斯（François Le Lionnais）和美國的卡德威（Chris Caldwell）則在繼續擴增、維護巨無霸數字的列表。這裡僅列出這個規模龐大的質數寶庫中，幾個有趣的例子：

- 這個把數字 1 到 9 跑完一圈的數字，1,234,567,891 是一個質數；

- 第二百三十四個、有六千四百個位數的質數，由六千三百九十九個 9 及一個 8 所組成；

- 把 1 重複三百一十七次的數字也是一個質數；

- 第七百一十三個質數可以寫成（10^{1951}）×（10^{1975} ＋ 19919919919919919919919191）＋ 1，而它是在一九九一年發現的 ❹。

從本書的觀點來看，質數和費波納奇數字間的關係特別有趣。除了數字 3 以外，每一個同時也是質數的費波納奇數字的序數也是質數。例如，費波納奇數字 233 是質數，它的序數是 13，也是質數。反之卻不然，也就是說，序數為質數的費波納奇數字並不一定是質數。例如，第 19 個費波納奇數字（19 是一個質數）是 4181，

而 4181 並不是一個質數——它等於 113×37。

已知的費波納奇質數數目，這些年來持續穩定地增加當中。在一九七九年，已知的最大費波納奇質數是第五百三十一個。到了一九九〇年代中期時，一躍至第二千九百七十一個，而在二〇〇一年時，證明第八萬一千八百三十九個費波納奇數字也是一個質數；它有一萬七千一百零三個位數。因此，是否也有無窮多的費波納奇質數（就像一般說來有無窮多的質數一樣）？還沒有一個肯定的答案，這可能也是費波納奇數字至今一個最大的未解數學之謎。

難以理解的數學威力

著名劇作家及詩人王爾德（Oscar Wilde, 1854-1900）在《意圖》（Intentions）這本對話集裡，涵括了他的美學哲學觀。其中一章，〈謊話的衰微〉（The Decay of Lying）是王爾德對於「新美學」的最煽情表達，在對話終結時，其中一位角色（Vivian）總結說道：

> 生命之模仿藝術要比藝術模仿生命更為之甚。之所以會出現這樣的結果，不僅僅只是來自生命的模仿本能，也來自：生命有自覺的目的，乃是尋求表達，而藝術則提供了某種美的形式，透過這個形式才能表達出生命的活力。這是一個前所未見的理論，但卻帶來了豐碩的成果，而且也為藝術史帶來全新的啟示。
>
> 因此，從這一點得出的一個必然結論是，外存的大自然也模仿藝術。她所能展現給我們看的唯一面貌，我們已經透過詩歌或者繪畫看到了。這就是大自然為何富於魅力的祕密，也解釋了大自然為何如此嬌弱。

　　我們幾乎可以用「數學」來代替上述對話中的「藝術」，得到的陳述恰恰反映出了許多卓越心靈的掙扎。乍看之下，數學看來似乎是太有威力了。以愛因斯坦自己的話來說：「數學，一個獨立於經驗之外的人類思想成果，怎麼可能與物理現實的物體契合得如此天衣無縫？」另外一位在核物理上做出許多貢獻的出色物理學家，維格納（Eugene Wigner, 1902-1995），在一九六〇年發表了一篇著名的演講：〈數學在物理科學中難以理解的驚人威力〉。譬如，我們一定很好奇，繞日行星怎麼可能沿著一條遠在克卜勒發現其行星三定律之前，古希臘幾何學者就已經探索過的（橢圓）曲線運行？為什麼關於準結晶之存在的解釋，必須倚賴黃金比例這個由歐幾里德純粹基於數學目的所發想出來的觀念？想到有這麼多包含了數億萬計恆星的星系結構，緊緊地追隨著伯努利所鍾愛的曲線——非凡的對數螺線——不是很令人震驚嗎？而最令人震驚的是：為什麼物理定律本身可以用數學方程式來表達？

　　可是，還不止於此。一九九四年諾貝爾經濟獎得主之一，數學家納許（John Forbes Nash, 1928-），因為他的數學論文（寫於他二十一歲時！）而獲此殊榮；這篇論文概述了他針對策略性不合作賽局提出的「納許平衡」觀念，結果引發了經濟學、演化生物學，及政治學等不同學門的革命。究竟是什麼原因使得數學能發揮如此大的作用？

　　對於數學的這種非凡「效益」的認知，甚至寫進了貝克特（Samuel Beckett, 1906-1989）的小說《莫利》（Malloy）裡面一段十分荒謬有趣的情節中，下面是我自己和這本書的故事。在一九八〇年的時候，有兩位來自佛羅里達大學的同儕和我共同撰寫一篇關於中子星的論文。中子星是大質量恆星的核心在受到重力作用後，塌

縮成一種高密度的緊緻天體。這篇論文要比一般普通的天文學論文更具數學性，因此我們決定在第一頁加上一句適當的銘詞。這銘詞如下：

數學對你……的幫助是多麼的了不起啊！

——貝克特《莫利》

這句話來自貝克特的三部曲：《莫利》、《馬龍之死》（*Malone Dies*）和《無名》（*The Unnamable*）中的第一部。這三部小說都代表人的自我追尋——作家想透過寫作去尋覓自我。在作者的引領下，我們看到了這些角色在追求他們生命存在的意義時，在不同階段中的衰微凋零。

天文物理方面論文很少引用銘詞。因此，我們收到《天文物理學期刊》編輯的來信告訴我們，雖然他本人也很喜歡貝克特，但他並不太瞭解有把這句銘詞放進去的必要。我們回信說，我們把銘詞的增刪與否全權交給他處理，這篇論文連同銘詞終於在十二月十五日發行的期刊中印出。這個銘詞的完整段落如下：

到了冬季，我穿著我的厚質料大衣，把自己包裹在厚厚的報紙中，直到四月，地球終於甦醒之際，我才把它們取下。（紐約）時報的文學增刊，它的堅不可摧和水氣不侵，非常適用於這個目的。即使放屁也不會留下痕跡。我無法控制，只要一有，氣就從我的屁股逃出，儘管對此我是多麼的嫌惡，還是很難不提起。有一天，我去數它們。在十九小時內我放了三百一十五個屁，平均每小時放

十六個屁。畢竟，還不是太過分。每十五分鐘放四個屁，
根本不算什麼。每四分鐘還放不到一個屁，真叫人難以相
信。他媽的，我幾乎不放屁，我連提都不應該提。數學對
你瞭解自己的幫助是多麼得了不起啊！

在數學史上，至少有兩派理論試圖從不同的哲學觀點來回答這
個問題——為什麼數學具有不可思議的威力。它們的回答也和數學
的真正本質這個基本問題有關。若要對此問題做完整討論，足以寫
成一本書，遠遠超過本書的篇幅。因此我僅在此針對幾個主要思維
做簡短的描述，並抒發我個人的淺見。

所謂的「柏拉圖觀點」對於數學本質的看法如下：數學是放
諸四海皆準而且沒有時間性的，它的存在乃是一種客觀的事實，
獨立於人類之外。按照柏拉圖觀點，數學一直存在於某種抽象的
世界，簡單來說，人類只要去發現它就行了，就如米開朗基羅所
說的：他的雕塑作品早已存在於大理石中，他不過是把它暴露出
來而已。黃金比例、費波納奇數字、歐氏幾何，以及愛因斯坦方
程式，都是這種超越人類頭腦的柏拉圖實體的一部分。柏拉圖觀
點的支持者也把著名的奧地利邏輯學家哥德爾（Kurt Gödel, 1906-
1978）視作是虔誠的柏拉圖主義者。他們指出，他不僅在提到數
學觀念時說過：「它們也可能代表一種客觀實體的面向」，而且還說
他的「不完備定理」可以用來作為支持柏拉圖觀點的論證。不完備
定理可能是整個邏輯學中最知名的定理，證明任何形式的公設系統
（如數論）都存在著這種用自己的語言寫出的可公式化陳述，可是
這個系統本身不能證明也不能否定這類陳述。就舉數論來說吧，當
我們說數論「不完備」時，是指數論中有為真的陳述，可是這理論

的證明方法卻無能為力去證實它的正確性。要證明它們，一定要跳到一個更高、更豐富的系統去，在這系統中，一樣會出現其他不能證明的為真陳述，如是無限而上。電腦科學家及作家霍夫斯達特（Douglas R. Hofstadter）在他精彩非凡的大作《哥德爾、艾雪、巴哈：一條永恆的金帶》（*Gödel, Escher, Bach: An Eternal Golden Braid*）中，簡單扼要地闡述了這一點：「可被證明性是比真理更脆弱的觀念。」在這種意義下，永遠沒有一種方法可以決定每一則數學命題的真偽，一如沒有一個方法可以決定某一物理理論是否絕對為真一樣 ❺。牛津大學數學物理學家潘洛斯和其他擁護者一樣，相信哥德爾定理可以強而極有力地證明，的確有一個柏拉圖數學世界存在。他在這本發人深省的《頭腦的影子》（*Shadows of the Mind*）中寫道：「數學真理不是被某些『人為』形式系統的規則隨意定出的，而是它有一個絕對的本質，這本質存在於任何有明確規則的系統之外。」對於這一點他又加上一句：「支持柏拉圖觀點……是哥德爾原始動機裡一個很重要的部分。」二十世紀的英國數學家哈地也相信，人類的功能是去「發現及觀察」數學，而不是去發明它。換句話說，數學的抽象景觀就在那裡，只等待數學的探索者將它們顯露出來。

柏拉圖觀點修正版

針對數學在解釋大自然現象上所展現出來的強大威力之謎所提出的各種解答當中，有一個把柏拉圖的理念做了有趣的修正。這個「修正過的柏拉圖觀點」辯稱，為何物理定律都以數學方程式來表達、為何宇宙的結構是碎形的，以及星系的排列為什麼呈對數螺線等等，因為數學是宇宙的語言。明確說來，數學物件依舊被當作是

一種客觀的存在，無關我們對它的瞭解有多少，但我們不是把數學完全放在某些抽象的虛構平面上，而是至少把它的一部分放在真實的宇宙中。因此，如果我們要和一萬光年以外的外星智慧文明通訊，我們唯一要做的就是把這個數字 1.6180339887... 傳送過去，而且他們肯定瞭解我們的意思，因為毫無疑問的，宇宙已經把這個同樣的數學觀念加諸在他們身上。上帝的確是一位數學家。

這個修正過的柏拉圖觀點恰好就是克卜勒所要表達的信念（已染上他的宗教傾向）；他寫道，幾何「提供上帝創造這個世界的模式，而且透過上帝的形象把幾何傳達給人類；而非單透過眼睛來領悟。」伽利略也有類似的思想：

> 哲學被寫進這本皇皇巨著中——我的意思是這個宇宙，這本書打開著，繼續挺立在那兒讓我們可以凝視著它，可是除非我們先學會去理解它的語言，以及所使用的文字，就不能瞭解它。它是以數學的語言寫出，而它的文字是三角形、圓形，以及其他幾何圖形，如果沒有這些，單憑人類的本領不可能瞭解其中的任何隻字片語；沒有這些，人就陷在一座黑暗的迷宮中流浪。

布雷克這位神祕主義詩人兼藝術家則對「數學家上帝」這個觀點，有另外一番相當不同的見解。布雷克蔑視科學對大自然的解釋。對他而言，牛頓以及追隨他的科學家們一心只想密謀拆解彩虹，透過定律征服人類生活裡所有的神祕事物。因此，布雷克在這幅震懾有力的蝕刻版畫《古老的日子》（*The Ancient of Days*，圖9-1）中，畫了一位邪惡的上帝揮舞著一枝圓規，祂不是要去建立

一個統一的宇宙秩序，而是要箝制人類想像的雙翼。

無論如何，克卜勒和伽利略絕對不是最後一位採取這種修正過的柏拉圖觀點的數學家，而這類觀點也不僅限於牛頓的追隨者，認定有一個神的頭腦存在。偉大的法國數學家、天文學家以及物理學家拉普拉斯（Pierre-Simon de Laplace, 1749-1827）❻在《機率的解析理論》（*Théorie Analitique des Probabilités*》（一八一二年出版）中寫道：

圖 9-1

　　若給某人片刻智慧，可以瞭解所有促使大自然生氣勃勃，與其生物組成都各就各位的作用力，尤其如果這樣的智慧大到能把這些數據都加以分析，那麼它會在同一公式中，同時包容宇宙中最大物體以及最輕的原子的運動。

當拿破崙（Napoleon Bonaparte, 1769-1821）向拉普拉斯提起，他在他所寫的天體力學鉅著中沒有提到造物主時，同一位拉普拉斯如此回答：「國王陛下，我沒有引用那假設的必要。」

晚近，IBM 的數學家及作家皮考佛在《上帝的織布機》（*The Loom of God*）這本有趣的書中寫道：「我不知道上帝是否是一位數學家，可是數學是部織布機，讓上帝織出宇宙的經緯……而這個事實：現實可以被簡單的數學表示式所描述或做近似的描述，無異是在告訴我，大自然的核心中蘊藏著數學。」

柏拉圖觀點修正版的支持者喜歡指出，許多世紀以來，數學家們已在腦中產生出（或說「發現」）許多絲毫不考慮到實用性的純數學客體。但在數十年後，人們發現這些數學的概念及模型提供了物理問題的解答。潘洛斯的鋪磚以及非歐氏幾何對於數學出乎意料地供養物理成長茁壯的過程，固然提供了絕佳的論據，可是除了它們之外還有更多。

有許多案例顯示，數學和物理之間彼此相互回饋；換言之，一個物理現象先是啟迪了一個數學模型，後來證實這個數學模型又可以解釋另外一個完全不同的物理現象。一個絕佳的例子，就是所謂的「布朗運動」（Brownian motion）現象。一八二七年，英國植物學家布朗（Robert Brown, 1773-1858）觀察到，當花粉懸浮於水中時，它們即進入一種激態運動狀態中。一九〇五年愛因斯坦解釋了這個效應的發生，他說這是膠狀粒子（懸浮在水中的粒子）受到周圍液體的組成分子撞擊後的結果。由於花粉粒的質量為分子質量的數百萬倍，因此每一次的單一撞擊只會產生微不足道的效應；可是持續不斷撞擊下來，將會產生積沙成塔的累積效果。令人驚異的是，同樣的模型可以應用在星團中的星球運動上。當許多星球不斷經過某顆星球時，它們所產生的累積效應就導致了星球的布朗運動，每當有一顆星球經過它，在重力作用的牽引下，它的運動就會稍稍轉向。

「數學是人類的發明」說

可是卻有另外一種截然不同於「修正過的柏拉圖觀點」的主張，來看待數學的本質與其效益發生的原因。按照這一派（它和數學哲學中被貼上「形式主義」及「建構主義」的教條，有錯綜難分的關係在）的說法，數學不能存在於人類的大腦之外。就我們所知的數學而言，它除了是人類的發明外，什麼都不是，而宇宙的其他外星智慧文明可能已發展出了另外一種截然不同的數學建構。數學物件不是客觀的實體——它們是想像出來的。套用德國哲學家康德的話來說：「數學的終極真理可能存在於這個可能性中，即數學的觀念可以被人的頭腦建構出來。」換句話說，康德強調數學的自由面向，也就是有可以假設和發明模式及結構的自由。

這種數學是人類的發明的觀點已經蔚為流行，特別是在現代心理學家之中。例如，法國研究者及作家德漢（Stanislas Dehaene）在《數字感》（*The Number Sense*，一九九七年出版）一書中，下結論說：「對我來說，直覺主義（對他而言，它和「數學是人類的發明」是同義詞）提供了最佳的解釋，來闡述算術和人腦之間的關係。」同樣的，柏克來大學的語言學家雷考夫（George Lakoff）和心理學家努納茲（Rafael E. Núñez）也在他們合著的書《數學從那裡來？》（*Where Mathematics Comes From*，二〇〇〇年出版）中，以這句話作為結束：「數學的肖像有一個人的臉。」這些結論主要建立在心理實驗的結果以及大腦功能的神經學研究上。實驗證實了，嬰兒有一種天賦的本能可以認知小型數字集合中的數字，而且即使沒有受過很多的正式教導，小孩也會自發性地獲得簡單的算術能力。此外，研究人員也得知下頂葉皮質（inferior parietal cortex）是大腦中專司

符號數字能力的神經線路區域。在大腦兩半球裡的這個區域，剛好位在觸覺、視覺及聽覺神經連結的交會處。罹患算術癲癇症這種罕見疾病的病人在發作時，他們的腦波測量值顯示，他們的下頂葉皮質區出現了不正常現象。同樣的，若這個區域發生損害也會影響一個人的數學能力、寫作和空間協調感。

即使建立在生理學及心理學上，這種認為數學是人類的發明的觀點仍要回答兩個有趣的問題：（一）為什麼數學在解釋宇宙（現象）時有這麼大的威力？（二）即便是某些最純數學的結果最後都被人發現，它們和物理現象就像手套與手指一般契合，這怎麼可能？

這些「人類發明論者」對這兩個問題的回答，也基於一個生物模型：演化及天擇。它的理念是：瞭解宇宙進程，以及能描述其中現象的數學定律，已經透過一段迂迴曲折的漫長演化過程達成了。我們目前得出的宇宙模型，是長時間摸索的結果，期間當然經歷了許多錯誤的起步也鑽進許多死胡同裡；天擇則把許多和觀測及實驗不符的數學模型都剔除掉，只留下那些成功可行的得以倖存。按照這個觀點，所有的宇宙「理論」都不過是「模型」而已，它們的屬性完全取決於它們是否符合觀測數據及實驗數據。也就是說，克卜勒在《神祕的宇宙》一書中所提及的瘋狂太陽系模型也可以被接受，只要它能解釋及預測行星的行為。

根據這個看法，純數學之所以能成功轉為應用數學只不過反映出了觀念的生產過剩；而物理只不過是從這些生產過剩的觀念中選出最適合它所需的而已——即真正的最適者生存。「人類發明論者」指出，數學家哈地一直都對自己「從未做過任何『有用』的事」這一點很自傲 ❼。這個意見也被智商紀錄的保持人（擁有令人不可思

議的高智商 228）莎凡（Marilyn vos Savant）所擁護。她被人引述說：「我開始只是想到，能發明出可以描述任何東西的數學，物質也不例外。」

　　依我的愚見，無論是修正過的柏拉圖觀點或是天擇觀點都不能提出一個完全令人滿意的答案，可以回答數學的驚人威力之謎。

　　這種宣稱數學是一項純人類的發明，而且它之所以能成功地去解釋大自然的現象，只不過是演化和天擇的結果的主張，忽略了在數學本質以及宇宙理論模型史上一些重要的事實。首先，雖然數學的規則（如幾何或集合論的公設）確實是人類頭腦的創造物，可是一旦這些規則被確定之後，我們也就喪失了我們的自由。黃金比例的定義首先從歐氏幾何公設中冒出；費波納奇數列的定義則來自數論的公設。可是，相鄰費波納奇數字之比向黃金比例收斂而去這個事實卻是強加在我們身上的──我們在這件事上根本沒得選擇。因此，儘管它們是人類想像力的產物，但數學的確有其真實的屬性。第二，要解釋數學的驚人威力不能完全根據狹義的演化觀點。例如，當牛頓提出他的重力理論時，他試圖要去解釋的數據的精確度最多只到三位有效數字。可是，他用來解釋宇宙中兩個質量之間的重力的數學模型，卻達到了超過百萬分之一的精確度。因此，那個特別的模型並非把當時既有的相關行星運動測量值強加於牛頓身上的，牛頓也沒有把一個大自然的現象硬塞進一個已經存在的數學模式上去。再者，用天擇來普遍解釋那個觀念也不完全適用，因為這不是五個理論一起提出，最後總會有一個脫穎而出的情形。倒不如說，牛頓的理論是唯一的理論！

　　反過來說，修正過的柏拉圖觀點面對了另外不同型態的挑戰。

　　首先，有一個很重要的觀念問題是，修正過的柏拉圖觀點並沒

有真正地提出任何解釋，來闡明數學的威力。換言之，我們可以把
這個問題簡述為：相信數學為物理世界的基石；假設數學為宇宙的
對應者（只不過全都是符號）。我在上面提過，潘洛斯深信自己是
一位強有力的擁護者，支持柏拉圖觀點的數學形式，同意「柏拉圖
數學世界在物理世界裡所扮演的那種令人不解、精準而基本的角
色」依舊是個謎。牛津大學的物理學家道埃區（David Deutsch）則
把這個問題稍稍倒過來說。一九九七年他出版了一本見解深刻的著
作《現實的結構》（*The Fabric of Reality*），他在書裡面問道：「在一
個由物理學組成、並透過科學方法來瞭解的現實世界裡，數學的確
定性到底來自何處？」潘洛斯則在數學的驚人威力之謎上再添兩
筆。他在《頭腦的影子》中問道：「可感知生物如何能從這個物理
世界冒出？」以及「智力如何能夠從某種心智摸索得出的模型中，
『創造』出數學觀念？」這些引人深思的問題（已經超出本書討論
的範疇）論及意識的起源，以及為什麼我們擁有如此令人費解的能
力，僅憑相當原始的心智工具，居然能夠走進柏拉圖的世界（對潘
洛斯而言，柏拉圖世界是一種客觀實體）。

　　柏拉圖觀點修正版所遇到的第二個問題則和普遍性有關。要到
何種程度，我們才能確定宇宙必須遵守的定律一定要用我們所制定
的那一套數學方程式來表示？直到最近，可能在地球上的大多數物
理學家都會辯稱說，歷史已經證明方程式是唯一可以表達物理定律
的途徑。可是隨著《一種新科學》（*A New Kind of Science*）的出
版，這個局面可能將會有所改變。作者渥夫蘭（Stephen Wolfram,
1959- ）❽ 是科學運算及複雜系統理論上最有創意的思想家之一，
他最為人知的事蹟就是發展出「數學大師」（Mathematica）軟體，
這個電腦程式可以協助讓人們做以前做不到的計算。他在書中大膽

宣稱說，他可以把科學的基礎架構（以電腦程式）取而代之。在一個已被數學方程式（以它作為建構大自然模型的基礎材料）所主宰超過三百年的世界裡，渥夫蘭提出一個可以取代它的簡單電腦程式。他說，大自然的主要祕密在於應用簡單的程式去產生複雜性。

在本書付梓之際，渥夫蘭的書尚未問世，可是我從與他的長時間談話中，以及科普作家朝恩（Marcus Chown）對他的訪問中，我可以保證，他的論著裡有許多深遠的意涵。從它對柏拉圖主義的觀點來看，渥夫蘭的論著指出，至少至少這個被許多人視為是構成物理世界基礎的既存特別數學世界，可能並非獨一無二。換句話說，確定可以有一個和現有對大自然描述截然不同的描述存在。就我們所知的數學而言，它在所有可能用來解釋宇宙運作的簡單定律集合中，它只佔了微不足道的一小部分。

如果修正過的柏拉圖觀點及天擇的解釋在嘗試解釋數學驚人的威力一事上都遭遇到困難，還有其他更有效的闡述嗎？

我相信這個解釋一定要倚賴從兩個觀點借用來的理念，而且不能偏廢任何一個。這很像物理史上當時對於解釋光性質時所做的種種嘗試。我們從這個科學歷史的片斷中習得的知識極為深奧，因此我將簡短描述如下。

善用互補原則

牛頓的第一篇論文和光學有關，而他也將大部分的餘生用來繼續這方面的研究。一七○四年，他發表了《光學》（*Opticks*）第一版，後來陸續修訂了三次。牛頓提出「光粒子理論」，假設光是由一種極微小的硬粒子所組成，它們遵守與撞球一樣的相同運動定律。以牛頓自己的話來說，「似乎連光線都是一種硬物體」。在二

十世紀初，兩個著名的實驗分別發現了「光電效應」及「康普頓效應」（Compton effect），強力支持光是粒子的想法。光電效應是指金屬中的電子從射入的光中吸收了充分的能量後，才能逃出去。一九〇五年，愛因斯坦證明（後來因此獲得一九二二年的諾貝爾物理獎）光以粒子的方式和不可再分割的能量單位，把能量傳遞給電子；因此引入光子（photon），即光的粒子的觀念。物理學家康普頓（Arthur Holly Compton, 1892-1962）於一九一八至一九二五年間以實驗及理論分析了被電子散射的 X 光。他的結果（使他獲得一九二七年的諾貝爾物理獎）更進一步證實了光子的存在。

可是，還有另外一個光的理論，即波動理論被提出來；這理論假設光的行為像池溏中的水波。荷蘭物理學家惠更斯（Christian Huygens, 1629-1695）大力擁護這個理論。但這個波動理論一直要到醫生物理學家楊格（Thomas Young, 1773-1829）於一八〇一年發現了干涉現象後，才流行開來。這個現象本身相當簡單。假設你把雙手的食指定期浸入水池的水中。結果，每個手指都會產生一系列同心圓漣漪波；它們以不斷擴大的環產生一個接一個的波峰及波谷。當一個手指產生的波峰和另一個手指產生的波峰相交時，這兩個波會互相加強，稱為「相長干涉」（constructive interference）。而在那些波峰和波谷相重疊的地方，它們會互相抵銷，稱為「相消干涉」（destructive interference）。一個對此固定模式所做的詳細分析顯示，沿著中線（即兩根手指之間）有相長干涉；在兩邊，相消干涉與相長干涉交替出現。

就光而言，相消干涉就意謂著暗線。這位在十六歲就能說十一種不同語言的神童楊格，做了一個讓光穿過兩個窄縫的實驗，證實了在屏幕上，這光「被暗線分開」。

　　法國工程師菲涅耳（Augustin Fresnel, 1788-1827）追隨楊格的
實驗在一八一五至一八二○年間，做出了一個讓人驚嘆的理論研
究，後來帶動物理學家全面接受了波動理論。後來，法國物理學家
佛柯（Léon Foucault, 1819-1868）以及美國物理學家邁克生分別於
一八五○年和一八八三年所做的實驗則明確證實了，當光從空氣進
入水中時所產生的折射現象行為，可以精準地為波動理論預測出
來。更重要的是，蘇格蘭物理學家馬克士威（James Clerk Maxwell,
1831-1879）在一八六四年發表了一個全面性的電磁理論，這理論
預測出以光速傳播的電磁波。他更進一步提出光本身也是一種電磁
波。在一八八六至一八八八年間，德國物理學家赫茲（Heinrich
Herz, 1857-1894）以實驗證明，光確實是一種電磁波。

　　因此，光到底是什麼？它是純粒子（光子），還是純粹的波？
其實都不是。光是一種物理現象，它的複雜度已非這二個觀念（都
基於古典物理的模型）中的任何一個所能描述。要描述光的傳播及
瞭解干涉之類的現象，我們必須用到電磁波理論。可是當我們討論
到光和基本粒子的交互作用時，我們就必須藉助光子的描述。這個
粒子和波互補的描述稱為「波─粒二象性」（wave-particle duality）
❾。現代的光量子理論已經把古典的波和粒子觀念以機率的觀念統
一起來。光子則是聯繫這兩個模式的能量單位。

　　讓我們再回到數學的本質問題與其展現驚人威力的理由上面
來，我認為我們在這點上也應該採用相同的互補原則。數學是被發
明出來的，也就是說它的「遊戲規則」是人制定出來的。可是一旦
被發明出來以後，它也就有了自己的生命，而人類必須（直到現在
依然如此）以柏拉圖觀點的精神去發現它的所有屬性。那些在無數
個意外之處出現的黃金比例、還有費波納奇數字所遵循的無窮個數

學關係，以及我們還不知道是否有無窮個費波納奇質數等等，都提供了充裕的證據來支持這種發現之旅。

渥夫蘭也抱持類似的觀點。我很明確地問他，他是否認為數學是被「發明」或被「發現」出來的。他回答說：「如果我們在選擇這套特別的規則上別無選擇，那麼還講得通說數學是被發現出來的。可是，因為我們有不少的選擇，而且我們現有的數學不過是基於歷史（或說歷史偶然下）的結果，我只好說它是被發明出來的。」其中這句「基於歷史」十分關鍵，因為它暗示說，現有數學所根據的那一套公設系統，就是因為古巴比倫人的算術及幾何而偶然出現的那一套。這就引出了兩個問題：（一）為什麼巴比倫人會發展出這些特別的數學學門，而不是其他一套規則？（二）為什麼這些數學學門及其衍生物會對物理學有用？

有趣的是，這兩個問題的答案可能有所關聯。數學本身可能起源於人類對於大自然如何運作的主觀認知。而幾何可能只單純地反映出了人類具有這樣的能力，可以很容易地就辨認出直線、邊和曲線。算術可能代表了人類具有天賦的性向，想區別個別的物體。在這個描述裡，我們所擁有的數學可說是人類感知宇宙的一個方式。因而從某種意義來說，數學是人類所認識的宇宙的語言。其他外星智慧文明的認知機制如果和我們的大不相同，那麼他們可能發展出另外一套完全不同的規則。例如，當一滴水和另一滴結合，或是銀河系中一個分子雲和另一個分子雲結合，它們只會形成一滴或另一個分子雲，而不是兩滴或兩個。因此，如果有一個文明是建立在液體之上，那麼對他們說來，一加一不見得一定等於二。如此一來，這類文明可能就認知不到質數或是黃金比例。再舉另外一個例子，如果地球上的重力在過去要比目前強得多，毫無疑問的，巴比倫人

和歐幾里德可能會提出一種和歐氏幾何迥然不同的幾何學。愛因斯坦的廣義相對論告訴我們，在一個更強的重力場內，圍繞我們的空間是彎曲而非平坦狀，換言之，光線會沿著曲線而不是直線來傳播。因此，歐幾里德是從他在地球的弱重力場裡所做的簡單觀測中，悟出歐氏幾何的（其他在曲面上的幾何，則在十九世紀中成形）。

演化及天擇確實在我們的宇宙論中扮演核心的角色。這就是為什麼我們今日不再繼續堅持亞里士多德物理學的真正原因。可是這並不意味著，演化的過程是一路順暢無礙，沒有任何中斷。在地球上，生物的演化亦然。生命的路徑有時會被隨機發生的事件，如大滅絕所型塑 ❿；只有數英里大小的天體（彗星或小行星）的撞擊，就讓恐龍慘遭滅絕，但卻為哺乳類鋪下了邁向優勢之路。宇宙論的演化過程偶爾也會因為科學家對於它的理解有了量子躍遷般的重大突破，而被打斷。牛頓的重力理論和愛因斯坦的廣義相對論就是兩個最佳範例，來說明這種驚人非凡的重大進展。我們如何能解釋這些奇蹟似的成就？真相是，我們不能。這就像我們也不能解釋，在習於以些微差距來定勝負的世界級西洋棋局中，為什麼在一九七一年，費雪（Bobby Fishe）意外地以六比零的懸殊之差把二位西洋棋大師泰曼諾夫（Mark Taimanov）及拉遜（Bent Larson）打得潰不成軍。我們也發現，要去瞭解自然學家達爾文（Charles Darwin, 1809-1882）和華萊士（Alfred Russel Wallace, 1823-1913）如何能各自產生引進演化觀念的靈感（也就是所有生命都來自同一個遠祖）時，也面臨到相同的困難。我們只須體會一個事實，亦即有些人就是具有凌駕於其他人之上的睿智洞見。可是，在演化及天擇的劇本下，是否容納得了像牛頓及愛因斯坦那樣的驚人突破？它們能，可是不

是以那麼刻板的天擇解釋來說明。確實,牛頓當時在提出萬有引力理論時,沒有其他理論與之競爭,可是如果它不是「最適者」,就不會存活到到今日。相比之下,克卜勒提出了一個非常短命的太陽 - 行星模型,在這模型中太陽沿著自轉軸旋轉時會投射出磁力,並假設這些磁力把行星拉住,使得它們可以做圓形的繞轉。

隨著這些廣義的演化(允許有量子躍遷)及天擇(長時期的運作)定義被採用,我相信這個驚人的數學威力可以找到一個可以解釋它存在的理由。我們的數學就是我們所察覺、認知到的宇宙的對應體,而它的威力已經不斷隨著人類的探索而增強。

在這部以一位詭計多端、神經質又惡毒的謀殺者為主角的劇本《帖木兒大帝》(*Tamburlaine the Great*)❶ 中,這位偉大的英國劇作家馬羅(Christopher Marlowe, 1564-1593)體悟到人類想要瞭解宇宙的渴望:

> 大自然以四種元素塑造出我們,
> 它們在我們的胸中相互爭競,
> 可是卻又教導我們,要有宏願的心靈:
> 我們的靈魂,
> 它的機能可以瞭解這個世界的奇妙結構,
> 以及量度每一顆流浪中行星的途徑,
> 它們像不肯歇息的天球繼續行進著……
> 永遠向無垠的知識爬去。

黃金比例是人類發明出的幾何成果。可是人類對於這個成果會把他們帶到哪個奇幻仙境去,卻是毫無頭緒。如果沒有發明出幾

何，我們可能永遠不知道有黃金比例這回事。可是，誰知道呢？也或許它會從一個簡短的電腦程式中冒出呢！

譯注

❶ 惠斯勒，英國藝術家，最著名的繪畫主題是倫敦的夜景，以及他的蝕版雕和版畫。

❷ 這是中國文化大革命時期政治路線的講法，現在又不同了。可是這個例子卻把作者的原意完全表達出來，即沒有一個絕對的「美」的範例。

❸ 紐康伯，加拿大裔的美國天文學家及數學家，他編制的星曆表一直沿用到今日。

❹ 尋找最大質數是件很煩瑣的工作，可是卻有極大的實際用途。銀行以電子方法調動大宗款項時，最重要的就是密碼。最常用的密碼鍵之一是兩個極大質數的乘積。如果要找出這些質數，即使使用最快的電腦，也要花上好幾個月的時間。又有一類的質數，稱為梅森數可以用下面的式子求出：（2^n-1），而 n 本身也是一個質數，因此 3、7、31、127 等都是梅森數。可是，不是所有的質數 n 產生出的數字都是質數。到了一九九四年，所知的最大梅森數是 $2^{859433} - 1$（約 30 萬位數）。

❺ 對於不能證明「某一物理理論是否絕對寫真」這句話我要做些註解。各位大約都聽過愛因斯坦把牛頓的力學理論。可是他並不是真正的推翻，而是把它延伸。同理，有一天也會有人把愛因斯坦的理論「推翻」，即把他的理論延伸到他的理論不能解決的地方去。因此嚴格說來，沒有一個物理的理論是絕對正確的，只正確到某一程度。這也包括我們對數學的能力的看法：有數學無法解決的物理問題（見譯序）。

❻ 拉普拉斯，法國數學家、天文學家及物理學家。成功地把牛頓力學應用在太陽系的穩定度的研究上，發展出宇宙演化的觀念。他的成果在他死後用來發現海王星（1846），以他為名的方程式是力學的基礎。他也證明機率在解釋科學數據上的應用。

❼ 其實不然。後來發展血型的理論時就用到哈地發展出的數學。

❽ 渥夫蘭，二十歲時從加州理工學院得到博士學位，為數論專家，後來從事電腦運算的研究，創出能解抽象方程式的程式「數學大師」，例如它可以做符號積分，找出 $\int e^{-x}\cos x dx$ 之類（及更複雜）的符號積分，還可以用來解一系列的符號及數值問題。為現在學高等數學以及科學研究的重要工具。

❾ 其實互補原理說的就是，我們往往只看到一個面向，就認為這件實體就是這個面向。例如，從一個玻璃杯的側面看去，它呈長方形，可是從上往下看，就呈和長方形格格不入的圓形。盲人摸象是一個互補原理很好的例子。

❿ 大滅絕在地球上發生了好幾次，大約每隔一億年發生一次。發生的原因是遭受到大

　　小為一公里以上的小行星的轟擊。上一次發生的時間約為六千五百萬年前，**轟擊**產生的塵埃把地球的大氣層遮蓋了好幾年，太陽照不到地面，草木不生，恐龍沒有東西吃而滅絕，之後哺乳類才興起。當時的哺乳類很小，對食物的要求不太大，因此得以倖存。

⑪ 馬羅，偉大的英國劇作家，和莎士比亞同時代，並和莎氏齊名。最有名的劇本是《帖木兒大帝》兩部曲，係根據第十四世紀征服了中亞細亞及印度的蒙古帖木兒王的事蹟撰寫，他非常殘暴，可是馬羅似乎對他非常同情，因此借他的口說出許多詩句，可是也把他描述為既神經質又惡毒的謀殺者。

附錄 1

我們要證明,任何一對整數 p 及 q,而且 p 大於 q,那麼這三個數字 $p^2 - q^2$,$2pq$,$p^2 + q^2$ 可以形成一個畢氏三元數。換句話說,我們必須證明前兩項的平方和等於第三項的平方。要做到這一點,我們必須使用下列這個適用於任何 a 及 b 的一般恆等式:

$$(a + b)^2 = (a + b)(a + b) = a^2 + ab + ba + b^2 = a^2 + 2ab + b^2$$
$$(a - b)^2 = (a - b)(a - b) = a^2 - ab - ba + b^2 = a^2 - 2ab + b^2.$$

基於這些恆等式,第一項的平方是:

$$(p^2 - q^2)^2 = p^4 - 2p^2q^2 + q^4$$

前兩項的平方和為:

$$p^4 - 2p^2q^2 + q^4 + 4p^2q^2 = p^4 + 2p^2q^2 + q^4.$$

最後一項的平方則為:

$$(p^2 + q^2)^2 = p^4 + 2p^2q^2 + q^4.$$

我們由此可以看出,第三項的平方確實等於前兩項的平方和,無論 p 及 q 的值為何。

附錄 2

我們要證明五邊形的對角線及邊長不可通約，即它們沒有公因數。這個證明應用的是在第二章結尾處所描述過的一般歸謬法。

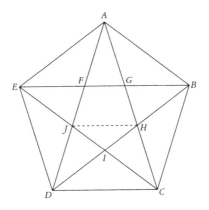

把這五邊形 $ABCDE$ 的邊長以 s_1 代表，把對角線以 d_1 代表。根據等腰三角形的性質，你能很容易地證明，$AB = AH$ 及 $HC = HJ$。把小五邊形 $FGHIJ$ 的邊長以 s_2 表示，對角線長以 d_2 表示。顯然，

$$AC = AH + HC = AB + HJ$$

因此：

$$d_1 = s_1 + d_2 \ \text{或} \ d_1 - s_1 = d_2$$

如果 d_1 和 S_1 有一個公因數，就是說 d_1 和 S_1 二者都是這公因數的某整數倍。因此，這也是 $d_1 - S_1$ 的公因數，也就是 d_2 的。同樣的，這些恆等式

$$AG = HC = HJ$$
$$AH = AB$$

及

$$AH = AG + GH$$
$$AB = HJ + GH$$

可以寫成

$$s_1 = d_2 + s_2$$

或

$$s_1 - d_2 = s_2$$

　　基於我們的假設，s_1 及 d_1 也是 d_2 的公因數。最後的恆等式證明它也是 d_2 的公因數。我們因此發現同樣單位的公因數也是 s_2 和 d_2 的公因數。這個過程可以無止盡地在愈來愈小的五邊形中延續下去。我們因此得到這個結果：第一個五邊形的邊長及對角線的公因數也是所有其他五邊形的公因數，無論它們怎樣的小。這顯然不正確，因此我們起初的假設，邊長和對角線有一個公因數的這個假設是錯誤的——這就證明了，s_1 和 d_1 不可通約（沒有公因數）。

附錄 3

三角形的面積是其底和高乘積的一半。在下圖三角形 *TBC* 中，底 *BC* 之長等於 $2a$，高 *TA* 等於 s。因此這三角形的面積等於 $s \times a$。我們要證明如果這金字塔的高度的平方 h^2，等於這三角形面的面積 $s \times a$，那麼這比例 s/a 就等於黃金比例。

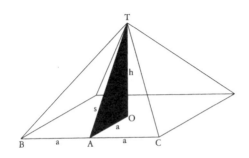

由於

$$b^2 = s \times a$$

應用畢達哥拉斯定理於這個直角三角形 *TOA* 上，我們得到：

$$s^2 = b^2 + a^2$$

我們可以應用第一個方程式來替代掉 h^2 替代，得到

$$s^2 = s \times a + a^2$$

把方程式兩邊各除以 a^2，我們得到：

$$(s/a)^2 = (s/a) + 1$$

換句話說，如果我們把 s/a 以 x 替代，我們得到的是這個二次方程式：

$$x^2 = x + 1$$

在第四章中，我證明了這就是定義黃金比例的方程式。

附錄 4

歐幾里德《幾何原本》中的一條定理證明，當兩個三角形有相等的夾角時，它們是為相似三角形。也就是說，這兩個三角形有完全相同的形狀，他們所有的邊長都互相成比例。如果一個三角形的某邊長是另一個三角形對應邊的兩倍，那麼其他的邊亦然。這兩個三角形 ADB 及 DBC 相似（因為它們有相等的夾角）。因此這比例 AB/DB 等於 DB/BC：

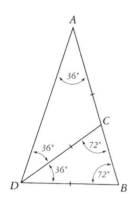

$$AB/DB = DB/BC$$

可是，這兩個三角形都是等邊三角形，因此，

$$DB = DC = AC$$

從上述兩個恆等式，我們發現

$$AC/BC = AB/AC$$

這就是說（按照歐幾里德的定義）C 點把直線 AB 按黃金比例分割。因為 AD = AB 以及 DB = AC，我們也因此得到 AD/DB = φ。

附錄 5

二次代數方程式的形式如下：

$$ax^2 + bx + c = 0,$$

其中 a、b、c 都是隨意給出的數字。譬如在這方程式：$2x^2 + 3x + 1 = 0$ 中，$a = 2$，$b = 3$，$c = 1$。

這個方程式的一般解是：

$$x_1 = \frac{-b + \sqrt{b^2 - 4ac}}{2a}$$

$$x_2 = \frac{-b - \sqrt{b^2 - 4ac}}{2a}$$

以上面的方程式為例，其解為：

$$x_1 = \frac{-3 + \sqrt{9 - 8}}{4} = \frac{-2}{4} = -\frac{1}{2}$$

$$x_2 = \frac{-3 - \sqrt{9 - 8}}{4} = \frac{-4}{4} = -1$$

在我們所得到的黃金比例方程式是：

$$x^2 - x - 1 = 0,$$

其中 $a = 1$，$b = -1$，$c = -1$，因此它的兩個解為：

$$x_1 = \frac{1 + \sqrt{1 + 4}}{2} = \frac{1 + \sqrt{5}}{2}$$

$$x_2 = \frac{1 - \sqrt{1 + 4}}{2} = \frac{1 - \sqrt{5}}{2}$$

附錄 6

這個關於遺產的問題可以用下列方法求出。讓我們把整個遺產之值以 E 來表示,而每一個兒子分得的金額(以必展為單位)為 x(他們把遺產均分)。

第一位兒子得到:

$$x = 1 + \frac{1}{7}(E - 1)$$

第二位兒子得到:

$$x = 2 + \frac{1}{7}(E - 2 - x)$$

把這兩個方程式寫成一個等式:

$$1 + \frac{1}{7}(E - 1) = 2 + \frac{1}{7}(E - 2 - x)$$

$$1 + \frac{E}{7} - \frac{1}{7} = 2 + \frac{E}{7} - \frac{2}{7} - \frac{x}{7}$$

重新整理後,得到

$$\frac{x}{7} = \frac{6}{7}$$

$$x = 6$$

因此,每一位兒子得到 6 個必展。

把 x 之值代入第一個方程式,我們得到:

$$6 = 1 + \frac{1}{7}(E - 1)$$

$$6 = 1 + \frac{E}{7} - \frac{1}{7}$$

$$\frac{E}{7} = \frac{36}{7}$$

$$E = 36$$

遺產總值為 36 必展。因此每個兒子得到的遺產金額是 36/6 = 6。

費波納奇的解法如下：

遺產的總數一定是這麼一個數字：當把 1 乘以 6 加上去以後，它能被 1 加 6，即 7 所除盡；當把 2 乘 6 加上去後，它可以被 2 加 6，即 8 所除盡；而把 3 乘 6 加上後，它可以被 3 加 6，即 9 所除盡，等等。這數目是 36。36 的 1/7 減掉 1/7 是：35/7；加上 1 是：42/7，即 6；而這就是每一位兒子所得到的。整個遺產被每一位兒子均分，即等於 6。

附錄 7

小物體的數目 n，和長度縮小因子 f 及維數 D 之間的關係如下：

$$n = \left(\frac{1}{f}\right)^D$$

如果把一個正數 A 寫成 $A = 10^l$，那麼我們稱 1 為 A 的（10 為基數）對數，我們把它寫成 $\log A$。換句話說，這兩個方程式及彼此完全等值。對數的規則如下：

(i) 一個乘積對數等於個別數字的對數之和：

$$\log (A \cdot B) = \log A + \log B$$

(ii) 一個比例對數等於個別數字的對數之差：

$$\log \left(\frac{A}{B}\right) = \log A - \log B$$

(iii) 一個數字的自乘積的對數等於冪數乘以該數的對數：

$$\log A^m = m \log A$$

因為 $10^0 = 1$，從對數的定義，我們得到 $\log 1 = 0$。因為 $10^1 = 10$，$10^2 = 100$ 等等，我們因此得出：$\log 10 = 1$，$\log 100 = 2$，以此類推。

如果我們取第一個方程式的對數，會得到：

$$\log n = D \log (1/f) = -D \log f$$

當把兩邊除以 log f，我們得到：

$$D = - \frac{\log n}{\log f}$$

在卡赫雪花的案例中，每一曲線含有四個尺寸為原來大小 1/3 的次曲線，因此 $n = 4$，$f = 1/3$，我們因此得到：

$$D = - \frac{\log 4}{\log (\frac{1}{3})} = \frac{\log 4}{\log 3} = 1.2618595 \dots$$

附錄 8

如果我們檢視圖 8-25a，我們會看到這兩分枝接觸的條件就是這個簡單的要求：所有這些以長度 f^3 開始，然後不斷減小的分枝的總水平長度必須等於這個大分枝的長度 f。所有水平組成之和等於總長度乘以 30°的餘弦函數。我們因此得到：

$$f \cos 30° = f^3 \cos 30° + f^4 \cos 30° + f^5 \cos 30° + f^6 \cos 30° + ...$$

把等式兩邊除以 $\cos 30°$，我們得到

$$f = f^3 + f^4 + f^5 + f^6 + ...$$

右邊之和是一個無窮幾何級數之和（每一項等於前一項乘以一個固定的因數）。以本例來說，第一項是 f^3，而相鄰兩項之比等於 f。一般說來，在一個第一項為 a，而相鄰項之比為 q 的無窮幾何級數中，它的總和 S 等於

$$S = \frac{a}{1-q}$$

舉例來說，在這個無窮級數中

$$1 + \frac{1}{2} + \frac{1}{4} + \frac{1}{8} + \frac{1}{16} + ...$$

$a = 1$，$q = 1/2$，其和為

$$S = \frac{1}{1 - 1/2} = \frac{1}{1/2} = 2$$

在我們的案例裡，我們從上面的方程式發現：

$$f = \frac{f^3}{1-f}$$

把兩邊除以 f，我們得到

$$1 = \frac{f^2}{1-f}$$

把兩邊乘以 $(1-f)$，再把各項重新整理，我們得到這個二次代數方程式：

$$f^2 + f - 1 = 0$$

其正數解為

$$\frac{\sqrt{5}-1}{2}$$

這就是 $1/\phi$。

附錄 9

班佛定律說，某數字 D 發生在一個數字第一位的機率 P，可從下述公式得出（以 10 為基數的對數）：

$$P = \log (1 + 1/D)$$

因此，如果 D = 1

$$P = \log (1 + 1) = \log 2 = 0.30$$

如果 D = 2

$$P = \log (1 + \tfrac{1}{2}) = \log 1.5 = 0.176$$

等等。如果 D = 9

$$P = \log (1 + \tfrac{1}{9}) = \log (\tfrac{10}{9}) = 0.046$$

更廣泛的定律則如下例，假設前面三位數字是 1，5，8，其機率則為：

$$P = \log (1 + \tfrac{1}{158}) = 0.0027$$

附錄 10

　　歐幾里德用歸謬法證明，有無窮個質數存在。他以假設相反的命題開始——即只有有限多個質數存在。可是，如果這是真的，那麼這些質數當中一定有一個最大值，這最大質數以 P 表示。然後，歐幾里德用下列方法得出另一個新的數字：他把所有 2 以上的質數相乘起來（包括 P），然後把這乘積再加上 1，而得出這個新的數字：

$$2 \times 3 \times 5 \times 7 \times 11 \ldots \times P + 1$$

　　以原來的假設（P 為最大的質數）來說，這個新數字一定是合成的（即非質數），因為它要比假設為最大的質數 P 更大·因此，這個數字至少可以被其中的一個質數所除盡。但是從它的生成方法來看，我們可以看出，如果以任何一個質數去除它，總會產生一個餘數 1。這就表示，如果這數字真是一個合成數，一定有一個比 P 更大的數字能把它除盡。可是這和上面的假設，即 P 為最大的質數的假設矛盾，因此有無窮個質數。

延伸閱讀

第一章

Ackermann, F. "The Golden Section," *Mathematical Monthly*, 2 (1895): 260–264.

Dunlap, R. A. *The Golden Ratio and Fibonacci Numbers.* Singapore: World Scientific, 1997.

Fowler, D. H. "A Generalization of the Golden Section," *The Fibonacci Quarterly*, 20 (1982): 146–158.

Gardner, M. *The Second Scientific American Book of Mathematical Puzzles & Diversions.* Chicago: University of Chicago Press, 1987.

Ghyka, M. *The Geometry of Art and Life.* New York: Dover Publications, 1977.

Grattan-Guinness, I. *The Norton History of the Mathematical Sciences.* New York: W. W. Norton & Company, 1997.

Herz-Fischler, R. *A Mathematical History of the Golden Number.* Mineola, NY: Dover Publications, 1998.

Hoffer, W. "A Magic Ratio Occurs Throughout Art and Nature," *Smithsonian* (December 1975): 110–120.

Hoggatt, V. E., Jr. "Number Theory: The Fibonacci Sequence," in *Yearbook of Science and the Future.* Chicago: *Encyclopaedia Britannica*, 1977, 178–191.

Huntley, H. E. *The Divine Proportion.* New York: Dover Publications, 1970.

Knott, R. *www.mcs.surrey.ac.uk/Personal/R.Knott/Fibonacci/fib.html.*

Knott, R. *www.mcs.surrey.ac.uk/Personal/R.Knott/Fibonacci/fibnet2.html.*

Markowski, G. "Misconceptions about the Golden Ratio," *College Mathematics Journal*, 23 (1992): 2–19.

Ohm, M. *Die reine Elementar-Mathematik.* Berlin: Jonas Veilags-Buchhandlung, 1835.

Runion, G. E. *The Golden Section.* Palo Alto: Dale Seymour Publications, 1990.

第二章

library.thinkquest.org/27890/mainIndex.html.

search.britannica.com/search?query=fibonacci.

Barrow, J. D. *Pi in the Sky.* Boston: Little, Brown and Company, 1992.

Beckmann, P. *A History of π.* Boulder, CO: Golem Press, 1977.

Boulger, W. "Pythagoras Meets Fibonacci," *Mathematics Teacher*, 82 (1989): 277–282.

Boyer, C. B. *A History of Mathematics.* New York: John Wiley & Sons, 1991.

Burkert, W. *Lore and Science in Ancient Pythagoreanism.* Cambridge, MA: Harvard University Press, 1972.

Conway, J. H., and Guy, R. K. *The Book of Numbers.* New York: Copernicus, 1996.

Dantzig, T. *Number: The Language of Science.* New York: The Free Press, 1954.

de la Füye, A. *Le Pentagramme Pythagoricien, Sa Diffusion, Son Emploi dans le Syllaboire Cuneiform.* Paris: Geuthner, 1934.

Guthrie, K. S. *The Pythagorean Sourcebook and Library.* Grand Rapids, MI: Phanes Press, 1988.

Ifrah, G. *The Universal History of Numbers.* New York: John Wiley & Sons, 2000.

Maor, E. *e: The Story of a Number.* Princeton, NJ: Princeton University Press, 1994.

Paulos, J. A. *Innumeracy.* New York: Vintage Books, 1988.

Pickover, C. A. *Wonders of Numbers.* Oxford: Oxford University Press, 2001.

Schimmel, A. *The Mystery of Numbers*. Oxford: Oxford University Press, 1994.

Schmandt-Besserat, D. "The Earliest Precursor of Writing," *Scientific American* (June 1978): 38–47.

Schmandt-Besserat, D. "Reckoning Before Writing," *Archaeology*, 32–33 (1979): 22–31.

Singh, S. *Fermat's Enigma*. New York: Anchor Books, 1997.

Stanley, T. *Pythagoras*. Los Angeles: The Philosophical Research Society, 1970.

Strohmeier, J., and Westbrook, P. *Divine Harmony*. Berkeley, CA: Berkeley Hills Books, 1999.

Turnbull, H. W. *The Great Mathematicians*. New York: Barnes & Noble, 1993.

von Fritz, K. "The Discovery of Incommensurability of Hipposus of Metapontum," *Annals of Mathematics*, 46 (1945): 242–264.

Wells, D. *Curious and Interesting Numbers*. London: Penguin Books, 1986.

Wells, D. *Curious and Interesting Mathematics*. London: Penguin Books, 1997.

第三章

Beard, R. S. "The Fibonacci Drawing Board Design of the Great Pyramid of Gizeh," *The Fibonacci Quarterly*, 6 (1968): 85–87.

Burton, D. M. *The History of Mathematics: An Introduction*. Boston: Allyn and Bacon, 1985.

Doczi, O. *The Power of Limits*. Boston: Shambhala, 1981.

Fischler, R. "Théories Mathématiques de la Grande Pyramide," *Crux Mathematicorum*, 4 (1978): 122–129.

Fischler, R. "What Did Herodotus Really Say? or How to Build (a Theory of) the Great Pyramid," *Environment and Planning B*, 6 (1979): 89–93.

Gardner, M. *Fads and Fallacies in the Name of Science*. New York: Dover Publications, 1957.

Gazalé, M. J. *Gnomon*. Princeton, NJ: Princeton University Press, 1999.

Gillings, R. J. *Mathematics in the Time of the Pharaohs*. New York: Dover Publications, 1972.

Goff, B. *Symbols of Prehistoric Mesopotamia*. New Haven, CT: Yale University Press, 1963.

Hedian, H. "The Golden Section and the Artist," *The Fibonacci Quarterly*, 14 (1976): 406–418.

Lawlor, R. *Sacred Geometry*. London: Thames and Hudson, 1982.

Mendelsohn, K. *The Riddle of the Pyramids*. New York: Praeger Publishers, 1974.

Petrie, W. *The Pyramids and Temples of Gizeh*. London: Field and Tuer, 1883.

Piazzi Smyth, C. *The Great Pyramid*. New York: Gramercy Books, 1978.

Schneider, M. S. *A Beginner's Guide to Constructing the Universe*. New York: Harper Perennial, 1995.

Spence, K. "Ancient Egyptian Chronology and the Astronomical Orientation of the Pyramids," *Nature*, 408 (2000): 320–324.

Stewart, I. "Counting the Pyramid Builders," *Scientific American* (September 1998): 98–100.

Verheyen, H. F. "The Icosahedral Design of the Great Pyramid," in *Fivefold Symmetry*. Singapore: World Scientific, 1992, 333–360.

Wier, S. K. "Insights from Geometry and Physics into the Construction of Egyptian Old Kingdom Pyramids," *Cambridge Archaeological Journal*, 6 (1996): 150–163.

第四章

Borissavlievitch, M. *The Golden Number and the Scientific Aesthetics of Architecture*. London: Alec Tiranti, 1958.

Bruckman, P. S. "Constantly Mean," *The Fibonacci Quarterly*, 15 (1977): 236.

Coxeter, H. S. M. *Introduction to Geometry*. New York: John Wiley & Sons, 1963.

Cromwell, P. R. *Polyhedra*. Cambridge: Cambridge University Press, 1997.

Dixon, K. *Mathographics*. New York: Dover Publications, 1987.

Ghyka, M. *L'Esthetique des proportions dans la nature et dans les arts*. Paris: Gallimard, 1927.

Heath, T. *A History of Greek Mathematics*. New York: Dover Publications, 1981.

Heath, T. *The Thirteen Books of Euclid's Elements*. New York: Dover Publications, 1956.

Jowett, B. *The Dialogues of Plato*. Oxford: Oxford University Press, 1953.

Kraut, R. *The Cambridge Companion to Plato*. Cambridge: Cambridge University Press, 1992.

Lasserre, F. *The Birth of Mathematics in the Age of Plato*. London: Hutchinson, 1964.

Pappas, T. *The Joy of Mathematics*. San Carlos, CA: Wide World Publishing, 1989.

Trachtenberg, M., and Hyman, I. *Architecture: From Prehistory to Post Modernism/The Western Tradition*. New York: Harry N. Abrams, 1986.

Zeising, A. *Der goldne Schnitt*. Halle: Druck von E. Blochmann & Son in Dresden, 1884.

第五章

cedar.evansville.edu/~ck6/index.html.

Adler, I., Barabe, D., and Jean, R. V. "A History of the Study of Phyllotaxis," *Annals of Botany*, 80 (1997): 231–244.

Basin, S. L. "The Fibonacci Sequence as It Appears in Nature," *The Fibonacci Quarterly*, 1 (1963): 53–64.

Brousseau, Brother A. *An Introduction to Fibonacci Discovery*. Aurora, SD: The Fibonacci Association, 1965.

Bruckman, P. S. "Constantly Mean," *The Fibonacci Quarterly*, 15 (1977): 236.

Coxeter, H. S. M. "The Golden Section, Phyllotaxis, and Wythoff's Game," *Scripta Mathematica*, 19 (1953): 135–143.

Coxeter, H. S. M. *Introduction to Geometry*. New York: John Wiley & Sons, 1963.

Cook, T. A. *The Curves of Life*. New York: Dover Publications, 1979.

Devlin, K. *Mathematics*. New York: Columbia University Press, 1999.

Douady, S., and Couder, Y. "Phyllotaxis as a Physical Self-Organized Process," *Physical Review Letters*, 68 (1992): 2098–2101.

Dunlap, R. A. *The Golden Ratio and Fibonacci Numbers*. Singapore: World Scientific, 1997.

Fibonacci, L. P. *The Book of Squares*. Orlando, FL: Academic Press, 1987.

"The Fibonacci Numbers," *Time,* April 4, 1969, 49–50.

Gardner, M. *Mathematical Circus.* New York: Alfred A. Knopf, 1979.

Gardner, M. "The Multiple Fascination of the Fibonacci Sequence," *Scientific American* (March 1969): 116–120.

Garland, T. H. *Fascinating Fibonaccis.* White Plains, NY: Dale Seymour Publications, 1987.

Gies, J., and Gies, F. *Leonard of Pisa and the New Mathematics of the Middle Ages.* New York: Thomas Y. Crowell Company, 1969.

Hoggatt, V. E. Jr. "Number Theory: The Fibonacci Sequence," Chicago: *Encyclopaedia Britannica,* Yearbook of Science and the Future, 1977, 178–191.

Hoggatt, V. E. Jr., and Bicknell-Johnson, M. "Reflections Across Two and Three Glass Plates," *The Fibonacci Quarterly,* 17 (1979): 118–142.

Horadam, A. F. "Eight Hundred Years Young," *The Australian Mathematics Teacher,* 31 (1975): 123–134.

Jean, R. V. *Mathematical Approach to Pattern and Form in Plant Growth.* New York: John Wiley & Sons, 1984.

O'Connor, J. J. and Robertson, E. F. *www-history.mcs.st-andrews.ac.uk/history/Mathematicians/Fibonacci.html.*

Pickover, C. A. *Keys to Infinity.* New York: John Wiley & Sons, 1995.

Rivier, N., Occelli, R., Pantaloni, J., and Lissowdki, A. "Structure of Binard Convection Cells, Phyllotaxis and Crystallography in Cylindrical Symmetry," *Journal Physique,* 45 (1984): 49–63.

Singh, P. "The So-Called Fibonacci Numbers in Ancient and Medieval India," *Historia Mathematica,* 12 (1985): 229–244.

Smith, D. E. *History of Mathematics.* New York: Dover Publications, 1958.

Stewart, I. "Fibonacci Forgeries," *Scientific American* (May 1995): 102–105.

Stewart, I. *Life's Other Secret.* New York: John Wiley & Sons, 1998.

Thompson, D. W. *On Growth and Form.* New York: Dover Publications, 1992.

Vajda, S. *Fibonacci & Lucas Numbers, and the Golden Section.* Chichester: Ellis Horwood Limited, 1989.

Vorob'ev, N. N. *Fibonacci Numbers.* New York: Blaisdell, 1961.

第六章

Arasse, D. *Leonardo Da Vinci.* New York: Konecky & Konecky, 1998.

Beer, A. and Beer, P., eds., *Kepler: Four Hundred Years.* Vistas in Astronomy, vol. 18, New York: Pergamon Press, 1975.

Calvesi, M. *Piero Della Francesca.* New York: Rizzoli, 1998.

Caspar, M. *Kepler.* New York: Dover Publications, 1993.

Cromwell, P. R. *Polyhedra.* Cambridge: Cambridge University Press, 1997.

Gingerich, O. "Kepler, Galilei, and the Harmony of the World," in *Music and Science in the Age of Galileo,* ed. V. Coeltho, 45–63. Dordrecht: Kluwer, 1992.

Gingerich, O. "Kepler, Johannes," in *Dictionary of Scientific Biography,* ed. Charles Coulston Gillespie, vol. 7, 289–312. New York: Scribners, 1973.

Ginzburg, C. *The Enigma of Piero.* London: Verso, 2000.

James, J. *The Music of the Spheres.* New York: Copernicus, 1993.

Jardine, N. *The Birth of History and Philosophy of Science: Kepler's "A Defense of Tycho against Ursus" with Essays on Its Provenance and Significance.* Cambridge: Cambridge University Press, 1984.

Kepler, J. *The Harmony of the World.* Philadelphia: American Philosophical Society, 1997.

Kepler, J. *Mysterium Cosmographicum.* New York: Abaris Books, 1981.

Leonardo Da Vinci. NY: Artabras/Reynal and Company, 1938.

MacKinnon, N. "The Portrait of Fra Luca Pacioli," *Mathematical Gazette,* 77 (1993): 130–219.

Martens, R. *Kepler's Philosophy and the New Astronomy.* Princeton, NJ: Princeton University Press, 2000.

O'Connor, J. J., and Robertson, E. F. *www-history.mcs.st-andrews.ac.uk/history/Mathematicians/Pacioli.html/Durer.html.*

Pacioli, L. *Divine Proportion.* Paris: Librairie du Compagnonnage, 1988.

Pauli, W. "The Influence of Archetypal Ideas on the Scientific Theories of Kepler," in *The Interpretation of Nature and the Psyche,* 147–240. New York: Parthenon, 1955.

Stephenson, B. *The Music of the Spheres: Kepler's Harmonic Astronomy.* Princeton, NJ: Princeton University Press, 1994.

Strieder, P. *Albrecht Dürer.* New York: Abaris Books, 1982.

Taylor, R. E. *No Royal Road.* Chapel Hill: University of North Carolina Press, 1942.

Voelkel, J. R. *Johannes Kepler.* Oxford: Oxford University Press, 1999.

Westman, R. A. "The Astronomer's Role in the Sixteenth Century: A Preliminary Survey," *History of Science,* 18 (1980): 105–147.

第七章

Altschuler, E. L. *Bachanalia.* Boston: Little, Brown and Company, 1994.

d'Arcais, F. F. *Giotto.* New York: Abbeville Press Publishers, 1995.

Bellosi, L. *Cimabue.* New York: Abbeville Press Publishers, 1998.

Bergamini, D. *Mathematics.* New York: Time Incorporated, 1963.

Bois, Y.-A., Joosten, J., Rudenstine, A. Z., and Janssen, H. *Piet Mondrian.* Boston: Little, Brown and Company, 1995.

Boring, E. G. *A History of Experimental Psychology.* New York: Appleton-Century-Crofts, 1957.

Bouleau, C. *The Painter's Secret Geometry.* New York: Harcourt, Brace & World, 1963.

Curchin, L., and Fischler, R. "Hero of Alexandria's Numerical Treatment of Division in Extreme and Mean Ratio and Its Implications," *Phoenix,* 35 (1981): 129–133.

Curtis, W. J. R. *Le Corbusier: Ideas and Forms.* Oxford: Phaidon, 1986.

Duckworth, G. E. *Structural Patterns and Proportions in Vergil's Aeneid.* Ann Arbor: University of Michigan Press, 1962.

Emmer, M. *The Visual Mind.* Cambridge, MA: MIT Press, 1993.

Fancher, R. E. *Pioneers of Psychology.* New York: W. W. Norton & Company, 1990.

Fechner, G. T. *Vorschule der Aesthetik.* Leipzig: Breitkopf & Härtel, 1876.

Fischler, R. "How to Find the 'Golden Number' Without Really Trying," *The Fibonacci Quarterly,* 19 (1981): 406–410.

Fischler, R. "On the Application of the Golden Ratio in the Visual Arts," *Leonardo,* 14 (1981): 31–32.

Fischler, R. "The Early Relationship of Le Corbusier to the Golden Number," *Environment and Planning B,* 6 (1979): 95–103.

Godkewitsch, M. "The Golden Section: An Artifact of Stimulus Range and Measure of Preference," *American Journal of Psychology,* 87 (1974): 269–277.

Hambidge, J. *The Elements of Dynamic Symmetry.* New York: Dover Publications, 1967.

Herz-Fischler, R. "An Examination of Claims Concerning Seurat and the Golden Number," *Gazette des Beaux-Arts,* 125 (1983): 109–112.

Herz-Fischler, R. "Le Corbusier's 'regulating lines' for the villa at Garches (1927) and other early works," *Journal of the Society of Architectural Historians,* 43 (1984): 53–59.

Herz-Fischler, R. "Le Nombre d'or en France de 1896 à 1927," *Revue de l'Art,* 118 (1997): 9–16.

Hockney, D. *Secret Knowledge.* New York: Viking Studio, 2001.

Howat, R. *Debussy in Proportion.* Cambridge: Cambridge University Press, 1983.

Kepes, G. *Module, Proportion, Symmetry, Rhythm.* New York: George Braziller, 1966.

Larson, P. "The Golden Section in the Earliest Notated Western Music," *The Fibonacci Quarterly,* 16 (1978): 513–515.

Le Courbusier. *Modulor I and II.* Cambridge, MA: Harvard University Press, 1980.

Lendvai, E. *Béla Bartók: An Analysis of His Music.* London: Kahn & Averill, 1971.

Lowman, E. A. "Some Striking Proportions in the Music of Bela Bartók," *The Fibonacci Quarterly,* 9 (1971): 527–537.

Marevna. *Life with the Painters of La Ruche.* New York: Macmillan Publishing Co., 1974.

McManus, I. C. "The Aesthetics of Simple Figures," *British Journal of Psychology,* 71 (1980): 505–524.

Nims, J. F. *Western Wind.* New York: McGraw-Hill, 1992.

Nuland, S. B. *Leonardo da Vinci.* New York: Viking, 2000.

Osborne, H. ed. *The Oxford Companion to Art.* Oxford: Oxford University Press, 1970.

Putz, J. F. "The Golden Section and the Piano Sonatas of Mozart," *Mathematics Magazine,* 68 (1995): 275–282.

Sadie, S. *The New Grove Dictionary of Music and Musicians.* New York: Grove, 2001.

Schiffman, H. R., and Bobka, D. J. "Preference in Linear Partitioning: The Golden Section Reexamined," *Perception & Psychophysics,* 24 (1978): 102–103.

Schillinger, F. *Joseph Schillinger.* New York: Da Capo Press, 1976.

Schillinger, J. *The Mathematical Basis of the Arts.* New York: Philosophical Library, 1948.

Schwarz, L. "The Art Historian's Computer," *Scientific American* (April 1995): 106–111.

Somfai, L. *Béla Bartók: Compositions, Concepts, and Autograph Sources.* Berkeley: University of California Press, 1996.

Svensson, L. T. "Note on the Golden Section," *Scandinavian Journal of Psychology,* 18 (1977): 79–80.

Tatlow, R., and Griffiths, P. "Numbers and Music," in *The New Grove Dictionary of Music and Musicians,* 18 (2001): 231–236.

Watson, R. I. *The Great Psychologists.* Philadelphia: J. B. Lippincott Company, 1978.

White, M. *Leonardo the First Scientist.* London: Little, Brown and Company, 2000.

Woodworth, R. S., and Schlosberg, H. *Experimental Psychology.* New York: Holt, Rinehart and Winston, 1965.

Zusne, L. *Visual Perception of Form.* New York: Academic Press, 1970.

第八章

Cohen, J., and Stewart, I. *The Collapse of Chaos. Discovering Simplicity in a Complex World.* New York: Penguin Books, 1995.

Fischer, R. *Financial Applications and Strategies for Traders.* New York: John Wiley & Sons, 1993.

Gardner, M. *Penrose Tiles to Trapdoor Ciphers.* New York: W. H. Freeman and Company, 1989.

Gleick, J. *Chaos.* New York: Penguin Books, 1987.

Lesmoir-Gordon, N., Rood, W., and Edney, R. *Introducing Fractal Geometry.* Cambridge: Icon Books, 2000.

Mandelbrot, B. B. *Fractal Geometry of Nature.* New York: W. H. Freeman and Company, 1988.

Mandelbrot, B. B. "A Multifractal Walk Down Wall Street," *Scientific American* (February 1999): 70–73.

Matthews, R. "The Power of One," *New Scientist,* July 10, 1999, 27–30.

Peitgen, H.-O., Jürgens, H., and Saupe, D. *Chaos and Fractals.* New York: Springer-Verlag, 1992.

Peterson, I. "Fibonacci at Random," *Science News,* 155 (1999): 376–377.

Peterson, I. *The Mathematical Tourist.* New York: W. H. Freeman and Company, 1988.

Peterson, I. "A Quasicrystal Construction Kit," *Science News,* 155 (1999): 60–61.

Prechter, R. R. Jr., and Frost, A. J. *Elliot Wave Principle.* Gainesville, GA: New Classics Library, 1978.

Schroeder, M. *Fractals, Chaos, Power Laws.* New York: W. H. Freeman and Company, 1991.

Steinhardt, P. J., Jeong, H.-C., Saitoh, K., Tanaka, M., Abe, E., and Tsai, A. P. "Experimental Verification of the Quasi-Unit-Cell Model of Quasicrystal Structure," *Nature,* 396 (1998): 55–57.

Stewart, I. *Does God Play Dice?* London: Penguin Books, 1997.

Walser, H. *The Golden Section.* Washington, DC: The Mathematical Association of America, 2001.

第九章

Baierlein, R. *Newton to Einstein: The Trail of Light.* Cambridge: Cambridge University Press, 1992.

Barrow, J. D. *Impossibility.* Oxford: Oxford University Press, 1998.

Chandrasekhar, S. *Truth and Beauty.* Chicago: University of Chicago Press, 1987.

Chown, M. "Principia Mathematica III," *New Scientist,* August 25, 2001, 44–47.

Davis, P. J., and Hersh, R. *The Mathematical Experience.* Boston: Houghton Mifflin Company, 1998.

Dehaene, S. *The Number Sense.* Oxford: Oxford University Press, 1997.

Deutsch, D. *The Fabric of Reality.* New York: Penguin Books, 1997.

Hersh, R. *What Is Mathematics, Really?* New York: Oxford University Press, 1997.

Hill, T. P. "The First Digit Phenomenon," *American Scientist,* 86 (1998): 358–363.

Kleene, S. C. "Foundations of Mathematics," Chicago: *Encyclopaedia Britannica* (1971), 1097–1103.

Lakatos, I. *Mathematics, Science and Epistemology.* Cambridge: Cambridge University Press, 1978.

Lakoff, G., and Núñez, R. *Where Mathematics Comes From.* New York: Basic Books, 2000.

Livio, M. *The Accelerating Universe.* New York: John Wiley & Sons, 2000.

Maor, E. *To Infinity and Beyond: A Cultural History of the Infinite.* Princeton, NJ: Princeton University Press, 1987.

Matthews, R. "The Power of One," *New Scientist,* July 10, 1999, 26–30.

Penrose, R. *The Emperor's New Mind.* Oxford: Oxford University Press, 1989.

Penrose, R. *Shadows of the Mind.* Oxford: Oxford University Press, 1994.

Pickover, C. A. *The Loom of God.* Cambridge, MA: Perseus Books, 1997.

Popper, K. R., and Eccles, J. C. *The Self and Its Brain.* New York: Springer International, 1977.

Raimi, R. "The Peculiar Distribution of the First Digit," *Scientific American* (December 1969): 109–119.

Raskin, J. www.jefraskin.com/forjef2/jefweb-compiled/unpublished/effectiveness_mathematics/

Robinson, A. "From a Formalist's Point of View," *Dialectica,* 23 (1969): 45–49.

Russell, B. *A History of Western Philosophy.* New York: Simon and Schuster, 1945.

Russell, B. *Human Knowledge, Its Scope and Its Limits.* New York: Simon and Schuster, 1948.

Weisstein, E. matworld.wolfram.com/BenfordsLaw.html.

Wolfram, S. *A New Kind of Science.* Champaign, IL: Wolfram Media, 2002.

圖片來源

圖1-1、1-2、1-3、2-2、2-4、2-5、2-6、3-1、3-3、3-7、4-2、4-3、4-6、4-7、4-8、5-1、5-3、5-4、5-7、5-9、5-11、5-14、5-15、5-16、5-18、6-5、6-13、6-14、6-17、6-18、6-19、6-20、7-17、7-20、7-22、8-6、8-7、8-10、8-11、8-12、8-14、8-15、8-16、8-21、8-23、8-32、8-33、附錄2、附錄3、附錄4，Jeffrey L. Ward 繪。

圖1-4：The Bailey-Matthews Shell Museum

圖1-5：Chester Dale Collection, Photograph © 2002 Board of Trustees, National Gallery of Art, Washington, D.C. © 2002 Salvador Dali, Gala-Salvador Dali Foundation/Artists Rights Society (ARS), New York

圖2-1：John D. Barrow, *Pi In the Sky* (Oxford: Oxford University Press, 1992).

圖2-3：Robert Lawlor, *Sacred Geometry* (London: Thames and Hudson, 1982).

圖3-2：© Copyright The British Museum, London.

圖3-4、圖3-5：Robert Lawlor, *Sacred Geometry* (London: Thames and Hudson, 1982).

圖3-6：Hirmer Fotoarchiv

圖4-1：Robert Dixon, *Mathographics* (Mineola: Dover Publications, 1987).

圖4-4、圖4-5下圖：H. E. Huntley, *The Divine Proportion* (Mineola: Dover Publications, 1970).

圖4-5上圖：Alison Frantz Photographic Collection, American School of Classical Studies at Athens

圖5-2：Trudi Hammel Garland, *Fascinating Fibonaccis Mystery and Magic in Numbers* © 1987 by Dale Seymour Publications, an imprint of Pearson Learning, a division of Pearson Education, Inc.

圖5-5、5-6：Trudi Hammel Garland, *Fascinating Fibonaccis Mystery and Magic in Numbers* © 1987 by Dale Seymour Publications, an imprint of Pearson Learning, a division of Pearson Education, Inc.

圖5-8：J. Brandmüller, "Five fold symmetry in mathematics, physics, chemistry, biology and beyond," in I. Hargitta, ed. *Five Fold Symmetry* (Singapore: World Scientific. 1992).

圖5-10：N. Rivier et al., *J. Physique,* 45, 49 (1984).

圖5-12：The Royal Collection © 2002, Her Majesty Queen Elizabeth II

圖5-13：Edward B. Edwards, *Pattern and Design with Dynamic Symmetry* (Mineola: Dover Publications, 1967).

圖5-17：NASA and the Hubble Heritage Team.

圖6-1、6-2、6-3、6-6：Alinari/Art Resource, NY

圖6-3透視線條：Laura Geatti, Michelle Emmer Editor, *The Visual Mind: Art and Mathematics* (Cambridge: the MIT Press, 1993).

圖6-8：Ambrosian Library.

圖6-9：Scala/Art Resource, NY

圖6-11、6-12：The Metropolitan Museum of Art, Dick Fund, 1943

圖6-13：David Wells, *The Penguin Book of Curious and Interesting Mathematics* (London: The Penguin Group, 1997), copyright © David Wells, 1997.

圖6-23、6-24：Institute for Astronomy, University of Vienna.

圖7-1、7-2、7-3：Alinari/Art Resource, NY

圖7-3：National Gallery, London

圖7-4：Alinari/Art Resource, NY

圖7-6：Scala/Art Resource, NY

圖7-7：The Metropolitan Museum of Art, Bequest of Stephen C. Clark, 1960. (61.101.17)

圖7-8：Philadelphia Museum of Art: The A. E. Gallatin Collection, 1952. © 2002 Artists Rights Society (ARS), New York/ADAGP, Paris

圖7-9：Private Collection, Rome. © 2002 Artists Rights Society (ARS), New York/ADAGP, Paris

圖7-10：© 2002 Artists Rights Society (ARS), New York/ADAGP, Paris/FLC

圖7-11、7-12：© 2002 Artists Rights Society (ARS), New York/ADAGP, Paris/FLC

圖7-13：Private Collection. From "Module Proportion, Symmetry, Rhythm" by Gyorgy Kepes, George Braziller. © 2002 Artists Rights Society (ARS), Ne

York/DACS, London

圖7-14： The Museum of Modern Art/Licensed by Scala/Art Resource, NY. © 2002 Mondrian/Holtzman Trust, c/o Beeldrecht/Artists Rights Society (ARS), New York

圖7-15： G. Markowsky, *The College Mathematics Journal*, 23, 2 (1992).

圖7-16： Denis Arnold, ed., *The New Oxford Companion to Music*, Vol. 2 (Oxford: Oxford University Press, 1984).

圖7-18、7-19： Ernö Lendvai, *Béla Bartók, An Analysis of His Music* (London: Kahn & Averill, 1971).

圖7-20： Roy Howat, *Debussy in Proportion* (Cambridge: Cambridge University Press, 1983).

圖7-21： Joseph Schillinger, *The Schillinger System of Musical Composition* (New York: Carl Fischer, LLC, 1946).

圖8-1： Rijksmuseum, Amsterdam

圖8-2： Kunsthistorisches Museum, Vienna

圖8-3： Ivars Peterson, *The Mathematical Tourist* (New York: W. H. Freeman, 1988).

圖8-4： Courtesy Ricardo Villa-Real. From "The Alhambra and the Generalife" by Ricardo Villa-Real

圖8-5： © 2002 Cordon Art-Baard, Holland.

圖8-8： Richard A. Dunlap, *The Golden Ratio and Fibonacci Numbers* (Singapore: World Scientific, 1997).

圖8-9： Richard A. Dunlap, *The Golden Ratio and Fibonacci Numbers* (Singapore: World Scientific, 1997).

圖8-13： Martin Gardner, *Penrose Tiles to Trapdoor Ciphers* (New York: W. H. Freeman, 1988).

圖8-17、8-18： Paul Steinhardt.

圖8-19： Pat Thiel.

圖8-20： Erich Lessing/Art Resource, NY

圖8-24～8-31： Hans Walser, *The Golden Section* (Washington: The Mathematical Association of America, 2001).

圖8-32、8-33： Alan H. Guth, *The Inflationary Universe* (Reading: Addison-Wesley, 1997).

圖8-34、8-35： R. R. Prechter and A. J. Frost, *The Elliott Wave Principle* (Gainesville: New Classic Library, 1998).

圖8-36： Robert Fischer, *Fibonacci Applications and Strategies for Traders* (New York: John Wiley & Sons, 1993).

圖9-1： The Pierpont Morgan Library/Art Resource, NY

大眾科學館

Popular Science

黃金比例
1.61803... 的祕密

作者／李維歐（Mario Livio）
譯者／丘宏義

責任編輯／劉慧麗、王心瑩、盧珮如　編輯協力／陳懿文
封面設計／萬勝安
行銷企劃／鍾曼靈
出版一部總編輯暨總監／王明雪

發行人／王榮文
出版發行／遠流出版事業股份有限公司
臺北市南昌路二段 81 號 6 樓
郵撥／ 0189456-1　　電話／ (02) 2392-6899
傳真／ (02) 2392-6658
著作權顧問／蕭雄淋律師
2004 年 8 月 1 日　初版一刷
2019 年 6 月 1 日　三版一刷

定價／新台幣 380 元（缺頁或破損的書，請寄回更換）
有著作版權 · 侵害必究 Printed in Taiwan
ISBN 978-957-32-8555-7

遠流博識網　http://www.ylib.com　E-mail: ylib@yuanliou.ylib.com

國家圖書館出版品預行編目 (CIP) 資料

黃金比例：1.61803... 的祕密／李維歐（Mario Livio）著；丘宏義
譯 . -- 三版 . -- 臺北市：遠流 , 2019.6
　　面；　　公分 . -- （大眾科學館；51）
　　譯自：The golden ratio : the story of phi, the world's most
　　　astonishing number

　ISBN 978-957-32-8555-7（平裝）

　1. 幾何

316　　　　　　　　　　　　　　　　　　　　108005730